JN144198

ＴＰＰ時代の
稲作経営革新とスマート農業

―営農技術パッケージとＩＣＴ活用―

南石晃明・長命洋佑・松江勇次
編著

養賢堂

まえがき

わが国の農業は，大きな環境変化に直面している．気候変動，人口減少，農産物貿易自由化等の自然・社会・経済のあらゆる面で農業を取り巻く外部環境が大きく変わろうとしている．また，農業の内部環境にも農家の減少，農業就業者の高齢化，農業法人経営の増加といった趨勢的変化が見られる．こうした環境変化に対処するには，従来の発想にとらわれず新たなビジョンを構築し，その実現を目指して農業を革新する実行力が求められている．その原動力となるのは，言うまでもなく志と実行力を持った人材である．このような書き出しのまえがきを，拙共編著『農業革新と人材育成システム』に記してから2年が経過し，その続編ともいえる本書をここに刊行することとなった．

わが国の農業経営は，経営の経済規模や経営者能力からみれば主要先進国に比肩しうる水準にあるが，さらなる経営革新のためには人材育成が今後益々重要になるとの思いが上記の拙共編著の背景にあった．それを受け，ICT 活用を含めた次世代の農業技術の研究開発に，いまやわが国の農業経営者も主体的に参画すべき時代が来ており，実際に彼らはそれが十分に可能な能力と経験を有しているというのが，本書の根底にあるメッセージである．

本書では，TPP 大筋合意をうけて，社会的にも政策的にも注目されている稲作経営に焦点をあて，わが国を代表するといっても過言ではない4人の農業経営者が共同研究者として参画した研究プロジェクトのビジョンと成果を紹介している．従来，国産農産物の国際競争力や貿易自由化・関税化への対応策は，農業政策や貿易政策の面から議論されることが多く，また，農業技術についても国公立農業研究機関が主導して研究開発を行うことが多かった．しかし，製品やサービスの生産技術の研究開発，国際競争力の向上・貿易自由化・関税化への対応策は，本来，経営者が主体的に考えるべき重要な経営課題でもある．

そこで，本書では，農業技術を実際に使用する農業経営者が，主体的に ICT 活用を含めた次世代の営農技術パッケージの研究開発現地実証を行い，その効果を検討した研究成果を中心に据えている．具体的には，わが国の米の生産コストを4割削減するという政府の政策目標を実現できる稲作経営技術パッケージの内容を明らかにしている．また，次世代の農業生産管理・経営管理の鍵の一つとなるICT活用の具体的方向も明らかにしている．

本書は，農匠ナビ1000（次世代大規模稲作経営革新研究会）研究コンソーシアムが実施した「農業生産法人が実証するスマート水田農業モデル－IT農機・圃場センサ・営農可視化・技能継承システムを融合した革新的大規模稲作営農技術体系の開発実証－」研究プロジェクト（略称：農匠ナビ1000，研究代表者：南石晃明）の研究成果に主に基づいている．研究は現在も進行しているが，成果を速やかに社会還元したいとの思いから，本書の刊行を行うこととした．このため，研究途中の暫定的な内容を含んでいることをご理解頂きたい．

本書が，経営革新の意欲がある全国の多くの稲作経営者の参考になり，地域農業ひいてはわが国の農業の革新に多少なりとも貢献できれば，執筆者一同，これに勝る喜びはない．今後は，関係機関と連携し，研究成果の実用化を推進し，全国の多くの稲作経営者にご利用頂ける体制構築を進める予定である．

引き続き，忌憚の無いご意見，ご鞭撻を賜りますようお願い申し上げます．

なお，農匠ナビ1000研究コンソーシアムは，九州大学を代表機関とし，農業生産法人4社((有)フクハラファーム，(株)横田農場，(株)ぶった農産，(株)AGL)，農機・IT企業2社（ヤンマー(株)，ソリマチ(株)），県立農業試験場3機関（滋賀県農業技術振興センター，石川県農林総合研究センター，茨城県農業総合センター・茨城県南農林事務所），東京農工大学，農業食品産業技術総合研究機構（九州沖縄農業研究センター，中央農業総合研究センター）が参画している．本研究は，農林水産省予算により，農研機構（農業・食品産業技術総合研究機構生物系特定産業技術研究支援センター）が実施する「攻めの農林水産業の実現に向けた革新的技術緊急展開事業（うち産学の英知を結集した革新的な技術体系の確立）」（2014～2015年度）の一環として実施したものである．農匠ナビ1000研究プロジェクトの推進には，全国の農業経営者を始めとして，農林水産省，農業・食品産業技術総合研究機構，関連企業を始めとして多数の方々から多大のご協力を賜った．また，本書の出版に際しては，(株)養賢堂　編集部　小島英紀氏のご尽力を賜った．ここに記して感謝の意を表します．

執筆者を代表して

南石　晃明

目　次

第１章　大規模稲作経営革新と技術パッケージ
−ICT・生産技術・経営技術の融合−

1. はじめに

稲作経営には，わが国の食料安全保障にも直結する主食である米の安定的供給という大きな社会的責任が課されている．また,「和食」のユネスコ無形文化遺産（世界遺産）登録を追い風に，国産米の輸出拡大にも期待が高まっている．しかしながら，その一方で，わが国の稲作経営は市場変動や気候変動等の大きな環境変化に直面している．市場環境面では,「環太平洋パートナーシップ協定」（以下，TPP 協定，the Trans-Pacific Partnership，外務省 2015）に代表される農産物の貿易自由化・輸入関税引下により，国産米と輸入米の競合激化による米価格低下が懸念されている．さらに，わが国の人口減少や高齢化に伴う米消費量の減少も予想され，米市場リスクの増大が懸念されている．一方，自然環境面においては気候変動（地球温暖化）により世界の気候が大きく変動し，わが国においても高温障害と冷害の発生頻度が共に増加し（南石 2011），収量変動リスクや品質変動リスクの増大，さらには，集中豪雨等による気象災害リスクの増大が懸念されている．

稲作経営を取巻く経営環境がこのように大きく変化する中，わが国の基本的な政策方針を示す「日本再興戦略」（内閣府 2013）において,「今後 10 年間で，全農地面積の 8 割が,『担い手』によって利用され，産業界の努力も反映して担い手のコメの生産コストを現状全国平均比 4 割削減し，法人経営体数を 5 万法人とする」とされている．また，こうした政策目標に向けた研究開発の一環として「攻めの農林水産業の実現に向けた革新的技術緊急展開事業」等が実施されており，①消費者ニーズに立脚し，輸出拡大も視野に入れた新技術による強みのある農畜産物づくり，②大規模経営での省力・低コスト生産体系の確立，③ICT 技術等民間の技術力の活用などにより，従来の限界を打破する生産体系への転換を進めることが，わが国農業政策上の急務とされている（農林水産省農林水産技術会議事務局 2014）．

しかしながら，生産コストの低減をどのように実現するのか，国産米競争力向上のための戦略をどのように描くのか等，営農現場の実態に即して具体的に検討すべき課題も多く残されている．こうした課題の解明には，当然のことながら，実際に稲作生産・販売を行っている農業経営者自身が大きな役割を果たさなければ，実効性のある戦略と解決手段を解明することはできない．こうした問題意識から，筆者らは「農匠ナビ1000」研究プロジェクト（以下，本研究）を構想し，30ha～150ha規模のわが国を代表する稲作経営（農業生産法人4社）が参画し，全国1000圃場を対象に大規模な研究開発・現地実証を行うこととした．

本章では，まず農匠ナビ1000プロジェクトを構想した研究の背景，具体的には米生産コストの現状とコスト低減に向けた今後の展望について述べる．その後，第3節では研究のビジョンと目標達成状況について述べ，第4節では研究から明らかになった生産費低減を実現するための大規模稲作経営技術パッケージの内容について述べる．第5節では，本書の章別構成とキーワードの対応関係について述べる．最後に第6節では，本書で紹介したような研究成果を持続的に創出するための新たな研究開発実践モデルについて述べる．

2. 米生産コストの現状と稲作経営のフロンティア

1）米生産コストの現状とコスト低減の方策

以下では，米生産コストの指標として，農林水産省「米生産費調査」の「全算入生産費」（以下，本章では「生産費」という）を用いて，生産コスト低減の方向性について検討する．2014年産米の生産費全国平均値は玄米1kgあたり256.9円であるが，稲作農家の水稲作付面積によって生産費は大きく異なっている．図1-1は，生産費を水稲作付面積規模別に示している．生産費は，物財費，労働費，その他費用の合計である．なお，農林水産省が定義する生産費は，主に個人経営の農家を対象にしており，企業会計における「原価」とは異なる独自の費用概念である．

図では，「物財費」を，建物・自動車・農機具費（減価償却費等）と，種子・肥料・農業薬剤費等に大別している．「労働費」は米生産に関わる労働費用であり，「その他」は水田地代と資本利子の合計額から副産物販売収入を差し引いたものである．例えば，作付面積0.5ha未満の生産費は，玄米1kgあたり425.2円であり，内訳が大きい物財費のうち種苗費・肥料費・農業薬剤費等が140.4

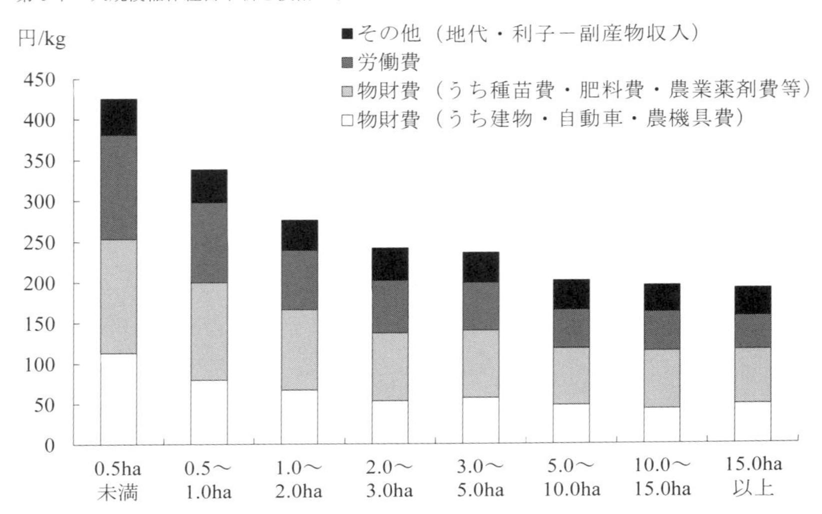

図 1-1　水稲作付面積規模別にみた米生産費
出典：農林水産省（2015）「平成 26 年産米生産費調査」に基づいて，玄米 1kg あたり「全算入生産費」を算出し，その内訳と共に示している．

円，物財費のうち建物・自動車・農機具費が 113.0 円，労働費が 127.6 円，その他（地代・利子－副産物収入）が 44.2 円を占めている．

作付面積が大きくなると生産費は急激に低減し，作付面積 5.0〜10.0ha の生産費は 201.9 円まで低減し，種苗費・肥料費・農業薬剤費等が 70.1 円，建物・自動車・農機具費が 48.1 円，労働費が 47.4 円，その他が 36.3 円となり各費用は 5 割以上低減する．作付面積 10.0〜15.0ha の生産費は 200 円を下回る 196.0 円となり，作付面積 15.0ha 以上（平均面積 19.7ha）になると生産費は 192.6 円（0.5ha 未満の 45.3%）まで低減する．このうち，種苗費・肥料費・農業薬剤費等が 67.2 円，建物・自動車・農機具費が 49.7 円，労働費が 41.7 円，その他が 34.0 円である．0.5ha 未満の費用に比較して最も低減しているのは，約 1/3 にまで低減している労働費（0.5ha 未満の 32.7%）である．建物・自動車・農機具費（44.0%）や種苗費・肥料費・農業薬剤費等（47.8%）も 1/2 以下まで低減している．その他も 2 割以上低減している．なお，図には示していないが，作付面積 0.5ha 未満の収量は 10a あたり 493kg であり，15ha 以上では 538kg まで増加している．

以上のような作付面積拡大に伴う生産費の低減の理由は以下の様に考えられる．まず，作付面積が大きくなるに伴って，機械・施設の稼働率が向上したと考えられる．また，作付面積が大きくなるのに伴って，水稲栽培の技術や技能が優れた農家の割合が多くなり，施肥・農薬散布・水管理作業の作業能率や精度が向上したと考えられる．これらの結果から，少なくとも10ha程度まで規模拡大を行うことは，生産コスト低減に効果的であることが分かる．

2）大規模稲作経営のフロンティア

図1-2は，150ha規模まで水稲作付面積を拡大した場合の生産費の低減傾向を模式図的に示している．0〜20ha規模までの生産費（図の黒点）は，ある年の生産費をプロットしたものである．農林水産省「生産費調査」では15ha以上の規模層（平均規模約20ha）が最大規模層であり，それ以上の大規模稲作経営の生産費は公表されていない．しかし，「2010年農業センサス」を用いて農産物販売金額1500万円以上の稲作経営（58,800経営体）データの組替え分析を行った澤田（2014）の分析によれば，家族経営の平均規模は，北海道では26ha，都府県では22haである．また，非家族経営（法人経営等）の平均規模は，北海道では85ha，都府県では43haに達している．

こうした20ha以上の稲作経営の生産コストについては，「生産費調査」の対象サンプル数が少ないこともあり，生産費は公表されていない．ただし，大規模稲作経営の生産コスト水準は，政策的にも学術的にも大きな関心事であり，様々な研究が行われている．

例えば，梅本（2014）や秋山（2014）は，作付面積規模が10〜15ha以上に増

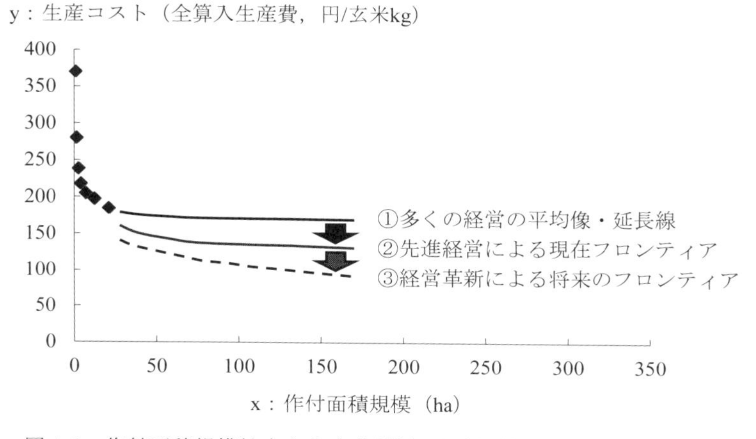

図1-2　作付面積規模拡大と生産費低減の関係（模式図）

加しても生産コストはほとんど低下しないとしている(図の曲線①として例示).一方，筆者らは（松倉・南石ら 2015，南石 2015）は，経営シミュレーション分析により，100ha 超規模の先進大規模稲作経営の技術・機械体系を前提にする場合，図の曲線②のように少なくとも 150ha 程度までは生産コストは低下することを明らかにしている.

こうした見解の相違は，現実に多数存在している稲作農家の平均的な実態に基づくのか，あるいは，わが国を代表する先進的な大規模稲作経営の潜在的可能性，換言すれば稲作経営のフロンティア（コスト低減限界）から発想するのか，といった視点の違いから生じているとも言える．つまり，曲線②は現在の先進的大規模稲作経営が実現可能なフロンティアを表している．さらに，曲線③は，今後の経営革新による将来のフロンティアを表している．なお，大規模稲作経営間で収量や生産コストに格差があることが知られており（例えば，南石・藤井 2015，pp.10-12)，経済学的には，曲線②はコスト低減に成功した現在の先進経営の長期フロンティア費用曲線，③は将来のそれと考えられる．高収量低コストを実現している先進的大規模経営で実践されている優れた稲作技術・技能を他の稲作経営へ移転実践することができれば，地域全体としての生産コストを低減させることが期待できるのである.

わが国における大規模稲作経営のフロンティア拡大にチャレンジすることは，農業経営の多様性の軸の1つを極めて，その可能性と限界を知るという意味から，社会的にも学術的にも重要な課題といえる．また，どのような農業技術が必要となるかは，農業技術を使用する農業経営の戦略と技能によって決まる面があることに着目すれば，大規模稲作経営にとって必要な農業技術の研究開発にも有益な示唆が得られると考えられる.

なお，本書は，大規模稲作経営を主な対象としているが，水稲作付面積の大小は，各稲作経営の立地条件や経営理念・戦略によって決まるものであり，経営規模の大小が経営成果の高低や社会的存在意義を必ずしも規定するものではない．例えば，経営面積 10ha 規模でも，世界的に注目されている優れた水稲野菜複合経営（家族経営）も知られている．また，機械化体系1セットで経営面積 100ha 超の水稲単作経営を実現して天皇杯を受賞した先進大規模経営（法人経営）も知られている．こうした農業経営の多様性は，わが国の食料リスクを低減させる農業全体の強靭性やリスク対応力といった観点からも重要である

（南石 2012）．

3. 研究のビジョンと目標達成状況

1）問題意識と研究ビジョン

前節で述べたように，農産物販売額1500万円以上の稲作家族経営（プロ農家）の平均規模は20〜30haであり，稲作法人経営（会社等）の平均規模は40〜90haに達しており，100ha超の稲作経営も増加している．しかし，従来の稲作技術の研究開発では，経営体の数としては現実に多数存在している10ha規模までの稲作農家が想定されることが多く，100ha超の大規模経営が必要とする実用的な稲作技術が確立しているとは言い難い面がある．例えば，しばしば大規模稲作経営の切り札の様にいわれる直播栽培技術が，現実の大規模経営で全面的に導入されることはなく，多くの場合，移植栽培と組み合わせて導入されるに留まっている．こうした現実も，従来の稲作技術の研究開発体制の課題を示唆しているように思われる．

また，従来の稲作試験研究では，個別の稲作栽培技術が主な対象となり，農場全体の実践的な生産管理技術全体としての研究開発は不十分であった面もある．経営管理についても，現実に多数存在している稲作農家の経営管理実態についての研究は多いが，大規模稲作経営の経営管理技術に関する実践的な研究開発は極めて限定的であると言わざるを得ない．

このような諸問題を解決するためには，大規模稲作経営が研究開発に主体的に参画し，水稲の栽培技術や生産管理技術，さらには稲作経営の経営管理技術までを含めて，大規模稲作経営のための実践的な技術パッケージを営農現場において確立することが求められている．わが国の気候風土を強みとし，稲作経営の熟練技能（「匠」の技）を継承しつつ，情報通信技術ICTも最大限活用して，大規模稲作経営に有効な生産経営管理技術基盤を構築することが，本研究の究極的なビジョンである．

本研究の目的は，以下の3点に資する大規模稲作経営のための実践的な技術パッケージを確立することである．

①大規模化や生産管理・経営管理高度化による農機具費・資材費の低減

②作業の省力化や技能向上による労働費の低減

③収量・品質向上による収益性の向上

生産コスト低減の具体的な研究目標は，全算入生産費を玄米 1kg あたり 150 円まで低下させることである．これは，平成 26 年産の全国平均の全算入生産費玄米 1kg あたり 257 円（農林水産省 2015）の 58%に相当し，42%のコスト低減になる．

こうした研究目標を達成するため，本研究では，まず 30ha～150ha 規模の先進大規模経営に着目し，各経営で実際に導入・実践されている優れた技術・ノウハウ・技能を可視化（計測・表示）する．また，最新の ICT を最大限活用し，水田圃場環境情報，水稲生体情報，農作業情報を可視化し，新たな生産管理・経営管理技術の可能性を解明する．さらに，これらの成果を総合化し，上記の①～③を実現し，収量品質向上と生産コスト低減を両立させる稲作経営技術パッケージとして構築する．

こうした稲作経営技術パッケージの確立により，先進大規模稲作経営革新（イノベーション）が誘発される．また，先進大規模稲作経営技術を，他の経営や地域へ普及させることが可能になり，わが国の米生産コストの低減が可能になる．なお，将来的には，複数の農業法人の連携，集落営農，JA 農協組織での利用も視野に入れて，1000ha 規模の稲作経営への適用を想定している．

2）研究目標の達成状況

図 1-3 は，全国 15ha 以上規模層と農匠ナビ 1000 プロジェクト参画の農業生産法人の米生産費の比較結果を示している．全国 15ha 以上規模層の生産費は，農林水産省（2015）「米生産費」の水稲作付面積 15ha 以上規模層の「全算入生産費」全国平均値である．農匠 30ha 規模および農匠 100ha 超規模は，農匠ナビ 1000 プロジェクト参画の農業生産法人の「全算入生産費」推計値の平均値である．なお，労働費は，農業生産法人の労働時間×「全国 15ha 以上規模層」と同じ労賃単価で評価したものである．

図 1-1 で示したように，全国 15ha 以上規模層の玄米 1kg あたり生産費は 192.6 円であるのに対し，農匠 30ha の生産費は 154.6 円（全国 15ha 以上規模層の 80.3%），農匠 100ha 超規模の生産費は 149.5 円（77.6%）まで低減している．このように，「日本再興戦略」（内閣府 2013）で掲げられた米生産費全国平均（2014 年産は 256.9 円）の 4 割削減を超える玄米 1kg150 円の研究目標は概ね達成されたと言える．特に，物財費のうち建物・自動車・農機具費は，49.7 円から 27.3,

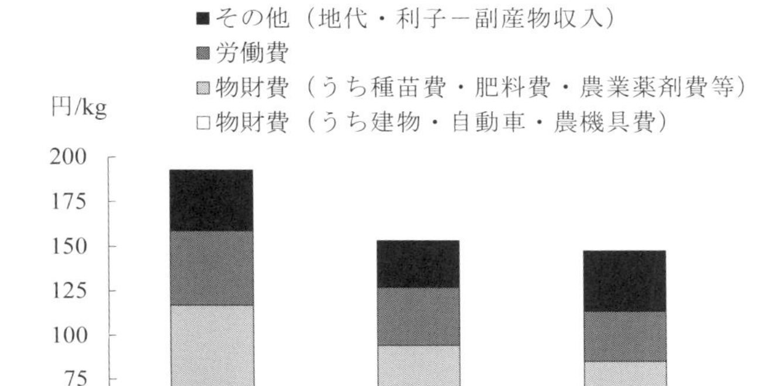

図 1-3　全国 15ha 規模層と先進大規模稲作経営の米生産費の比較
全国 15ha 規模層の生産費は，農林水産省（2015）「米生産費」（水稲作付面積）15ha 以上規模層の「全算入生産費」全国平均値．農匠 30ha 規模，農匠 100ha 規模は，農匠ナビ 1000 プロジェクト参画の農業生産法人の「全算入生産費」推計値（労働費は「全国 15ha 以上規模層」の労賃単価を評価）．

23.8 円へそれぞれ低減しており，全国 15ha 以上規模層の 55.0%～47.9%となり半減している．建物・自動車・農機具費の大半は機械施設の減価償却費であり固定費である．このため，規模拡大により機械施設の稼働率が向上し，固定費低減に大きな効果が現れたことを示している．これに対して，物財費のうち種苗費・肥料費・農業薬剤費等は変動費であり，規模拡大による低減効果は相対的に小さいことが確認できる．

農匠 30ha および 100ha 超の規模の 1kg あたり生産費低減額はそれぞれ 38.0 円と 43.2 円である．これは，経営全体（1kg あたり生産費低減額×総収穫）でみれば 30ha で約 620 万円，100ha で 2250 万円に相当する．このことは，1kg あたりではわずかに思える生産費低減額も，経営全体の総額では大きな生産コストの低減につながり，経営収支の改善に大きく貢献することを示している．

図 1-4 は，全国 15ha 以上規模層と農匠ナビ 1000 プロジェクト参画の農業生産法人の労働時間の比較結果を示している．全国 15ha 規模層の労働時間は，農林水産省（2015）「米生産費」（水稲作付面積）15ha 以上規模層の 10a あたり「労働時間」全国平均値である．農匠 30ha 規模，農匠 100ha 超規模は，農匠ナビ

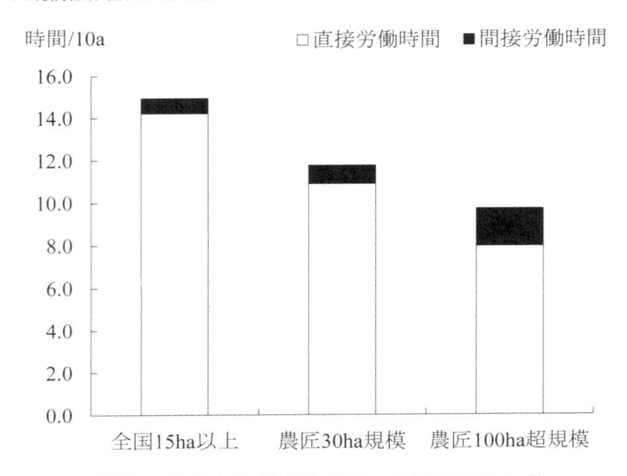

図 1-4　全国 15ha 規模層と先進大規模稲作経営の労働時間の比較
全国 15ha 規模層の労働時間は，農林水産省（2015）「米生産費」（水稲作付面積）15ha 以上規模層の「労働時間」全国平均値．農匠 30ha 規模，農匠 100ha 規模は，農匠ナビ 1000 プロジェクト参画の農業生産法人の「労働時間」推計値．

1000 プロジェクト参画の農業生産法人の「労働時間」推計値である．直接労働時間と間接労働時間の合計労働時間は，全国 15ha 以上規模層では 10a あたり 14.9 時間であるが，農匠 30ha 規模では 11.8 時間（全国 15ha 以上規模層の 78.9%），農匠 100ha 規模では 9.8 時間（65.4%）まで低減している．このため，労働費も 41.7 円から 32.7（78.3%）～28.1 円（67.4%）へ低下している．なお，間接労働時間は農匠 100ha 超規模で増加する傾向がみられるが，これは機械整備や生産管理等の間接労働時間等の影響と考えられる．

図 1-5 は，全国 15ha 規模層と先進大規模稲作経営の米生産費の構成比を例示している．全国 15ha 規模層の労働時間は，農林水産省（2015）「米生産費」（水稲作付面積）15ha 以上規模層の「生産費」全国平均値である．X 農場は，農匠ナビ 1000 プロジェクト参画の農業生産法人 X の「生産費」推計値である．なお，労働費は，農業生産法人の労働時間を「全国 15ha 以上規模層」と同じ労賃単価で評価している．

X 農場では，生産費のうち最大の構成比を占めているのは，物財費のうち種苗費・肥料費・農業薬剤費等であり 35.9%を占めているが，その金額自体は相当低い水準に低減しており，現在の資材価格を前提とする限りさらなる低減は

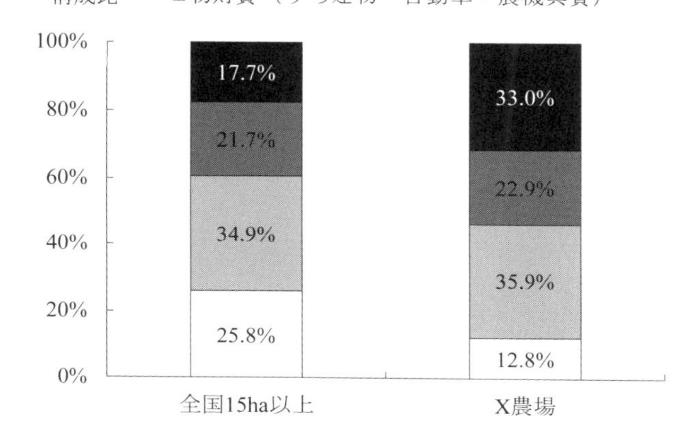

図 1-5　全国 15ha 規模層と先進大規模稲作経営の米生産費の構成比
全国 15ha 規模層の労働時間は，農林水産省（2015）「米生産費」（水稲作付面積）15ha 以上規模層の「生産費」全国平均値．X 農場は，農匠ナビ 1000 プロジェクト参画の農業生産法人 X の「生産費」推計値．

困難と考えられる．次に大きな構成比を占めているのは，「その他」であり 33.0% を占めているが，その大半は地代である．X 農場の地代水準は全国平均よりも高く，X 農場のさらなる生産費低減には地代低減が課題となる．しかし，地代は地域の農地賃貸借市場の需給状況に規定されるため，資材価格同様に，経営努力による解決には限界がある．

4. 生産費低減を実現する大規模稲作経営技術パッケージ

本書では，「経営戦略からみて最適な技術の組合せ」を「技術パッケージ」と考えており，水稲経営に必要な技術全般を「技術パッケージ」の対象にしている．技術が意図された成果を上げるためには，一般に技術を使いこなせる作業者のノウハウや技能が必要である（詳細は第 9 章参照）．このため，技術パッケージは，技術と共に，可視化されたノウハウや技能も対象としている．こうした技術の中には，水稲栽培技術だけでなく，生産管理や経営管理に関わる技術も含まれるため，これらを総合的に体系化した大規模稲作経営技術パッケージとすることで，大規模経営が生産コストを低減させつつ，高収量高品質を維持することが可能になる.

以下では，前節で示したような生産費低減を実現するための大規模稲作経営技術パッケージについて述べる.

1）生産コスト低減効果からみた技術要素

図1-6は，大規模稲作経営技術パッケージのコスト低減効果や収量品質向上効果を例示している. 生産コストを構成する経費は，農業資材費（種子・肥料・農薬等)のような変動費と農業機械・施設減価償却費等の固定費に大別される. なお，農業法人の場合には，正社員が稲作生産を担当しており，経営管理面からは人件費の大部分は固定費に区分できる.

（1）変動費低減

変動費低減では，資材投入低減が有効であり，高密度育苗技術による育苗資

1. 生産コスト低減
1）変動費低減➡資材投入低減
　①高密度育苗，流し込み施肥，土壌分析に基づく単肥施肥等
2）固定費低減（労働費含む）➡作業時間低減・作業効率向上
　①作業時間低減（高密度育苗，流し込み施肥等）
　②人材育成・運動系技能向上（FVS 農機ドライブレコーダ等による作業可視化）
　③圃場の団地化・大区画化・均平化（作付面積拡大，畦畔除去，レーザレベラ）

2. 収量・品質向上➡生産コスト低減，収益性向上
　①水稲生育情報の可視化（生育調査や生体センサ等）
　②水田圃場環境情報の可視化（FVS 水田センサ・クラウド等による作業判断支援，人材育成）

3. 低コストと高収量・品質の最適バランス（ICT 活用による最適営農計画）➡生産コスト低減，収益性向上
　①作付計画（品種・栽培様式・作期別作付面積等）
　②作業計画（作業計画・農業機械施設稼働計画等）
　③経営収支計画（売上，費用，利益・所得等）
　④販売計画（品種・栽培様式別販売量・売上等）

図1-6　稲作経営技術パッケージのコスト低減・収量品質向上効果（例示）

材費（苗箱，育苗ハウス資材）の低減，尿素等粒状肥料を用いる流し込み施肥技術による肥料費低減，土壌分析に基づく単肥施肥による肥料費低減などが期待できる．

（2）固定費低減

固定費低減では，第1に，高密度育苗技術による苗箱数減少による苗運搬・田植作業時間の低減，また流し込み施肥技術による追肥作業時間の低減により，これらの農作業に要する労働費低減が期待できる．第2に，FVS 農機ドライブレコーダ等による農作業の可視化や映像コンテンツ作成・活用により，運動系技能を中心とした技能向上により，作業能率向上が期待できる．第3に，圃場の団地化・大区画化・均平化による機械作業能率の向上がある．従来は，作付面積拡大により圃場が分散し，圃場間の移動時間が増大し，作業能率が低下すると考えられていた（例えば，梅本 2010）．しかし，100ha 程度まで作付面積規模拡大が行われると，作付圃場が団地化する可能性が高まり，圃場間移動時間が低減する．また，圃場団地化により作付圃場が連坦化し，地権者の同意が得られれば畦畔除去等により圃場の大区画化が可能になる．圃場面積が 50a までは区画大規模化による機械作業能率の顕著な向上が期待できるため，レーザレベラ等による圃場内均平化と合わせた圃場の団地化・大区画化による固定費低減が期待できる．

（3）収量・品質の向上

収量・品質の向上には，移植田植・直播播種，施肥管理，水管理，防除，収穫等の作業時期・内容の判断が大きな影響を及ぼす．特に施肥管理や水管理は，日々変化する水稲の生育状況と水田圃場環境（気温，湿度，水位，水温等）を勘案して適時的確に判断する必要がある．作付面積が数十 ha までは，重要な農作業判断を経営内の熟練者が1人で行うことが可能であるが，作付面積が 100ha 超，圃場数が数百に達すると，こうした判断系の技能をノウハウ化し，さらに技術化する必要が生じる．そのため，まず水稲生育状況を生育調査や生体センサ等で可視化（収集・計測・表示）すると共に，農場（作付地域）の気象情報や水田圃場環境情報の可視化が必要になる．

FVS 水田センサ・クラウドサーバシステム等を活用して個々の水田圃場の水位・水温等の環境情報を可視化することで，水管理等の判断情報を経営内で共有し，熟練者以外でも作業判断を行える情報基盤が構築できる．さらに，IT コンバインや FVS 水田センサの活用により水稲生産に関わる生体情報と環境情報の蓄積が進めば，収量・品質と水田圃場環境との関係の定量的解析により，生産管理の最適化が可能になる．収量や精玄米率の向上は，生産コスト（玄米1kg あたり生産費）低減に直結し，また，外観品質向上による販売単価上昇は収益率向上に寄与する．

(4) 低コストと高収量・品質の最適バランス

自らマーケティング・販売を行う大規模稲作経営では，低コストと高収量・品質のバランスを最適化することが重要な生産管理・経営管理上の課題となる．消費者やスーパー・食品加工メーカ等の実需者の需要に対応するために，どのような品種・栽培様式（慣行・特別栽培・有機栽培）を組み合わせるのかは作付計画の重要な内容となる．また，同時に，現有の経営資源（農地，機械・施設，社員人材）制約の下で，需要を満たす安定的な生産とコスト低減を行うためには，多様な品種・栽培様式（移植，乾田直播，湛水直播）・作期（移植・播種時期）を組み合わせて，作業競合回避・作業ピークの平準化を行う必要がある．こうした諸条件を満たす最適な作付計画（品種・栽培様式・作期別作付面積等），作業計画（作業計画・農業機械施設稼働計画等），経営収支計画（売上，費用，利益・所得等），販売計画（品種・栽培様式別販売量・売上等）を総合したものを，本書では営農計画とよんでいる．

最適営農計画の作成には，様々なデータの収集・整理・モデル化・最適解の算出といった作業が必要になるが，各段階で ICT 活用によって，実践的な営農計画モデルの構築と最適解の算出が可能になる．例えば，特定の時期の収穫可能面積は，収穫作業可能時間と収穫作業を行うコンバインの作業能率，乾燥機の処理能力等によって決まる．収穫作業可能時間は，その時期の降雨量などの気象条件や降雨後の水田圃場の水はけ状況などの圃場条件に影響を受ける．また，コンバインの作業能率は，圃場面積やオペレータの機械操作技能によって影響を受ける．営農計画では，こうした作業面の様々なデータに加えて，品種栽培様式毎の収量，価格，変動費，固定費等の経営面のデータも考慮する必要がある．農業機械の正確な作業能率や圃場別収量の推計には，農機に搭載した GPS や収量センサが活用できる．また，作業者の圃場毎の正確な作業能率の推計には，FVS クラウドシステムや PMS が活用できる．さらに，作業可能時間，収量，価格等の年次変動を考慮した最適営農計画の策定には FVS-FAPS 等の最適化システムが活用できる．なお，最適営農計画に関わるこれらの研究成果については，現在とりまとめ中であり，別途公表する予定である．

2）時間軸からみた稲作経営技術パッケージのイメージ

図 1-7 は，時間軸からみた大規模稲作経営技術パッケージの適用手順のイメージを示している．この例示では，技術パッケージの主な要素技術は，①農地集積・大区画化，②生産計画（作付計画），③栽培管理・作業管理，④収穫・乾

①農地集積・団地化➡信頼構築・交渉
②圃場の大区画化・均平化➡レーザレベラ等
③圃場特性把握・改善➡土壌図・土壌マップ，土壌改良（牛糞・鶏糞堆肥施用を含む）

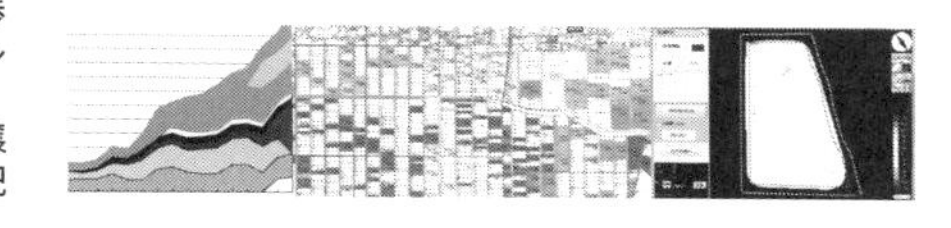

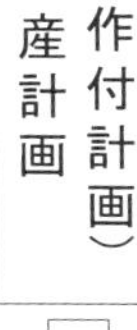

①需要対応・創造➡慣行，特栽，有機合鴨，紙マルチ等）
②作期分散➡品種，移植・直播（乾田，湛水）
③収穫時期から逆算した田植時期の決定➡生育シミュレーション
④需要・経営資源を考慮した最適営農計画➡FVS-FAPS
・気象・機械・労働制約等を考慮した作付計画（品種・栽培様式・作期）
・販売計画を加味した作付計画
・機械台数と規模拡大限界の分析評価

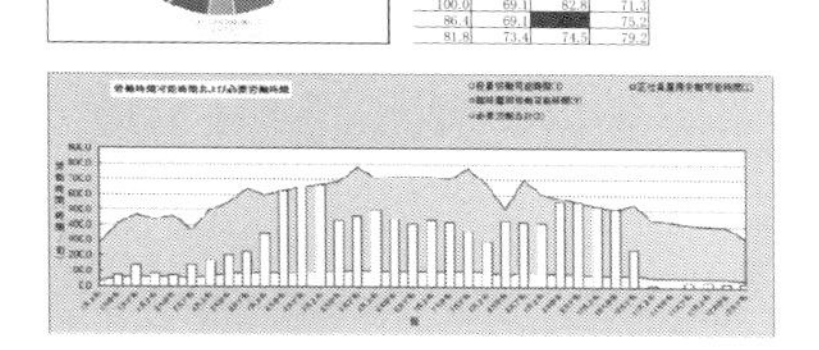

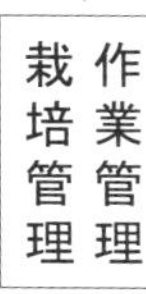

①育苗省力化・コスト低減➡高密度播種機
②代かき精度向上➡レーザ付きウイングハロー
③田植作業改善➡高密度田植機，疎植栽培
④施肥コスト低減高精度化➡単肥，流し込み施肥
⑤水管理コスト低減高精度化➡FVS水田センサ
⑥栽培管理改善➡ 生育調査 ➡ FVSクラウド・生体センサ・ドローン

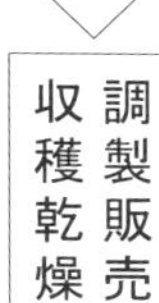

①適期収穫➡刈遅れ回避型作付計画
②圃場別収量改善➡ITコンバイン収量マップ
③玄米水分率の適正化➡乾燥調製高精度化
④圃場別品質改善➡外観品質・食味分析

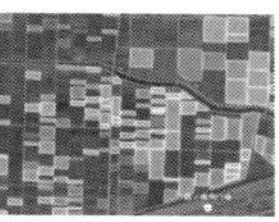
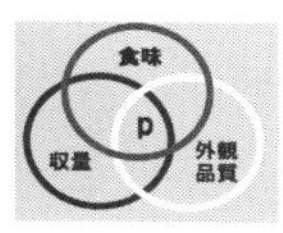

図 1-7　稲作経営技術パッケージのイメージ

燥調製・販売に大別している.

(1) 農地集積・大区画化

稲作経営にとって生産の基盤である農地の集積や圃場の大区画化に関わる技術は，主要な稲作経営技術の1つである．農地集積・団地化には，農地の貸し手である地域の農家との信頼関係の構築や交渉力（一種のコミュニケーション技術といえる）が含まれる．また，圃場の大区画化・均平化にはレーザレベラ等の圃場内均平度測量技術や均平化技術が含まれる．さらに，圃場特性を把握し，その改善を行うためには，土壌図や土壌マップ（土壌分析）に基づく土壌改良・肥沃化技術（牛糞・鶏糞等堆肥施用を含む）が含まれる.

(2) 生産計画（作付計画）

生産計画（作付計画）に関わる営農計画技術は，稲作経営の生産・販売の具体的な内容を決めるものであり，結果的に生産コストや収益性に大きな影響を及ぼす．需要対応・需要創造に関しては，慣行・特栽・有機（合鴨，紙マルチ等）等の栽培様式の選択とその作付面積の決定が作付計画の内容になる.また，作付計画では，作期分散を考慮した品種・移植・直播（乾田，湛水）栽培様式の選択とその作付面積の決定も重要な内容となる．さらに，販売計画や収穫時期から逆算した田植時期の決定には生育シミュレーションも有効である．こうした需要・経営資源を考慮した最適営農計画の策定には，FVS-FAPS 等の営農計画システムが活用できる．また，FVS-FAPS は，気象・機械・労働制約等を考慮した作付計画（品種・栽培様式・作期），販売計画を加味した作付計画，機械台数と規模拡大限界の分析評価にも適用できる.

(3) 栽培管理・作業管理

栽培管理・作業管理では，高密度播種機による育苗省力化・コスト低減，レーザ付きウイングハローによる代かき精度向上，高密度田植機・疎植栽培による田植作業改善，単肥・流し込み施肥による施肥コスト低減高精度化が想定できる．また，FVS 水田センサによる水管理コスト低減・高精度化や，FVS クラウド・生体センサ・ドローンを活用した生育調査による栽培管理改善が期待できる.

(4) 収穫・乾燥調製・販売

収穫・乾燥調製・販売では，生育シミュレーションと FVS-FAPS を組み合わせた刈遅れ回避型作付計画による適期収穫や，IT コンバイン収量マップによる圃場別収量把握と収量増のための生産管理へのフィードバックが重要になる．また，乾燥調製高精度化による玄米水分率の適正化や，外観品質・食味分析による圃場別品質改善のための，生産管理へのフィードバックが重要になる．

5. 本書の章別構成とキーワード

本書のキーワードは，TPP 時代の経営革新，技術パッケージ，スマート農業，農業 ICT，営農可視化である．TPP に代表される自由貿易の推進は，好むと好まざるとにかかわらず，農業経営の市場環境を大きく変化させることになる．こうした環境変化は，これを好機と捉える経営戦略と市場適応能力を有する経営にとっては，新たな経営革新の契機となり得る．第 12 章で示しているように，競合他社と比較して，自社の理念・ビジョンや販売・マーケティングが優れていると考えている農業法人は，TPP を危機ではなく好機と捉えている．TPP 時代には，こうしたチャレンジ精神に富む農業経営の革新を促進する農業経営生産技術の研究開発が求められている．

農業経営の発展は，経営革新によって経営の成長，継承，体質改善が持続的になされていく過程と考えられる（稲本・辻井 2000，南石 2011）．経営革新は，①技術革新，②事業・市場革新，③経営管理革新，④組織革新に大別される．このうち経営管理革新は，成長・発展のための経営計画策定と統制における革新である．経営計画は，技術革新や事業・市場革新をどのように行うのか，その結果として，どのような経営成長が想定されるのかを，具体的・定量的に示したものである．技術革新は，新しい品目・品種，作型，栽培方法，機械・施設等の導入を行うことである．

本書では，稲作経営における生産面の技術革新と経営管理革新を主な対象としている．これらの革新を実践するための体系化された技術・ノウハウ・技能の総体が「技術パッケージ」といえる．技術パッケージの対象となる技術は，個々の栽培技術に留まらず，生産管理のためのあらゆる技術を意味している．また，経営管理に関わる技術も対象にしている．こうした農業経営に関わる技術を幅広く対象にして，経営革新を目指す農業経営の戦略や現状に最適な技術を組み合わせたものが技術パッケージである．

生産管理と経営管理の革新には情報通信技術（ICT）が重要な役割を果たす

ことになる．「スマート農業」の定義は必ずしも確立しているわけではないが，ICT活用が重要な要素である．「スマート（smart）」とは，「身なりや動作が洗練されていて粋なさま」（広辞苑）である．これから転じて，IT分野では，「情報通信技術（ICT）を駆使し，状況に応じて運用を最適化するインテリジェントなシステムを構築すること」を「スマート化」と呼んでいる（南石 2014）．このように考えると，農業経営の視点から見たスマート農業とは，「情報通信技術（ICT）を駆使して，状況に応じて最適な農業経営管理・生産管理を行う農業経営」と定義できる．

スマート農業と技術パッケージの両者において，「技能の見える化」，「ノウハウの見える化」，「生産の見える化」，「経営の見える化」が重要な要素となる．本書ではこれらを総称して「営農可視化」（Farming visualization）とよんでいる．

表1-1は，こうした本書キーワードとの章別構成の対応関係を示している．以下では，章別構成を概説する．第I部「大規模稲作経営の戦略と革新」は第2章から第6章まで5章で構成している．第2章「大規模稲作経営の戦略と革新」では，第3章から第6章で取り上げている大規模稲作経営の経営戦略と革新を俯瞰的に比較検討している．第3章「近畿地域150ha稲作経営の戦略と革新

表1-1　本書の章別構成とキーワード

各章タイトル	
第1章	大規模稲作経営革新と技術パッケージ－ICT・生産技術・経営技術の融合－
第I部	大規模稲作経営の戦略と革新
第2章	大規模稲作経営の戦略と革新
第3章	近畿地域150ha稲作経営の戦略と革新－フクハラファームを事例として－
第4章	関東地域100ha稲作経営の戦略と革新－横田農場を事例として－
第5章	北陸地域30ha稲作経営の戦略と革新－ぶった農産を事例として－
第6章	九州地域30ha稲作経営の戦略と革新－AGLを事例として－
第II部	大規模稲作経営における栽培技術と生産管理技術の革新
第7章	稲作栽培技術の革新方向
第8章	省力化・低コスト稲作技術
第9章	営農可視化システムFVSによる生産管理技術の革新
第10章	IT農機による生産管理技術の革新
第III部	農業経営におけるICT活用とTPPへの対応戦略
第11章	農業経営におけるICT活用の費用対効果－全国アンケート調査分析－
第12章	農業経営に対するTPPの影響と対応策－全国アンケート調査分析－

新」と第 4 章「関東地域 100ha 稲作経営の戦略と革新」では 100ha 超の大規模稲作経営の戦略と革新に着目しながら発展過程を述べている．第 5 章「北陸地域 30ha 稲作経営の戦略と革新」と第 6 章「九州地域 30ha 稲作経営の戦略と革新」では，30ha 規模の大規模稲作経営の戦略と革新に着目しながら発展過程を述べている．各経営はそれぞれの立地条件の下で，それぞれの「強み」を活かしながら独自の経営戦略によって経営発展を成し遂げてきている．こうした各農業生産法人の経営発展過程から，地域農業構造によって規定される農地集積の可能性の高低が経営発展を方向付け，さらに必要となる技術パッケージの内容が規定される過程が理解できる．技術のパッケージ化を行うためには，技術に関わるノウハウや技能を可視化（営農可視化）し，社内の熟練者から初心者へ，さらには他経営へ移転可能な形態に整理する必要がある．

第 II 部「大規模稲作経営における栽培技術と生産管理技術の革新」は，第 7 章～第 10 章までの 4 章で構成しており，大規模稲作経営の技術パッケージを構成する要素技術について詳しく述べている．第 7 章「稲作栽培技術の革新方向」では，大規模稲作経営における低コストと良質良食味米安定生産を両立するための方策について検討している．第 8 章「省力化・低コスト稲作技術」では，

キーワード			
TPP 経営戦略 経営革新	技術 パッケージ	スマート農業 （ICT）	営農 可視化
○	○	○	○
○		○	
○	○	○	○
○	○	○	○
○	○	○	○
○	○	○	○
	○		
	○		
	○	○	○
	○	○	○
○		○	○
○	○		

大規模稲作経営における省力化･低コスト化生産技術として有望と考えられる「高密度育苗による水稲低コスト栽培技術」および「流し込み施肥による水稲省力的施肥技術」について詳しく述べている．これらの2章は水稲栽培技術の革新を対象にしているのに対して，次の2章はICTを活用した生産管理技術の革新を対象にしている．第9章「営農可視化システムFVSによる生産管理技術の革新」では，客観的データに基づく農業技術の励行・改善・向上と共に，農作業ノウハウや技能の可視化を目的として開発した営農可視化システムFVSの開発状況や機能，有効性や活用方法について述べている．第10章「IT農機による生産管理技術の革新」では，IT農機を活用した収量，土壌，生育のマッピング技術に着目し,農匠ナビ1000プロジェクトでの現地実証試験の成果を紹介している.これらの技術は,営農可視化のための技術として位置付けられる.

第Ⅲ部「農業経営におけるICT活用とTPPへの対応戦略」は，農匠ナビ1000プロジェクト研究成果の地域農業への普及可能性を検討するため，農業法人経営を対象とした全国アンケート調査分析を行っている第11章と第12章で構成している．第11章「農業経営におけるICT活用の費用対効果－全国アンケート調査分析－」では，農業法人におけるICT活用の費用対効果に対する経営者意識を明らかにしている．第12章「農業経営に対するTPPの影響と対応策－全国アンケート調査分析－」では，農業法人におけるTPP参加への意向，自社経営への影響，TPPへの対応策について検討している．これらの全国アンケート分析の結果は，本書で提示する技術パッケージが全国の多くの農業経営の経営革新に有効であることを示している．

6. おわりに

本章では，まず農匠ナビ1000プロジェクトを構想した研究の背景，研究のビジョンと目標達成状況，さらに，研究から明らかになった生産費低減を実現するための大規模稲作経営技術パッケージの内容と本書章別構成との対応関係について述べた．こうした技術パッケージを持続的に創出するためには，それを可能にする新たな研究開発実践モデルの構築が必要となっている．

農業技術の主要な研究開発目標が食料増産であった時代には，国立農業研究機関が基礎技術を研究し，公立農業試験場が地域の条件に応じた技術改良を行

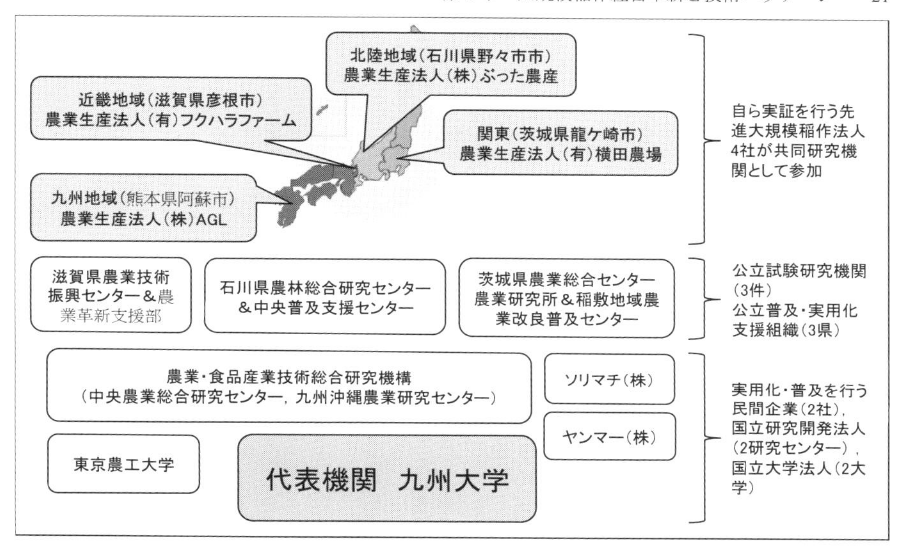

図1-8　農匠ナビ1000コンソーシアムの構成機関

い，農業改良普及組織が農家へ農業技術を普及するという直線的な研究開発普及モデルが有効に機能していた．しかし，食料の安全性や機能性，農業生産のコストや環境負荷等，現代の農業経営には多様な社会的要請が課せられている．また，農産物に対する消費者嗜好の変化も大きくなっており，直線的な研究開発普及モデルの課題も指摘されている．多くの先進諸国では，こうした技術普及モデルが現実に合わなくなってきているのである（南石・飯國・土田 2014）．

その一方で，売上や従事者数でみると，わが国の農業法人経営の規模は，欧米に比肩しうる水準に達しており，農業技術を実際に使用する農業経営が農業技術の研究開発に主体的に参画できる環境が整いつつある．

そこで，本研究では，農業技術を利用する農業経営が共同研究機関として参画する研究開発実践モデルを構想した（図1-8）．究極的には，農業経営が必要とする農業技術の研究開発を，農業経営が主導し，民間企業，国公立研究機関，大学と共同して実施し，自らが導入・実践する体制・形態を目指している．こうした研究開発実用化モデルは，マーケットイン型の農業技術開発実践モデルといえる．これに対して，従来の直線的な研究開発普及モデルは，プロダクトアウト型モデルであったともいえる．今後は，研究シーズを活かしたプロダクトアウト型モデルと，営農現場ニーズを起点としたマーケットイン型の研究開発モデルが，農業技術開発の両輪として機能することが期待されている．

［引用文献］

秋山　満（2014）水田農業における規模問題，日本農業経営学会［編］，農業経営の規模と企業形態－農業経営における基本問題－，農林統計出版，pp.47-64.
稲本志良・辻井博編著（2000）農業経営発展と投資・資金問題，富民協会，pp.359.
内閣府（2013）日本再興戦略，http://www.kantei.go.jp/jp/singi/keizaisaisei/pdf/ saikou_jpn.pdf.
外務省（2015），環太平洋パートナーシップ（TPP）協定，http://www.mofa.go.jp/mofaj/gaiko/tpp/
松倉誠一・南石晃明・藤井吉隆・佐藤正衛・長命洋佑・宮住昌志（2015）大規模稲作経営における技術・技能向上および規模拡大のコスト低減効果－FAPS-DBを用いたシミュレーション分析－，農業情報研究，24（2）：35-45.
南石晃明（2011）気候変動と農業リスクマネジメント，南石晃明［編著］「食料・農業・環境とリスク」，農林統計出版，pp.91-110.
南石晃明（2012）食料リスクと次世代農業経営－課題と展望－，農業経済研究，84（2）：95-111.
南石晃明・飯國芳明・土田志郎［編著］（2014），農業革新と人材育成システム，農林統計出版，pp.163-178.
南石晃明（2014）経営システムのスマート化，農業情報学会［編］スマート農業－農業・農村のイノベーションとサスティナビリティ，農林統計出版，pp.317-318.
南石晃明ら（2014）農林水産省緊急展開事業「農業生産法人が実践するスマート水田農業モデル」（農匠ナビ1000）プロジェクト公式Webサイト，http://www.agr.kyushu-u.ac.jp/lab/keiei/NoshoNavi/NoshoNavi1000/outline.html
南石晃明（2015）稲作経営における生産コスト低減の可能性と経常戦略，伊東正一［編著］世界のジャポニカ米市場と日本産米の競争力，農林統計出版.
南石晃明・藤井吉隆［編著］（2015）農業新時代の技術・技能伝承－ICTによる営農可視化と人材育成－，農林統計出版，pp.251.
農林水産省農林水産技術会議事務局（2014）「攻めの農林水産業の実現に向けた革新的技術緊急展開事業」について，http://www.s.affrc.go.jp/docs/kakusin/
農林水産省（2015）農業経営統計調査「平成26年産米生産費」，http://www.maff.go.jp/j/tokei/kouhyou/noukei/seisanhi_nousan/pdf/seisanhi_kome_14.pdf
梅本　雅（2010）圃場分散下での大規模水田作経営における圃場間移動の実態，関東東海農業経営研究，100：55-58．（http://www.naro.affrc.go.jp/org/narc/seika/kanto21/01/21_01_14.html）
梅本　雅（2014）農業経営における規模論の展開，日本農業経営学会［編］，農業経営の規模と企業形態－農業経営における基本問題－，農林統計出版，pp.23-37.
澤田　守（2014）「大規模農業経営体」の動向と課題－農業センサス－，南石晃明・飯國芳明・土田志郎［編著］，農業革新と人材育成システム－国際比較と次世代日本農業への含意－，農林統計出版，pp.145-162.

（南石晃明）

第Ⅰ部
大規模稲作経営の戦略と革新

第2章　大規模稲作経営の経営戦略と革新

1. はじめに

近年，農業経営を取り巻く環境は大きく変化している．例えば，農業従事者の高齢化および担い手の不足，経済および食のグローバル化の進展，耕作放棄地や遊休農地の増大，またそれに伴う鳥獣被害の拡大など，様々な問題が顕在化してきている．特に稲作経営を取り巻く環境は，米の生産価格の長期的な下落や米の消費量の減少などの問題を抱えており，一層厳しさを増している．その一方で，地域における農業従事者の高齢化や後継者不足などにより，農地の貸付け意向を示す農家が増加し，農地集積を進める経営にとっては，規模拡大の可能性が高まっている．昨今，環境に配慮した農産物や安全な農産物を求める消費者も増加しており，稲作経営にとっては，ビジネスチャンスが拡大する環境も整いつつある（梅本 2008）．また，従来の自作経営などとは異なる「新しい経営」の特質について，八木（2000）は以下の7点を指摘している．①事業規模と事業領域の拡大を積極的に進めている経営，②事業規模や事業領域の拡大過程において，経営資源の外部調達を積極的に図り，有効活用を進めている，③有限会社などの法人化志向である，④「戦略経営」を行っている，⑤マーケティング志向である，⑥合理的な事業活動や社会ニーズに応えた財やサービスの提供によって社会化された経営，⑦経営者の役割が重要な経営の核になっている．

そのような状況のなか，近年では農業法人数が増加し，政策的にも注目が集まっている．例えば，「日本再興戦略」（平成25年6月14日閣議決定，平成26年6月24日改訂）では，法人経営体数を2010年比4倍の5万法人とすることが掲げられている．農業生産法人を主とする農業法人には，先進的・先駆的農業を担うリーディングファームとしての役割に留まらず，次世代のわが国農業を担う人材育成が期待されており，様々な社内人材育成の取組みが行われている（南石ら 2014，2015）．さらには，地域農業への先進的技術の普及や社会的貢献活動なども期待されている（小田ら 2013）．

以上のように稲作経営を取り巻く環境は，大きな転換期を迎えているが，当該経営が直面している経営内部の環境条件は，個々の経営においてそれぞれ異なっている．また，経営外部の環境や条件に関しても時代の流れとともに変化していく．農業経営者が自身の経営を持続的に発展・成長させていくためには，経営内部および経営外部の環境変化に対応していくことが不可欠であり，各経営においては，明確な経営ビジョンや目的の設定を含めた経営戦略策定および戦術選択が求められる（南石 2011，小田ら 2013）．

そこで本章では，「農匠ナビ 1000 プロジェクト」に参画している先進的大規模稲作農業生産法人 4 社（以下，法人と略記）への聞き取り調査を行い，各法人がどのような経営戦略を策定し，経営内外の環境への対応を図っているのかについて検討していくこととする[注 1]．またその際，各法人では如何なる生産技術を組み合わせ（技術パッケージ），生産を行っているのかといった点についても見ていくこととする．

以下，次節では各法人の経営概況について述べる．第 3 節では，各法人が考える経営理念および経営目的について，第 4 節では，各法人の「強み」と「弱み」について見ていく．第 5 節では，各法人が有する生産管理に着目し，重要視している項目について検討を行う．第 6 節では，今後の経営課題およびその対応方法について見ていくこととする．最後，第 7 節では，本章のまとめを行う．

2. 各法人の概況

各法人の詳しい内容については，第 3 章～第 6 章を参照していただきたい．ここでは，要約する形で各法人の概況について見ていくこととしよう．

表 2-1 は，各法人の経営概況を示したものである．経営形態をみてみると，フクハラファームおよび横田農場は有限会社，ぶった農産および AGL は株式会社となっている．また，設立年次は，フクハラファームが 1994 年，横田農場が 1996 年（代表交代が 2008 年），ぶった農産が 1988 年，AGL が 2006 年と，3 法人が 1980 年代・1990 年代と比較的早い時期に設立している．2014 年度の売り上げは，フクハラファームで 3 億 800 万円，横田農場で 1 億 3,000 万円，ぶった農産で 1 億 4,600 万円，AGL で 6,900 万円となっている．

労働力の構成について見てみると，各法人役員数が 2～4 名であり，従業員は最も少ない AGL で 2 名，最も多いフクハラファームで 13 名となっている．水

表 2-1　各法人における経営概況

		フクハラファーム	横田農場
経営形態 （設立年次）		有限会社 （1994 年）	有限会社 （1996 年）[1]
資本金		800 万円	300 万円
売上（2014 年）		3 億 800 万円	1 億 3,000 万円
労働力（人）	役員	4	2
	従業員	13	11
	長期パート （臨時雇用）	1	5
水田経営面積 その他農作物経営面積		165ha 麦 30ha，大豆 10ha， 露地野菜 10ha	125ha
水稲作付面積 その他農作物作付面積		157ha うち加工用・新規需要米 （70ha） 転作 40ha 野菜・果樹（15ha）	125ha（うち直播 7ha） うち加工用（27.2ha） うち飼料用（3.9ha） うち備蓄用（12.3ha）
作業受託面積		延べ 50ha 水稲（延べ 30ha） 麦（延べ 15ha） 大豆（延べ 5ha）	延べ水稲（20ha）
主要事業	農産物	水稲・野菜栽培	水稲栽培
	農産加工	加工・加工品販売 （酒・餅）	加工・加工品販売 （米粉スイーツ）
	その他	作業受託	作業受託
食用米の特徴的な栽培方法		特別栽培（41ha） 有機栽培 （合鴨農法：6.6ha）	特別栽培（30.7ha） 有機栽培 （紙マルチ：4.6ha）

資料：各社社長に対する聞き取り調査より，筆者作成（面積は 2015 年実績）.
1）2008 年より現代表の横田修一氏が代表取締役となる.
2）1988 年に有限会社設立.

田経営面積は，フクハラファームで 165ha，横田農場で 125ha と 100ha を超す規模となっている．また，ぶった農産および AGL は 30ha 規模である．水稲以外に作付している作目としては，フクハラファームでは生産調整対策としての

ぶった農産	AGL
株式会社 （2001年）[2)]	株式会社 （2006年）
1,000万円	200万円
1億4,600万円	6,900万円
4 8（うち契約社員1） 10 （その他季節パート多数）	2 2 2
28.0ha 1.4ha	21.2ha 0.6ha
28.0ha うち加工用（0.9ha） 加工用（かぶ・大根：1.1ha） 加工用（なす・夏野菜：0.3ha）	21.2ha うち飼料用（4.7ha） とうもろこし（0.6ha）
水稲（1.6ha）	水稲（10.6ha）
水稲・野菜栽培	水稲栽培
加工・加工品販売 （かぶら寿し，麹なす，魚糠漬けなど）	
作業受託	作業受託 畜産（繁殖雌牛） 稲発酵粗飼料（WCS） 副産物（稲わら） 植物工場コンサルタント
特別栽培 （24.8ha） 高密度育苗栽培技術 （低コスト技術：3.7ha）	特別栽培 （疎植栽培：14.3ha） 減農薬栽培 （紙マルチ：0.3ha）

麦および大豆に加え，野菜の契約栽培や果樹を生産している．ぶった農産では加工用原料野菜の生産を行っている．AGLではとうもろこしの生産を行っており，水稲作のみであるのは横田農場だけである．

各法人における特徴的な事業をみてみると，フクハラファームでは加工用米（餅や酒米）の生産を，横田農場では米粉スイーツの製造・販売を，ぶった農産ではかぶら寿しや麹なすなどの加工品の製造・販売，AGL では繁殖雌牛の飼養，稲発酵粗飼料（WCS）の生産，稲わら副産物の販売に加え，植物工場のコンサルタントを行っているなど，各法人多様な事業に取り組んでいる．

また，栽培方法の特徴を見てみると，各法人で特別栽培に取り組んでいるほか，フクハラファームでは直播栽培や合鴨農法による有機栽培，横田農場では直播栽培や紙マルチ移植による有機栽培，ぶった農産では高密度育苗栽培[注2)]の導入，AGL では紙マルチ移植による減農薬栽培などに取り組んでいる．こうした栽培技術は，高付加価値化を目指す技術であると同時に，省力化技術としても導入しているケースもみられる．

3. 各法人における経営理念と経営目的

本節では,各法人における経営理念と経営目的についてみていくこととする．それらを要約したのが表 2-2 である．経営理念は，各法人における目的の明確化，実際の経営における対応（戦術）や行動規範などを示すだけでなく，経営内および経営外における対外的な関係を構築する側面においても重要な意味を持っている．

以下，各法人の経営理念について見ていくこととしよう．まず，フクハラファームであるが，その経営理念は，次のようになっている．「地域農業の発展こそわが社の繁栄と心得,『和・誠実性・積極性・責任感』をもって世に感動を与える仕事を実践します」である．また，その理念のもとには,「地域との協調・共生」,「地域の手本となる仕事の実践」,「お客様の動向をしっかりと見る」,「明るく生き生きとした職場」という 4 つの想いが込められている．特に，フクハラファームにおいては，地域を意識した理念を掲げているのが特徴である．

次いで横田農場の経営理念についてみていこう．横田農場では経営理念を明文化していないが，従業員で統一した想いとしてもっているのが以下の文言である．「みんなの笑顔のために」である．この「みんな」という言葉の中に，社員，お客様，地域の人たち，が含まれていて，みなさんを笑顔にできるように，という思いが込められている．

表 2-2　各法人における経営理念と経営目的

	経営理念	経営目的
フクハラファーム	地域農業の発展こそわが社の繁栄と心得，「和・誠実性・積極性・責任感」をもって世に感動を与える仕事を実践します	・高品質・収量増加と低コスト化の両立 ・再生産可能な生産コストの実現
横田農場	「みんなの笑顔のために」	・規模拡大によるコスト削減 ・少数精鋭の人材育成
ぶった農産	・私たちの取組はお客様はもとより，生活者の皆様のためであること ・会社はその取組のための組織であり，それを行う場である ・その取組を行うスタッフは、品質とサービスを高めるために価値ある行動を行う	・高品質・高食味かつ低コスト化
AGL	経営の健善化を基に，社員の幸福，地域社会の幸福化を目標とし，業務を通じ社会貢献する	・高売り上げ・高収入 ・低コスト化

資料：各社社長に対する聞き取り調査より，筆者作成．

ぶった農産においては，3 つの経営理念を掲げている．それらは，「私たちの取組はお客様はもとより，生活者の皆様のためであること」，「会社はその取組のための組織であり，それを行う場である」，そして「その取組を行うスタッフは，品質とサービスを高めるために価値ある行動を行う」である．ぶった農産の経営理念は，お客様である生活者を強く意識した理念となっており，そのために従業員一同が新たな価値を創出するために行動することを掲げている．

最後に AGL においては，「経営の健善化を基に，社員の幸福，地域社会の幸福化を目的とし，業務を通じ社会貢献する」ことを経営理念としている．AGL では，農地（地域）の保全のため，作業性，収益性のみを求めるのではなく，地域に対する貢献も考慮しているといえる．

次いで各法人の経営目的について見ていこう．フクハラファームでは，「高品質・収量増加と低コスト化の両立」および「再生産可能な生産コストの実現」を経営目的としている．横田農場では，「規模拡大によるコスト削減」および「少数精鋭の人材育成」を目的として掲げている．ぶった農産では，「高品質・高食味かつ低コスト化」を，AGL では「高売り上げ・高収入」および「低コスト化」

を経営目的としている．各法人の共通した経営目的としては，高品質および収量の増加と低コスト化の両立を掲げている点である．こうした経営目的は，先に示した実需者ニーズに応じたものであるともいえる．ただし，これらの目的を両立させるためには,高い生産技術と生産管理能力が必要である.すなわち,収量の高い品種・栽培方法に特化した場合，収量の増加に伴う生産コスト低減の可能性はあるが，その一方で，収量を得るためにこれまで以上に化学肥料や農薬を投入すると，結果として利益が低減する可能性があるといえる．

4．各法人における「強み」と「弱み」

表 2-3 は，各法人における「強み」と「弱み」を示したものである．以下，各法人が考えている自身の経営の「強み」と「弱み」についてみていくこととしよう．

フクハラファームにおいては，平坦地である地の利と土地集積によるスケールメリットの発現を強みとしていた．フクハラファームは琵琶湖に近接する平坦地に位置しており，米生産に適した圃場条件を有している．しかしそれよりも大きな強みとなったことは，現社長の福原昭一氏が，1990 年代より地元集落だけでなく周辺集落に積極的に出向き，地権者と日々交渉を続け農地集積に努めたことである．さらに，こうした経営努力に加え，年々加速する近隣農家の

表 2-3　各法人の「強み」と「弱み」

	フクハラファーム	横田農場	ぶった農産	AGL
強み	・平坦地である地の利と土地集積によるスケールメリットの発現	・圃場の集約化が進みやすい地域性	・高収量の維持が可能となる技術体系 ・創業以前から培ってきた技術が対外的に評価され，各種案件に携わることが可能	・堆肥投入による土壌改良
弱み	・若手人材の確保 ・販売単価が業務米市場価格に依存せざるを得ない	・社員の個人能力への依存	・市街化区域に近い立地条件のため，圃場集積が困難 ・中核従業員の就業年数が短いため，対応力及び問題解決力の不足	・中山間地域の立地条件 ・生産現場の人材，人材育成システム

資料：各社社長に対する聞き取り調査より，筆者作成．

離農により農地は集積したものの，分散錯圃が目立った状況であったため，近隣の大規模稲作経営と農地の利用権交換協議を行い面的集積に努めてきた．また，面的集積を行った農地は，積極的に1ha〜1.5ha程度へと区画拡大し，スケールメリットを追求する取組みを行ってきた．現在，経営面積の7割近くが50aを超える区画となっている．そうした農地集積大区画化の不断の取組みが，現在のフクハラファームの経営基盤を成している．その一方で，経営継承に向けた若手の人材育成・確保が大きな課題になっている点，また米の販売単価が業務米市場価格に依存せざるを得ない状況である点を弱みとしていた．前者に関しては，現在，フクハラファームでは経営者の世代交代の時期に差し掛かってきており，現社長が30年間自らの経験と勘に頼って行ってきた作業・ノウハウを如何に若い世代に伝承していくかが喫緊の課題となっている．また後者に関しては，設立当初は，消費者への直接販売が中心であったが，規模拡大に伴い直販による販路拡大が限界に達し，業務用米として大手商社や実需者との取引など，販路の多様化・確保に努めてきた．そのため，直接販売とは異なり，業務用米の販売単価が市場価格に依存せざるを得ない状況となっている．

横田農場においては，圃場の集約化が進みやすい地域性を強みとしていた．この点に関しては，地域に競合する生産農家がほとんどいないこと，また地域農家の高齢化により横田農場へ農地が集積しやすい環境となっていることを強みとして感じていた．もちろんその背後には，近隣の農家において農業機械の故障など突発的な理由による作業請負いの要望への対応，地域の環境整備活動への積極的な参加，地域の親子を対象とした田植えイベントの定期的な開催など，様々な活動を行い地域からの信用を得ていることも大きな要因であるといえる．他方，弱みに関しては，社員の個人能力への依存を弱みとして感じていた．横田農場では，125haの農地を田植え機・コンバインなど機械体系1セットで対応を図っているため，個々の能力への依存度が高い．例えば，通常の農作業以外にも，機械の不具合への気づきや機械の修理など，様々な能力が求められる．また，高度な技術を有する従業員ほど，様々な責務を任されることになり，人材育成と人材管理が極めて重要となってきているといえる．

ぶった農産においては，高収量の維持が可能となる技術体系，そうした技術の対外的評価を強みとしていた．強みに関しては，現会長である佛田孝治氏は，日本農業賞や天皇杯（農産部門），「農業技術の匠」（農林水産省選定）など，数々の賞を受賞している．ぶった農産では，超薄播きによる健苗を疎植栽培する技術とともに，堆肥投入による地力を活かした栽培技術により近年の高温などの気象条件に左右されにくく，品質の高い米生産技術を確立した．ぶった農産では，現在でもその技術が脈々と受け継がれている．弱みに関しては，圃場集積が困難であることおよび中核従業員への人材育成システムが構築されていないことを挙げていた．圃場集積に関しては，ぶった農産が有する圃場近辺の地域では，市街化が進行しており今後の作付面積の増加が困難であるといえる．また，圃場も小さな区画（平均 13a）が多く，農道も狭いため大型の機械を導入することが困難な状況となっている．後者に関しては，近年，新たな事業展開を図っており，その事業において中核をなす従業員はまだ経験が浅いため，従業員の教育・意識改革が必要となっている．ぶった農産では，製造部・販売部・経営管理部と 3 つの部門に分かれている．経営者自身が一人で全ての業務を担うことは実質不可能であるため，各部署に責任担当者を配置する必要がある．そのための人材育成・教育が急務となっている．

AGL では，堆肥投入による土壌改良を強みとしていた．AGL の経営では，繁殖雌牛を飼養している他，近隣の畜産農家から余っている堆肥をもらいうけ，それらの堆肥を水田に投入することにより，土壌改良が図られている．そのため，化学肥料の投入量を抑えることができ，結果としてコストの低減につながっているといえる．他方，弱みとして，AGL が位置している立地条件を挙げている．AGL が立地している阿蘇地域は，典型的な高地性の気候で，年間降水量が多い．また，AGL の圃場周辺は傾斜地が多く，生産条件が不利な立地条件となっている．

以上，各法人の経営概況についてみてきたが，各法人の特徴をまとめると以下のとおりである．

フクハラファームは，水稲作後の野菜の契約栽培による複合化，近隣の大規模稲作経営間での農地の利用権交換や受託農地の交換・再配分の交渉による面的集積を行い，圃場区画の拡大によるスケールメリットの追求を図っている．

横田農場は，農地集積が行い易い立地条件を最大限生かし，機械化体系 1 セットによる機械・作業の効率化が図られると共に，米粉ロールの製造・販売を行うなど高付加価値化に努めている．

ぶった農産では，かぶら寿しなどの加工品の製造・販売に加え，高密度育苗技術を導入して，高収量高品質を維持しながら低コスト化と省力化を図っている．

AGLでは，近隣の畜産農家との耕畜連携を図り，稲発酵粗飼料（WCS）の生産および稲わら副産物の利用・販売を行っているほか，特別栽培において疎植栽培の技術を導入し，コストの低減を図っている．また，経営全体としては，植物工場コンサルタントとして，事業の多角化を図っている点にも特徴がある．

5. 各法人の生産管理の特徴

本節では，先の経営目的を遂行するための生産管理（栽培管理を含む）に関して，各法人が重視している点や考え方について検討していくこととしよう．表2-4は，各法人で生産管理において重視している点をまとめたものである．

フクハラファームでは，「品質・収量の確保」および「緻密な作業計画」を重視していた．前者に付随する要素として，「品種特性に応じた的確な栽培管理」，「地域の標準反収の1～2割増収」を，また後者に付随する要素として，「生育予測シミュレーションによる刈取適期から逆算した品種ごとの的確な栽培計画」，「生育に見合った的確な水管理」を重視していた．150haを超えるフクハラファームでは，農地拡大に対応するため，早生品種から晩生品種など複数品種を組合せた作期分散を図っており，収穫（刈取）時期から逆算して育苗や田植えの時期，品種，圃場などを決めている．そのため，適期の把握による緻密な生産管理を行うことが重要となる．

横田農場においては，「基本的な技術をしっかりと踏まえた上で品質と収量を高い次元で両立させること」，「省力化・低コスト化のための技術」，「自身の経営で咀嚼して取り入れること」，さらには，「外すことのできない栽培上の重要なポイントを見極めた上で，従来にとらわれない栽培方法の試行を行うこと」を重視していた．横田農場では，先のフクハラファームと同様に，農地拡大に対応するため，早生品種から晩生品種など複数品種の組合せにより，田植えおよび収穫の期間は2カ月以上となっている．また，それらの作業は田植え機・コンバインなど機械体系1セットで対応しているため，これまでの常識にとらわれない生産管理方法の確立を含む経営戦略を志向していくことが重要となる．そのためには，生産管理に関わる従業員がそれぞれ，作業内容の把握のみなら

表 2-4　生産管理において重視している点

フクハラファーム	横田農場	ぶった農産	AGL
●品質・収量の確保 ・品種特性に応じた的確な栽培管理 ・地域の標準反収の1～2割増収 ●緻密な作業計画 ・生育予測シミュレーションによる刈取適期から逆算した品種ごとの的確な栽培計画 ・生育に見合った的確な水管理	●基本的な技術をしっかりと踏まえた上で品質と収量を高い次元で両立させること ●省力化・低コスト化のための技術を，自身の経営で咀嚼して取り入れること ●外すことのできない栽培上の重要なポイントを見極めた上で，従来にとらわれない栽培方法の試行を行う	●収量と品質 ・収量は地域平均の1割増し以上 ・品質は全量一等米を実現 ●ばらつきの少ない正確な栽培 ・ばらつきを最小限にし，予定した正確な栽培の実現をはかる ●施肥管理と水管理 ・肥料制御の判断の幅（葉色板にて）・水深管理に関して具体的な数値で判断する ●栽培管理マニュアルの作成と実施 ・マニュアルづくりと，マニュアルに基づいた栽培の実施	●稲（品種）が持つ生育特性を最大限引き出す栽培方法 ●栽培作物に過剰な負荷をかけない栽培方法 ●肥料，農薬は必要最小限に抑える

資料：各社社長に対する聞き取り調査より，筆者作成.

ず，重要なポイントを見極めたうえで作業を遂行し，効率的な作業体系の構築を図っていくことが重要であるといえる.

ぶった農産においては，以下の4点を重視していた.それらは,「収量と品質」,「ばらつきの少ない正確な栽培」,「施肥管理および水管理」,「栽培管理マニュアルの作成と実施」である．ぶった農産は，先に述べたように市街化区域に隣接しており，今後，規模拡大を行うことが難しい地域に位置している．そのため，高収量および高品質の維持・確保が重要となってくる．収量に関しては，地域平均の1割以上増収を，品質は全量一等米を，特別栽培においてそれぞれ可能とする栽培技術の確立を目指している．また，品種間，圃場間でのばらつきを可能な限り抑えることを心掛けている．すなわち，経営内における栽培管理の高位標準化を目指しているといえる．そのために，栽培計画において予想される収量・品質の確保が可能となる栽培技術の確立が重要となる．特に施肥管理および水管理を重視しており，葉色板判断による施肥判断および朝夕2回の水田圃場見回り・水深管理等の周密な栽培判断を熟練した経験と具体的な数値に基づいて行うことを重視している．そして，栽培管理マニュアルを作成し，そのマニュアルに基づいた栽培の実施を行っていくことで上記の要因への対応を図ろうとしている．

AGL に関しては，稲（品種）が持つ生育特性を最大限引き出す栽培方法および栽培作物に過剰な負荷をかけず，肥料・農薬は必要最小限に抑えることを心掛けている．このような栽培が可能となる背景には，阿蘇地域という立地条件もあるが，自身の経営においても繁殖雌牛を飼養しており，ふん尿を堆肥化し水田へ還元することができることが大きな要因としてある．AGL では，作物が持つ自然の生育能力を重視し，環境負荷低減を志向する低投入農法を目指した栽培方法を心掛けている．

6. 各法人における今後の経営課題

表 2-5 は，各法人の稲作部門の今後の経営課題とその対応策についてまとめたものである．ここでは，①収量・品質の向上および②低コスト・省力化の 2 点に着目し，検討していくこととしよう．これら 2 つの項目は，先の経営目的と関連した項目である．

まず，①収量・品質の向上に関する課題への対応策としては，各法人共通して，ICT の利活用を挙げていた．その活用方法としては，圃場管理や栽培管理などに関するデータの蓄積や分析に関するものが中心であった．また，分析結果を用いて，収量や品質のばらつきの低減に寄与することも重要であると考えていた．その他の対応策として，適期作業を行うための栽培計画の策定，水や施肥管理，新品種の導入などを挙げていた．特に，水管理に関しては，各法人とも，これまでの経験や勘に頼っているところが大きいとの考えが多かった．今後は蓄積した ICT のデータを活用し，新たな管理技術が確立されることが期待される．なお，第 9 章においては，水田センサを農業法人 4 社の 1000 圃場に設置した大規模な現地実証について述べている．また，第 11 章では，全国アンケート調査結果から，農業法人の多くが，ICT 費用対効果が 1 以上あると評価

表 2-5　各法人における稲作部門の今後の経営課題とその対応策

	フクハラファーム	横田農場
①収量・品質の向上	●収量・品質の向上・安定化 ・適期作業および水管理 ・生産技術体系の確立 ・ICT を利用したデータの蓄積・分析（ノウハウの見える化）	●栽培管理の高精度化，収量・品質の向上 ・ICT を活用した圃場管理（生育にあわせた適切な栽培管理）
②低コスト化・省力化	●低コスト・省力化 ・データの分析結果の活用による効率化 ・複合経営の確立 ・面的集積・一区画の拡大	●規模拡大（農地集積）・コスト削減 ・機械体系 1 セット ・直播栽培技術の安定化 ・多品種・作期分散 ・ICT の利活用・見える化 ・点在している圃場の連坦化

資料：各社社長に対する聞き取り調査より，筆者作成.
注：図中「●」は，経営課題を示し，「・」は経営課題に対する対応策を示している.

していることを明らかにしている[注 3)].

次いで，②低コスト・省力化の課題に対しては，各法人で共通する要素として，作業効率を向上させることを挙げていた．具体的な対応策をみていくと，フクハラファームでは，「ICT データの分析結果の活用による効率化」，「農地の面的集積・一区画の拡大」，さらには「経営の複合化」を挙げていた．横田農場では，「機械体系 1 セットでの作業効率向上」，「多品種・作期分散」，「ICT の利活用・見える化」，「圃場の連坦化」のほかに，「直播栽培技術の安定化」を挙げていた．ぶった農産では，「機械作業効率の向上」，「高密度育苗技術の導入」，「田面均平化技術の導入」により，作業の効率化・省力化を図ろうとしていた．さらには，「繁忙期における適正人員の確保」も有効な対応策として挙げていた．AGL においては，「作業体系の明確化と標準化」，「作業マニュアルの作成」，「ICT の圃場情報の利活用」，「機械稼働率の向上」，「規模拡大・圃場の集約」などを挙げており，作業体系の構築とそれに応じたマニュアルの作成を重視していた．なお，フクハラファームで行っている水稲作後の野菜生産などの経営複合化，AGL での稲わら副産物の利用・販売などは，農地利用率向上により生産コスト低減にも貢献しているといえる．

ぶった農産	AGL
●品質の安定化 ・ICT の利活用などによるばらつきの最小化 ・施肥管理・水管理	●収量・品質の向上 ・高品質・多収量品種の導入 ・新品種の試験栽培 ・ICT による農作業情報の利活用
●小区画での作業効率の向上 ・機械作業効率の向上 ・繁忙期における適正人員の確保 ・高密度育苗技術の導入 ・田面均平化技術	●作業の効率化・低コスト化 ・作業体系の明確化と標準化 ・作業マニュアルの作成 ・ICT による圃場情報の利活用 ・機械稼働率の向上 ・規模拡大・圃場の集約

7. おわりに

本章では，農匠ナビ 1000 プロジェクトに共同研究機関として参画している大規模稲作法人を対象に，経営戦略と新たな展開および経営課題について検討してきた．その結果，明らかとなったことは以下の 3 点である．

第一に，各法人において共通した経営目的として，高品質・多収量および低コスト化を達成することを挙げていた．各法人はこの点に関して，多品種の組み合わせによる作期分散，田植え機・コンバインなど機械化体系 1 セットによる機械・作業の効率化，経営の複合化，省力化栽培技術の導入，副産物の利活用などの生産技術の組み合わせ（技術パッケージ）により，対応を図っていることが明らかとなった．

第二に，収量・品質の向上への課題対応策として，ICT の利活用への期待が高いことが明らかとなった．実際の現場では，ICT を利活用した情報収集・管理・分析を行うことで，より効率的に対応が可能であると考える．こうした ICT を活用したデータ収集・解析に関しては，農匠ナビ 1000 プロジェクトにおいて実用化の目途が立ち，今後，実用化の加速と地域農業へ普及が期待される．また，今後はさらに様々なデータ集積を進め，ビッグデータ活用による新たな生産管理の理論構築とシステム開発が待たれる．

第三に，法人の「強み・弱み」に関しては，各法人において，人材育成に関する項目を弱み・課題として挙げていた．この点に関しても，農匠ナビ 1000 プロジェクトにおいて実用化の目途が立ち，今後のICTの利活用が期待される．技術・技能伝承に関しては，例えば，農作業映像を活用した従業員教育や技術・技能伝承など，様々な現地実証を行っており，その効果が明らかになってきている[注4)]．今後はこうした ICT の利活用により，次世代を担う人材を輩出していくシステムを経営内で構築していくことが重要であるとともに，他の経営への普及に向けた一般化が期待される．

注 1）本章で用いる経営戦略，経営目的，経営目標に関しては，南石（2011）や小田ら（2013）の定義に準拠している．
注 2）これまでの水稲苗箱数が約 1/3 となり，資材・施設・作業コストを大幅に削減することが可能となる技術である．詳細は第 8 章参照．
注 3）南石・飯国・土田（2014）では，農業法人を対象にした全国アンケート調査結果に基づき，農業経営における ICT 活用の取組み状況や活用期待が高いことを明きからにしている．また，ICT を活用した人材育成の取組み状況も明らかにしている．
注 4）詳細は第 9 章参照．また，南石・藤井（2015）では，ICT を活用した農業技術・技能の可視化と伝承支援について詳しく考察すると共に，営農可視化システム FVS 等の関連システムの概要および活用方法について詳しく述べている．

［引用文献］

小田滋晃・長命洋佑・川﨑訓昭［編著］（2013）『農業経営の未来戦略Ⅰ　動きはじめた「農企業」』，昭和堂，pp.244.
内閣府（2014）『「日本再興戦略」改訂 2014－未来への挑戦－』，（https://www.kantei.go.jp/jp/singi/keizaisaisei/pdf/honbun2JP.pdf）2015 年 9 月 30 日参照．
南石晃明（2011）『農業におけるリスクと情報のマネジメント』，農林統計出版，pp.448.
南石晃明・飯國芳明・土田志郎[編著]（2014）「農業革新と人材育成システム」，農林統計協会，pp.391.
南石晃明・藤井吉隆［編著］（2015）「農業新時代の技術・技能伝承－ICT による営農可視化と人材育成－」，農林統計出版，pp.251.
梅本　雅（2008）「転換期における水田農業の展開と経営対応」，農林統計協会，pp.267.

八木宏典(2000)新しい農業経営の特質とその国際的位置,「農業経営研究」37(4), 5-18.

（長命洋佑・南石晃明）

第3章　近畿地域150ha稲作経営の戦略と革新
－フクハラファームを事例として－

1. はじめに

有限会社フクハラファームは，滋賀県東北部の彦根市に位置している．東に鈴鹿山系，西には琵琶湖を目の当たりにし，自然に恵まれた平坦な稲作適地である．気象は，瀬戸内海型気候区の東端にあたる一方，冬期は日本海型気候区の気候となり，強い北西の季節風による降雪も見られる（福原・藤井 2012）．彦根市の南部地帯が耕作範囲で，耕作地の約8割が昭和40年代から広範に圃場整備事業に取り組まれており，用水は大半が琵琶湖からのポンプアップにより取水されていて，地域の用水路の約8割はパイプライン化されており用排は完全分離している．

本章では，フクハラファームを事例として，近畿地域150ha稲作経営の戦略と革新について述べる．第2節では経営概要，第3節では経営の展開・発展過程について述べる．その後，第4節では経営の戦略と課題・対応策について述べ，第5節では，農匠ナビ1000プロジェクトにおける主要研究成果とそれに基づく稲作経営技術パッケージを提示する．最後に，第6節では本章のまとめを行う．

2. 経営の概要

経営面積170haのうち，水稲作付面積は150ha弱となっており主食用米がおよそ80haである．ミルキークィーン，にこまる，コシヒカリなど7品種を栽培しており，そのうち，ミルキークィーン，コシヒカリにおいてはそれぞれ約5ha程度，無農薬栽培や有機JAS栽培を行っており，これらはすべて消費者への直接販売となっている．その他の主食用米は，ほとんどが食品加工業者との業務用としての契約栽培となっている．また，加工用米がおよそ70haであり，ヒメノモチ，中生新千本を中心として4品種を栽培している．それぞれの品種は，すべて需要に応じて栽培をしているだけでなく作期の分散も考慮しており，品質の劣化が生じることのないように刈取の適期から逆算して田植時期，圃場，品種等の作付計画を決定している．

その他に麦を30ha，麦後にキャベツ，ブロッコリーを9ha，大豆を12ha，加工用米を9ha栽培している．また，梨やブドウといった果樹を1ha程度栽培している．

なお，農匠ナビ1000プロジェクトでの実証試験の面積は150ha弱，圃場枚数にして370枚となっている．

従事者数をみると，役員4名，正社員12名，臨時雇用者1名となっている．役員4名のうち3名は営農にも従事しており，1名は経理を担当している．正社員12名のうち，9名が営農に，1名は精米業務や営業に，2名が販売や一般の事務に携わっている．

年間の売上は，経営全体で3億800万円，そのうち水稲部門で2億9千万円，野菜部門で1,300万円，果樹部門で400万円，その他100万円となっている．

3. 経営の展開・発展過程

以下では，フクハラファームにおける経営の展開について見ていくこととしよう．フクハラファームのこれまでの経営展開および作付面積の推移に関しては，図3-1，図3-2，表3-1に示してある．

フクハラファームの創業者福原昭一は，もともと2haの水田を耕作する兼業農家であった．しかし農業者の高齢化など地域農業が衰退する現状に直面する

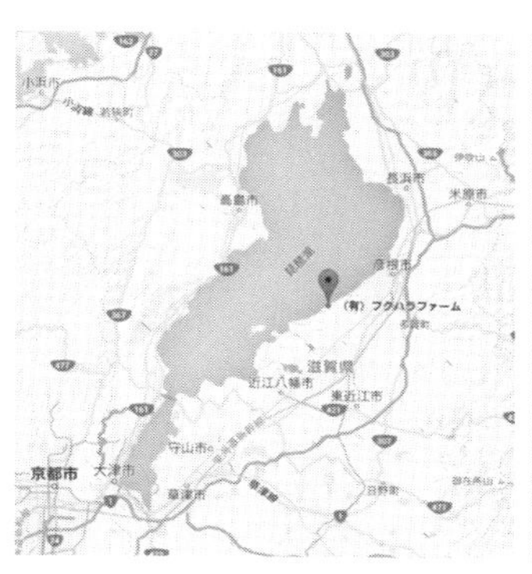

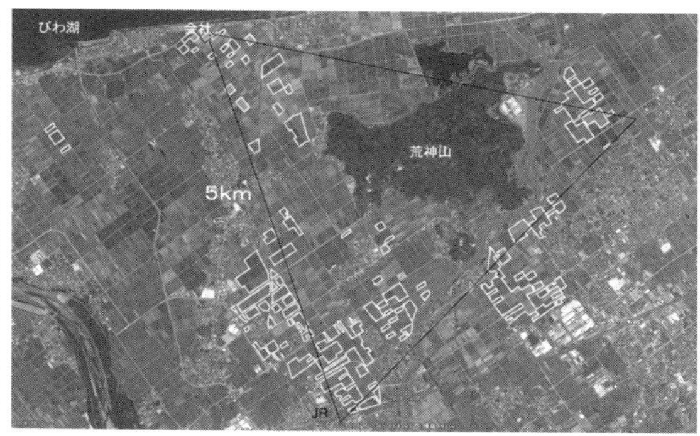

図3-1　フクハラファームの立地および圃場配置
ⒸGoogle map.

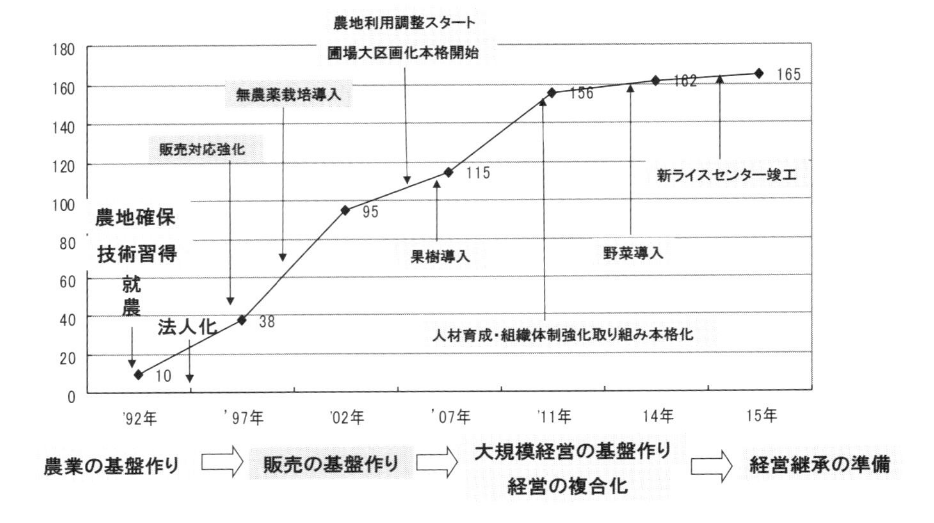

図 3-2　フクハラファームにおける作付面積の推移と経営課題

表 3-1　フクハラファームの経営展開

年度	水田面積	従業員数	主な取り組み内容
1990 年	約 10ha	—	専業農家としての経営をスタート
1994 年	約 30ha	2 名	特別栽培米への取り組み・消費者への直売を本格化（有）フクハラファーム設立，従業員を雇用
1998 年	約 70ha	7 名	従業員 3 名，アイガモ農法導入，農地面的集積に向けた取り組み開始
2001 年	約 90ha	7 名	地域での農地の利用調整組織の設立（JA 受託組合組織）
2002 年	約 100ha	7 名	圃場の大型化に向けた改良を本格化
2003 年	約 110ha	8 名	営業担当者の配置
2005 年	約 115ha	8 名	果樹部門の導入（なし，ブルーベリー，ぶどう，いちじく等）
2007 年	約 120ha	17 名	湛水直播栽培の導入（導入面積 5ha）
2009 年	約 140ha	18 名	人材育成のための実験プロジェクトに着手，組織体制強化への取組み
2011 年	約 156ha	17 名	野菜部門の取り組み本格化
2012 年	約 162ha	15 名	人材育成の本格取組みと，施設更新に向けた取組み
2014 年	約 165ha	14 名	新ライスセンター竣工
2015 年	約 170ha	14 名	乾田直播・湛水直播本格的導入

中で「地域農業を牽引する存在となり地域農業を次代に引き継ぐ」ことを自らの社会的吏命と決意して，1990年に10ha程度の農地の利用権を確保して専業農家としての一歩を歩み出した．

その後，農地も順調に集まり経営面積が30haを超え，従業員の雇用を始めたことを契機として,1994年3月に現在の有限会社フクハラファームを設立した．1998年には，高付加価値米の販売戦略として合鴨農法を導入し，無農薬栽培への挑戦を始める．また同時に，経営規模の拡大に応じてコストダウンのための面的集積の必要性を強く感じるようになり，地域の生産者との話合いによる面的集積事業にも早くから取り組んできた．これらの取り組みが現在のフクハラファームの基盤を成している．2004年からは，営業販売担当職員を配置し，百貨店，飲食業者，量販店，食品加工業者など，新たな販路の拡大に乗り出す．そして，2005年にはブルーベリーなどの果樹部門の導入を，2011年には，キャベツ等の野菜部門の導入を図っている．当経営では，多様な米の取引先を有することによる販売面での相乗効果を発揮しながら，米以外の野菜・果樹生産物も含めた「農業生産の総合化」を行うとともに，2013年にはさらなる規模拡大を見越してライスセンターを新設し，2014年より稼動させている．

また，図3-2はフクハラファームにおける作付面積の推移と経営の課題を示したものである．これまでの展開を振り返ってみると，その時の経営状況や経営を取り巻く環境に応じて経営課題も移り変わってきているが，大きく分類すると3つの段階に集約できるといえる．

第一は,「農業の基盤作り」の段階（1992年～1997年ごろ）である．ここでは，農地の確保や経営者自身の技術習得が主な課題であった．そのために，用事があろうと無かろうと，特に土曜日や日曜日には圃場に出かけ農家の方の邪魔にならない程度に話しかけるように心がけた．例えば，圃場整備以前の水利の問題や，圃場整備推進の苦労話，そしてコメ作りの今昔物語といった内容である．そうしたことは，しっかりとしたコメ作りを支える基盤になったと同時に，地元との信頼関係を築く一つのきっかけとなった．

次いで,「販売の基盤作り」の段階（1997年～2002年ごろ）である．この段階では，販売対応の強化及び無農薬栽培の導入など，現在のフクハラファームの販売基盤を成す取り組みが行われてきた時期である．経営規模が徐々に増え農業を経営という視点で強く考えるようになるに従って直販の重要性を感じるようになり,「合鴨農法」による無農薬栽培米など高付加価値米の生産に着手し直販率の向上に努めた.「合鴨農法」導入当初は，一晩に百羽近いアイガモの雛をキツネに持ち去られてしまったり，また毎日数羽ずつ数が減っていることに気が付くと，原因はカラスが持ち去っていたことが判明したなど，当農法が安定するまでに紆余曲折があったことは，今も笑い話となりながら一つの教訓として社内に伝わっている．この時期には，作付面積は30haを超え一気に加速していく時期であった.

最後は「大規模経営の基盤作り」・「経営の複合化」が図られた段階である．特に1998年以降，圃場大規模区画化が本格的にスタートし，作業の効率化が図られるようになった．また，地域の理解が得られる生産者同士で地権者の同意を取り付け利用権の交換を実施，面的集積を積極的に進めていった．このことにより，地域の大規模生産者で組織する「稲枝受託者組合」でも組織的に取り組むようになり，地域での面的集積は加速していった．その結果，作付面積が100haを超えるようになった.その後,果樹作の導入や野菜作の導入を図り,「経営の複合化」を図るとともに，人材育成・組織体制強化の取組みを本格化させることとなる.

フクハラファームの経営方針の核となる部分は「規模拡大しても品質・収量を安定させる」ということである．規模拡大が進めば雇用も拡大していくこととなる．そうした中で品質・収量の安定を目指すためには，従業員間の情報共有なども含め組織のあり方や人材の育成が最重要課題となってくる．また，労働力の有効な配分の観点からも野菜等を導入した経営の複合化を図り経営の安定化を目指している．しかし，露地野菜に関しては気象リスクが大きくのしかかってくる．数年前には，計画していた面積の半分近くがその時の台風がもたらした大雨によって，定植後のキャベツが冠水しあきらめざるを得なくなったことや，ある年は冠水した後に作付品目を変更したことなど，気候によるリスクは大きな課題として認識している.

4. 経営の戦略・課題・対応

1) 経営の理念と戦略

フクハラファームにおける経営理念は，以下の通りである.

「地域農業の発展こそわが社の繁栄と心得，『和・誠実性・積極性・責任感』をもって世に感動を与える仕事を実践します」

- 地域との協調・共生
- 地域の手本となる仕事の実践⇒プロ意識を持つ，地域を牽引する
- お客様の動向をしっかりと見る⇒発見力
- 明るく生き生きとした職場

「地域農業の発展こそが我が社の繁栄」とし，地域との協調・共生を理念としている．その中で，面的集積の図れない規模拡大は，拡大のスケールメリットが享受できないとの観点から，徹底して面的集積と圃場区画の拡大を図ってきた．同時に，規模拡大と「品質・収量」へのこだわりを持ち続けコストダウンに繋げてきた．

2）経営課題とその対応策

現在の経営課題としては，さらなるコストダウンを目指す際，人材の育成と日々のデータ蓄積による解析と改善が必要不可欠と考え，情報システムの構築が課題となっている．具体的には，毎年の作物の出来，不出来の状況を言っていても仕方がなく，「なぜそうなったのか」の要因を明らかにしていかなければならない．要因を明らかにし，経営の継続，再生産可能な経営の確立を目指していくことが，最も大きな課題となっている．それを目指すための柱として以

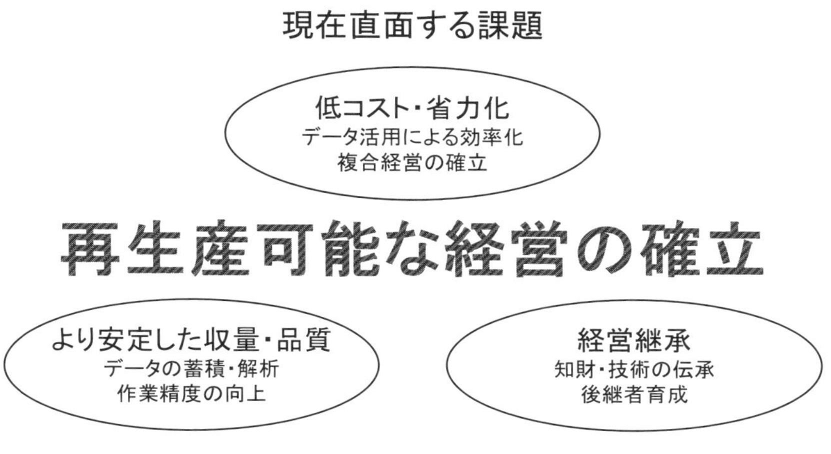

図3-3　フクハラファームにおいて現在直面している課題

下の 3 点が挙げられ，それらを模式図として示したのが図 3-3 である．直面している第一の課題は，「低コスト・省力化」であり，データ活用による効率化および複合経営の確立が重要となってくる．第二は，「より安定した収量・品質の確保」である．この点に関しては，日々の作業データの蓄積およびその解析を行っていくことにより，経営全体としての作業効率の向上を図っていくことが重要であるといえる．最後，第三の課題としては「経営の継承」である．この点は，技能・ノウハウおよび技術を如何に伝承していくか，また当経営における後継者を如何に育成していくかが重要なカギとなってこよう．

それらの課題に向けた対応策を示したのが，図 3-4 および図 3-5 である．第一の対策は，「作業の効率化」である．また，効率化を図るためには，「機械施設」「圃場区画」「作業者スキル」が重要であり，当経営の経営規模拡大の成否を左右する重要課題となっている．「機械施設」に関しては，2014 年度にライスセンターを新築した．このライスセンターを新築することで，作付面積としておよそ 200～250ha くらいまでは対応可能となった．次いで「圃場区画」に関しては，現経営面積 175ha（登記簿上 1000 筆，約 330 圃場）のうち，1 区画の面積が 1ha 以上の圃場面積は 34ha（19.4%），50a～1ha 未満は 90ha（51.4%），30～50a 未満は 39ha（22.3%），30a 未満は 12ha（6.9%）である．図 3-6 に例示すように，10a あたりの田植作業時間は 1 区画の圃場面積が大きくなるに従い減少する傾向がある．50~60a 程度までは，作業時間の減少傾向が顕著であり，

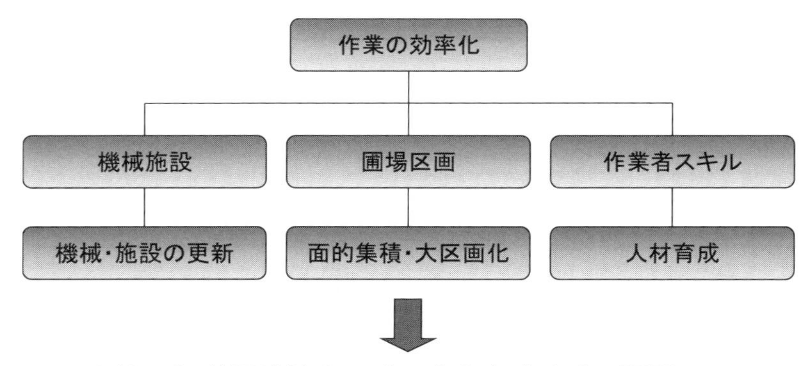

図 3-4　経営課題解決の向けた「作業効率化」対応

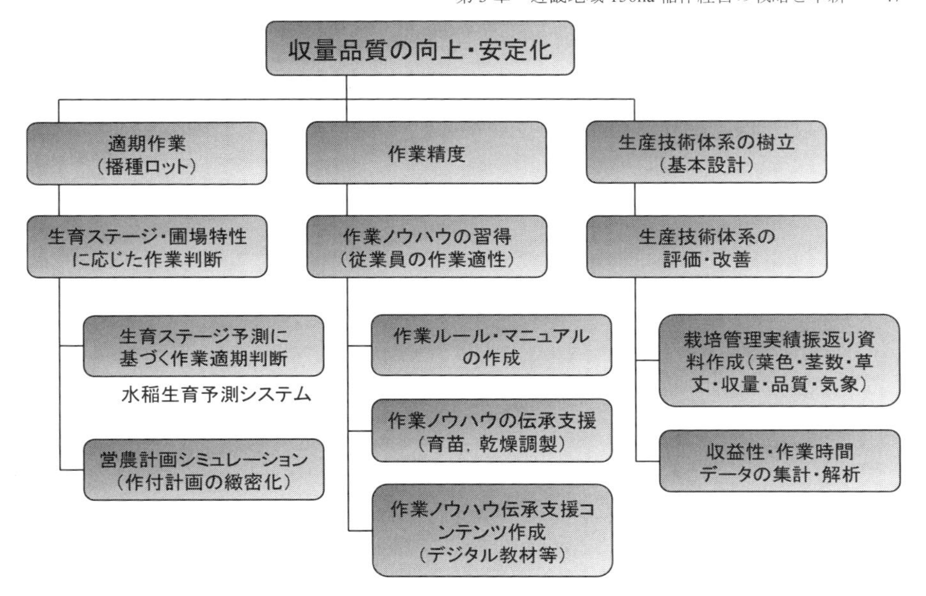

図 3-5　経営課題解決の向けた「収量品質の向上・安定化」対応

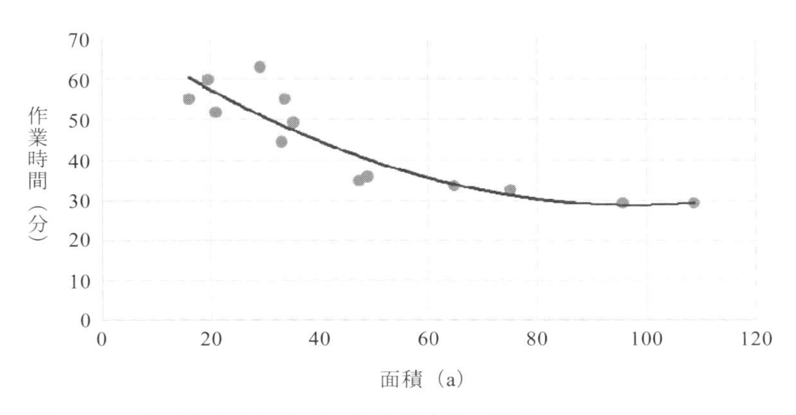

図 3-6　圃場面積（1 区画）と田植作業時間の関係

1 区画面積 50a 以上の圃場割合の増加が作業効率向上に有効であることが理解できる．先に述べたように，今後も農地の交換や連坦化により，農地の面的集積および大区画化を図っていくことが重要である．最後に「作業者スキル」であるが，この点は人材育成が重要となってくる．社長が持っている経験やノウハウなどをいかにして若い世代が引き継いでいくのか，そういった取り組みが重要になってきている．

第二の対策は，「収量品質の向上・安定化」である（図3-5）．ここでは，3つの点を重視している．それらは，「適期作業（播種ロット）」「作業精度」「生産技術体系の樹立（基本設計）」である．

「適期作業（播種ロット）」に関しては，生育ステージに応じた作業判断，生育ステージ予測に基づく作業適期判断において，水稲生育予測システムを利用している．こうしたシステムを利用しながら，田植えの時期や収穫時期を念頭において作付計画を組み立てている．また，出来上がってきた作付計画に基づいて年間の作業計画を組み立て，いつの時期にどの作業に何人の労働力が必要なのかということを考えていく．「作業精度」では，作業ノウハウの習得のためにルール・マニュアルの作成を行ってきた．これは新入社員に対しては浸透していくことが難しいが，中堅の従業員になると，仕組みとして機能してきているといえる．また，「作業ノウハウの伝承支援（育苗・乾燥調製）」に関しては，これまでは社長が全部管理・監視していたが，数年前からは育苗専門の従業員を配置し，春のシーズンは一切圃場に行かず，農舎もしくは育苗ハウスで種子の管理を行う体制を構築している．最後に「生産技術体系の樹立（基本設計）」においては，毎年の栽培計画からどのようなものが生産されたのか，一連の流れを分析できるシステムを構築した．当経営においては，クラウドシステムを導入し，収益性や作業時間などの集計および解析を行い，次年度の栽培計画に結びつけている．

5. 主要研究成果と技術パッケージ

農匠ナビ 1000 プロジェクトにおける当経営の研究終了時の達成目標は，IT及び先端技術を活用し，当経営が持つ栽培管理技術をデータ化することで次世代へと継承していくノウハウの習得，及び生産コストを解明することで経営の無理・ムダを改善することである．

以下では，当経営が有する主要技術と現在までに得られた主な研究成果を取りまとめた技術パッケージの概略を述べる．研究面では概ね全水稲作付圃場において生育調査を実施し，それぞれの生育ステージにおける生育データ及び品質を調査した．これらのデータに基づき，栽培管理体系（インプット）に対する収量・品質（アウトプット）との関連を探り，栽培管理の改善を試みた．また，コンバイン収穫，レーザーレベラーによる圃場均平，代掻き，田植等の機械作業における熟練者の動画データを蓄積し，技能伝承コンテンツを試作した．

1）技術の伝承

当経営において最も長期間農作業に従事した経験を持つ作業者（約30年・代表取締役）と，就農概ね1～7年の若年・中堅従業員の作業中動画データを，コンバインにドライブレコーダーを備え付けて録画した．それぞれの作業者が，作業中何に重点を置いているのか，作業者の目線及び手元がわかるような形で録画を行い，熟練度による差異を分析した．

その結果，比較的単調な操作を行うコンバイン作業においても，刈刃，脱穀部，モニター等，経験の浅い作業者は1点のみを見て作業しており，熟練者は常に平均的にそれぞれの箇所に目線を配るなどの違いが見られた．特に図3-7にて示すように，刈り取られた稲のリフトアップ部に注視する違いが見られ，刈り取られた稲が脱穀されずに落下するようなことを防止しようとする意図が見られる．また，旋回時において，クローラの特徴を捉えた上で，クローラの旋回跡が田圃をえぐってしまわないようなハンドル操作を行っている者と，田面部のクローラの動きを気にしていなかった者といった違いも見られた．

稲作における技術のパッケージ化を考えるにあたって，根幹を成すともいえる代掻き作業や田植え作業といった主要な作業においても同様の結果が見られた．例えば，田植作業において，熟練者は直線走行（100m）時間が約1分40秒であるのに対して，中級者は約1分50秒を要する．旋回時間に関しても，中級者は約18秒要していたが，熟練者はそれに対して約4秒程度短いことが明らかになった．なお，当経営の場合，熟練者の「植付状況確認のための後方振り返り回数」は中級者の半分程度であったが，これは直前に植えた隣の列の植付状況確認を横目で行っているためと考えられた．これらの主要作業を映像コンテンツ化することによって，視覚的な伝承の一助となり，熟練者から若い従業員へと伝える技術伝承において，これらの映像コンテンツは教材として非常に有用性が高いのではないかということが示唆された．また，「何を伝えていくべきか」というポイントを，熟練者からの聞き取りを行うことによって，事前に

図 3-7　初心者と熟練者の視点の違い（コンバイン作業時）

より明確にし，そのポイントを重点的に見ていくことも必要ではないかと考える．

熟練者は，その作業に係る様々な要素（圃場条件等）を事前に十分把握し作業に臨んでいる．作業のポイントは，作業の中身単体ではなく，その作業を行う環境にも大きく依存している．技術継承において，重要なことは熟練者が「どのような方法を行っているか」に加えて，「どのような条件で行うか」の見える化が重要であると考えられる．なお，デジタルコンテンツとして活用していく際には，作業時間中の映像のみでなく，その事前段階のコンテンツ作成も必要であると考える．

2）栽培管理体系のデータ化

4	行ラベル	移植後	分げつ期	最分期	出穂期	出穂10日後	幼穂期	移植日	出穂日	成熟期
102	草丈(cm)		39.4	54.1	96.4		76.35			
103	茎数(本/株)		15.0	30.7			24.8			
104	穂数(本/株)				25.3					
105	葉色(葉色板値)			4.0	4.0	4.0	4			
106	幼穂長(mm)						3.2			
107	SPAD			38.4	35.2	35.7	41.84			
108	**⊟H25**	**4.2**	**27.7**	**30.4**	**40.2**	**20.4**	**29.162**			
109	植付本数(本/株)	4.2								
110	草丈(cm)		38.3	53.0	94.2		75.3			
111	茎数(本/株)		17.0	27.1			22.5			
112	穂数(本/株)				25.9					
113	葉色(葉色板値)			4.0	4.0	4.0	4			
114	幼穂長(mm)						2.4			
115	SPAD			37.3	36.6	36.7	41.61			
116	**⊟H30西**	**2.6**	**27.6**	**32.6**	**39.7**	**20.3**	**28.874**			
117	植付本数(本/株)	2.6								
118	草丈(cm)		41.1	52.0	94.7		72.95			
119	茎数(本/株)		14.2	34.0			22.6			
120	穂数(本/株)			34.0	25.5					
121	葉色(葉色板値)			4.0	4.0	4.0	4			
122	幼穂長(mm)						3.2			
123	SPAD			40.3	34.5	36.6	41.62			
124	**⊟H24**	**3**	**24.9**	**30.6**	**38.4**	**19.3**	**28.084**			
125	植付本数(本/株)	3								
126	草丈(cm)		34.4	55.9	90.6		74.5			
127	茎数(本/株)		15.5	23.9			19.1			
128	穂数(本/株)				24.0					
129	葉色(葉色板値)			4.0	4.0	4.0	4			
130	幼穂長(mm)						2.2			
131	SPAD			38.7	35.0	34.5	40.62			

図 3-8　生育調査結果の例

図 3-9　生育調査及び坪刈の作業風景

全圃場約 350 箇所において，初期生育から収穫直前までの生育調査を実施するとともに，IT コンバインによる収量調査を実施し，データ整理を行った（図 3-8）. また, 代表的な 15 圃場においては収量を玄米ベースで算出するとともに, 坪刈を行い，品質の調査も行った（図 3-9）．さらに従来より当経営が導入している農業用クラウド等を活用し，肥料等の物的コスト及び人的コストとの関連を探った．

また，経営者の経験を体系化すべく，各圃場の特性を数値化した圃場特性表（図 3-10），品種栽培様式別の栽培技術を要約した技術体系表（図 3-11）等を作成すると共に，従来は主に経営者の経験と勘に基づいて推測していた生育ステージの生育調査データを蓄積した．

圃場No	小字	耕作面積	高低差		減水深	漏水	前作物	入水	入水時間	地力ムラ	日当たり	雑草	合計
23	長畑	*2080	4	20	4	4		5	朝	5	5	4	31
1	一ノ坪	7,168	4	20	5	4		5	朝	5	5	4	32
2	一ノ坪	10,784	4	20	5	4		5	朝	5	5	4	32
3	長瀬	3,574	5	10	4	4		5	朝	5	5	4	32
24	義路	7,148	5	10	4	4		5	朝	5	5	4	32
25	義路	4,750	5	10	4	4		5	朝	5	5	4	32
100	開前	2,273			4	4		5	朝	5	5	4	27
5	開前	*3584	5	10	4	4		5	朝	5	5	4	32
6	開前	*10768	4	20	4	4		5	朝	5	5	4	31
7	開前	*7184	4	20	4	4		5	朝	5	5	4	31
8	開前	*1800	4	10	4	4		5	朝	5	5	4	31
9	開前	*3557	4	20	4	4		5	朝	5	5	4	31
10	開前	*3568	4	20	4	4		5	朝	5	5	4	31
11	早崎	3,480	5	10	4	4		5	朝	5	5	4	32
12	早崎	3,584	5	10	4	4		5	朝	5	5	4	32
13	早崎	3,568	5	10	3	3		5	朝	5	5	4	30
14	藤田	*3542			3	3		5	朝	5	5	4	25
15	津雲	3,533	5	10	3	4		5	朝	5	5	4	31
16	津雲	5,040	5	10	3	4		5	朝	5	5	4	31
17	高畔	3,499	4	10	3	4		5	朝	5	5	4	30
18	高畔	3,750	5	10	3	4		5	朝	5	5	4	31
19	高畔	3,744	5	10	3	4		5	朝	5	5	4	31
													0
1	畔ノ内	*5992	5	20	4	4		5	朝	5	5	4	32
2	四丁地	*7771	4	20	4	3		5	朝	5	5	4	30
3	四丁地	*4213	4	20	4	3		5	朝	5	5	4	30
4	四丁地	*9079	4	20	4	3		5	朝	5	5	4	30
5	登梅内	*5980	5	10	4	3		5	朝	4	5	4	30
6	宮畑	*6754	5	30	3	3		5	朝	5	5	4	30

図 3-10　各圃場の特性（例示）

水稲(ミルキークイーン(5水稲(ミルキークイーン(5上), 大型機械化体

作業項目(入力用)			作業項目		栽培様式	hour)	【参　考】			燃料・電気料						使用資材 資材1					
No	項目1	項目2	項目1	項目2	栽培技術の内容	人力	作業能率	実作業率	限界能水量	燃料種類	時間当消費量	単位	時間の積算方法	数	check	費目	資材コード	資材名	使用量	単位	資材名称・使用量
1	土壌改良		土壌改良		土壌改良資材散布	0.14								1	1	肥料費		土壌改良資材	1.5	袋	土壌改良資材(カルメート55 石灰窒素)1.5袋
2	育苗	種籾準備(塩水選・温湯消毒)	育苗	種籾準備(塩水選・温湯消毒)	塩水選・温湯消毒	0.09								2	1	小農具費		桶(塩水選用)	1	個	桶(塩水選用)1個
3	育苗	浸種・催芽		浸種・催芽	浸種・催芽	0.15															
4	育苗	ハウス準備		ハウス準備	ビニールパイプハウス準備	0.23								1	1	諸材料費		ハウスビニール	2.4	㎡	ハウスビニール2.4㎡
5	育苗	は種		は種	土入れ・は種・覆土	0.12								2	1	諸材料費		育苗用土(覆土)	0.016	t	育苗用土(覆土)0.016t
6	育苗	ハウス搬入		ハウス搬入	ハウスに搬入	0.10															
7	育苗	育苗・かん水		育苗・かん水	温度管理・かん水	0.71								1	1	諸材料費		被覆シート	0.48	㎡	被覆シート0.48㎡
8	育苗	ハウス撤収		ハウス撤収	ハウス撤収	0.15															
9	耕起耕耘	秋耕1(秋耕)	耕起耕耘	秋耕1(秋耕)	プラウ、ディスクプラウ、ロータリ(土壌条件に応じて使い分け)	0.20															
10	耕起耕耘	秋耕2(冬耕)		秋耕2(冬耕)																	
11	耕起耕耘	ディスク[illegible]し		ディスク[illegible]し	ロータリ耕(ディスクプラウ圃場のみ)	0.19															
12	耕起耕耘	春耕		春耕	ロータリ耕	0.26															
13	荒代		荒代			0.24															
14	代かき		代かき			0.36															
15	畦畔管理	畦塗り	畦畔管理	畦塗り	畦塗り、補修	0.33															

図 3-11　作業内容の体系化（例示）

表3-2　慣行栽培・苗箱施肥・基肥全層施肥の収量及び生産費の比較

品種	10a当収量（kg）	1kg当生産費（円）
ゆめおうみ　180g 50株　慣行栽培	589	-
ゆめおうみ　180g 50株　苗箱施肥	607	▲ 13
ゆめおうみ　180g 60株　慣行栽培	592	▲ 4
にこまる　180g 45株　慣行栽培	658	-
にこまる　180g 45株　基肥全層施肥	641	5
にこまる　180g 45株　苗箱施肥	662	▲ 3
にこまる　4kg　湛水直播	612	7
にこまる　3kg　乾田直播	544	23

これらの成果のうち，表3-2では慣行栽培・苗箱施肥・基肥全層施肥を行った圃場の収量及び生産費の比較を例示している．最も大きな生産費削減効果があったのは，品種「ゆめおうみ」の苗箱施肥であり，慣行栽培と比較して玄米1kgあたり13円の生産費削減になった．ついで「にこまる」の苗箱施肥の3円の生産費削減効果であった．その一方で，慣行栽培と比較し生産費が最も増加したのは,「にこまる」の乾田直播であった. こうした生産費削減・増加程度は,主に収量水準が大きく影響していることが確認できる．このことは，生産費低減には，収量増加が効果的であることを示唆している．

3）稲作経営技術パッケージの概要

図3-12は，研究成果に基づいて，高品質・多収と低コストの両立を行うためのポイントを整理したものである．高品質・多収と低コストの両立のポイントは，①地の利を活かす（圃場管理），②データを活かす（工程管理），③経験を活かす（人材管理）に区分できる．

「地の利を活かす（圃場管理）」は，圃場均平と大区画から構成され，前者は均平作業と代掻きが，後者は面的集積の推進がそれぞれポイントになる.「データを活かす（工程管理）」は，生産計画とデータ蓄積から構成され，前者は作付計画策定と施肥設計，後者は作業解析と振り返りが，それぞれポイントになる．「経験を活かす（人材管理）」は，技術伝承とスキルアップから構成され，前者は技術のマニュアル化，後者は情報共有がポイントになる．

収量増加のポイントは，以下の6つが重要項目と考えられた．①基本的技術の励行（初期成育の促進，中干し管理，適期追肥等），②良食味・多収性品種の積極的導入，③作付計画の最適化（田植時期，品種，播種量，植付株数，植付

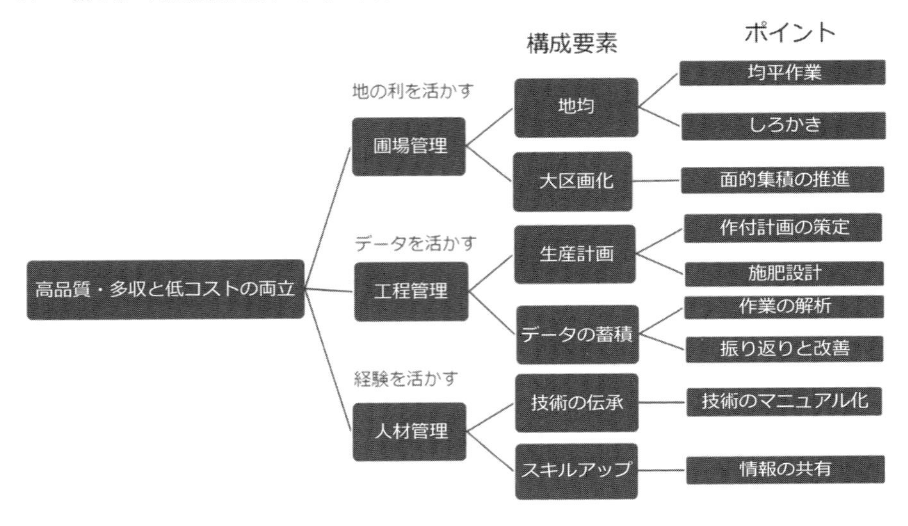

図 3-12　高品質・多収と低コストの両立

本数等)，④生育に応じた水管理，⑤徹底した雑草対策（水田除草剤散布後の水管理の徹底)，⑥圃場均平の徹底.

また，コスト低下のポイントは，以下の 5 つが重要項目と考えられた．①圃場の大区画化，②作付計画の最適化（田植時期，品種，播種量，植付株数，植付本数等)，③データ活用による「ムリ，ムダ」の改善，④従業員の目標設定による意識向上，⑤適切な設備投資.

以上の結果を踏まえて構築した当経営の稲作経営技術パッケージ「150ha 超規模における高収量・複合経営体系」の具体的なポイントは，以下の 5 点に要約できる．①地域と連携した面的集積ならびに大区画化，②収穫適期から逆算した緻密な作付計画（適期作業，計画に沿った作業遂行)，③分担性による作業責任の明確化，④クラウドシステムを利用したデータの蓄積とそれに基づく PDCA サイクル，⑤マーケットインを重視した販売計画の策定.

6. おわりに

本章では，フクハラファームを事例として，近畿地域 150ha 稲作経営の戦略と革新について述べた．フクハラファームでは，「現社長が積み上げたノウハウが一番重要な経営資源である」との考えから，現実味を帯びてくる経営継承を見据え，「現経営者の頭の中にあるノウハウ」を「見える化」することが重要な経営課題になっている．また，今後の規模拡大は今までの拡大スピードに比較すると緩やかなものになると考えられるが，数年後には経営規模200ha突破が予想され，今後益々，より効率的な人材・労働力管理と，マネジメント意識を持った人材の育成が必須になっている．そこで，これまで実施してきたICT活用による技術・経営の分析をより進化させ，さらに，他社経営者の視点や作物学・農業経営学の知見も加えて，次世代の生産管理・経営管理システムを構築することが重要になっている．

米価が大きく下落するなか，徹底したコスト管理とさらなる収量向上が，従来以上に必要になっており，新技術を導入するのではなく，今ある技術をできるだけ投資を抑えて活かしていくことも重要になっている．今後は，本章で提示した実践的な稲作経営技術パッケージをさらに改善・改良すると共に，こうした技術パッケージに関心のある他の農業経営への導入支援も行う予定である．

［引用文献］

福原昭一・藤井吉隆（2012）大規模水田経営の現状と課題，農業経営研究 49（4）: 40-46.

（福原悠平・福原昭一・長命洋佑・南石晃明）

第4章　関東地域100ha稲作経営の戦略と革新
－横田農場を事例として－

1. はじめに

有限会社横田農場は，東京都心から50kmほど離れた茨城県南部の龍ケ崎市に位置しており，県下でも主要な穀倉地帯を形成している（図4-1）．水稲は龍ケ崎市の主要産物となっている．一方，農業就業人口はここ20年ほどの間に半減し，高齢化と担い手不足が深刻な問題となっている．

現在，圃場整備地区の約30haを中心に周辺の農地125haに作付している．圃場は，図4-1に示すように東西約2.5km，南北約2.5kmの範囲に約380枚あり，点在していた圃場が連坦化し集約しているのが横田農場の特徴である．1ha以上区画は約30%，30a～1ha区画が40%，30a区画未満が30%の面積比となっている．圃場は，平坦部の比較的狭いエリアに集まっているため，機械は自走で移動している．また，狭い区画でも農道沿いに圃場の移動ができるため作業は比較的効率的に行える．また，畦畔除去が可能なところは自ら畦畔除去して区画を広げている．

本章では，横田農場を事例として，関東地域100ha稲作経営の戦略と革新について述べる．第2節では経営概要，第3節では経営の展開・発展過程について述べる．その後，第4節では経営の戦略と課題・対応策，第5節では当経営の特徴的な生産技術について述べる．その後，第6章では農匠ナビ1000プロジェクトの研究成果に基づく稲作経営技術パッケージを提示し，最後に第7節では本章のまとめを行う．

2. 経営の概要

横田農場は毎年10～15haずつ面積が増加している．主な品種および作付状況は，図4-2に示す通りである．栽培しているコメは7品種である．一番星，あきたこまち，コシヒカリ，あきだわら，ゆめひたち，マツゲツモチの6品種に関しては，慣行栽培での栽培を行っている．その一方で，他の米との差別化を図るため，紙マルチによるコシヒカリの有機栽培を，コシヒカリ，ミルキーク

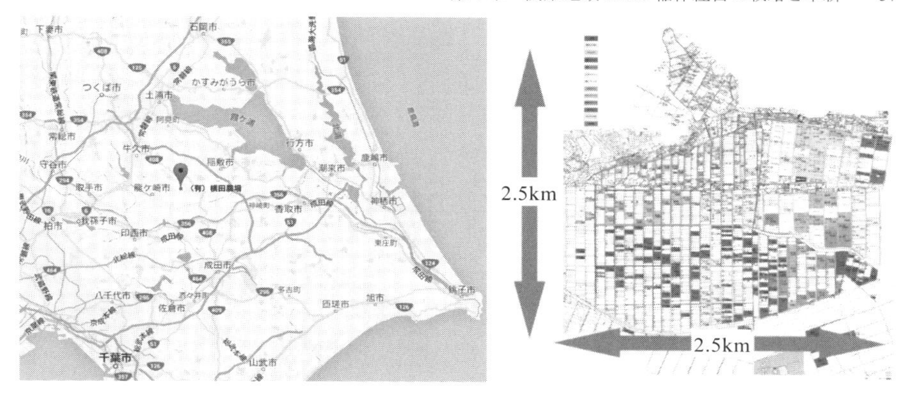

図 4-1　横田農場の立地および圃場配置
ⒸGoogle map.

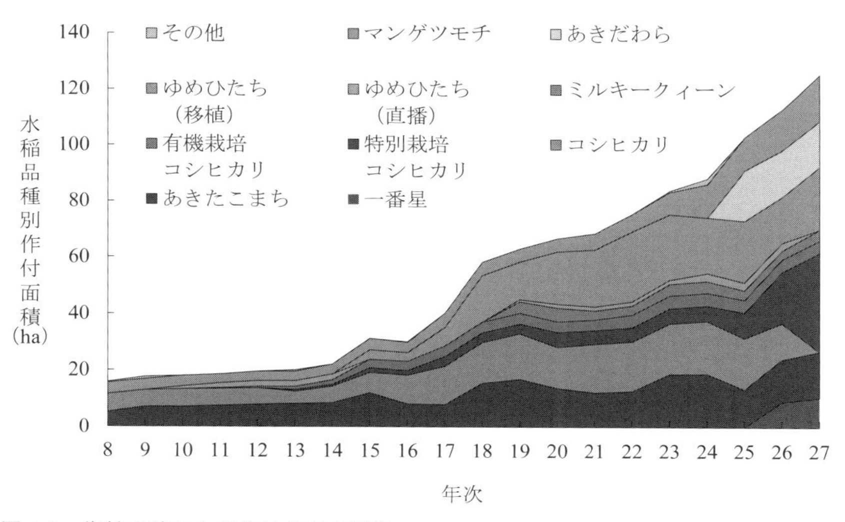

図 4-2　作付面積および作付品種の推移

イーンおよびゆめひたちの3品種に関しては特別栽培を行っている．また，育苗も1万8000箱と限界に近づいてきたこと，圃場整備により大区画・暗渠化したことから，2007年に省力化を図るため，乾田直播（品種はゆめひたち）を本格的に導入した．一方，未整備地区では，湿田が多いため，2011年から鉄コーティングによる湛水直播（品種はあきだわら）を導入している．

経営面積は，125ha（平成27年作付，大部分が円滑化団体・中間管理機構を通じて利用権設定済み）であり，そのうち加工用米が 27ha，備蓄米が 12ha，飼料用米 4ha，また作業受託が延べ 20ha となっている．現在，有機栽培 4.6ha，特別栽培 30.7ha と全体面積の 3 分の 1 を占めている．また，直播面積は全体の 6%を占めている．有機栽培は紙マルチ田植機で行い，雑草抑制を図っているが，更なる安定生産を目指して農研機構と共同で多目的田植機を利用した米ぬか・機械除草による新たな手法を実証試験している．なお，農匠ナビ 1000 プロジェクトでは全圃場で実証試験を実施している．

横田農場の主軸は，水稲作の生産部門であり，その他米粉スイーツを製造・販売する加工部門となっている．また，役員が 2 名，正社員が 11 名（生産 5 名，精米 2 名，研究 1 名，加工 3 名），パート 5 名（加工部門），パートナー8 名(平成 27 年 7 月 1 日時点)が従事している．年間売上は経営全体で 1.4 億円であり，そのうちスイーツ部門が 1,400 万円となっている．

3. 経営の展開・発展過程

横田農場における経営の歴史を示したのが表 4-1 である．以下，横田農場におけるこれまでの歴史について概観していくこととしよう．

横田家は，1182 年，当地で農業を始めたという長い歴史をもつ農家であり，前社長によって今の農場の原型が作られたのは 1966 年である．

1996 年，初代代表が周辺地域の経営状況より将来の規模拡大を見越し，また，現代表（横田修一）の就農に向け，給与制度などの就業条件などを明確化し，家族経営から有限会社へと法人化した．翌年 1997 年には，現代表の就農を機に，消費者直売や無農薬，減農薬・減化学肥料栽培などに取り組み，「おいしくて，安全で，お求めやすいお米」を消費者へ届けることを目標に掲げる．その後も 1999 年に有機栽培を開始し，2001 年には有機 JAS 認定，茨城県特別栽培農産物認証開始（減農薬・減化学肥料栽培）など次々に新たな取り組みを図っている．

法人設立時は 16ha の経営規模であったが，2002 年を境に規模拡大が加速している．圃場整備事業が始まり，横田農場が担い手として位置づけられ，事業地区の半分を作付することとなった．大区画圃場により作業効率が飛躍的に向上し，近隣の大規模経営者の離農などから，周辺の未整備農地も含め年々規模

表4-1　横田農場の経営の歴史

1995年	現経営者の父が稲作を基幹部門とする経営を展開
1996年	法人設立
1998年	後継者（現経営者）就農
1998年	一般消費者への直売開始
1999年	有機栽培開始
2001年	有機JAS認定
2001年	茨城県特別栽培農産物認証開始（減農薬・減化学肥料栽培）
2003年	消費者との交流イベント「たんぼへ行こう！」開始
2004年	子供のための自然体験学習活動「田んぼの学校りゅうがさき」開始
2004年	高性能精米プラント導入（本格的な直売開始）
2004年	茨城県立農業大学校からの研修生受け入れ
2006年	高性能籾摺りプラント導入
2006年	農産物検査(米)の登録検査機関
2007年	不耕起乾田直播栽培開始
2008年	遠赤外線乾燥機60石×4台導入
2009年	認定方針作成者（加工用米の販売開始）
2009年	加工事業（米粉スイーツ）開始
2011年	総合化事業計画（6次産業）認定
2013年	全国農業コンクール名誉賞・農林水産大臣賞受賞　農林水産祭　天皇杯受賞

を拡大していった．

一方，農業を次世代へ繋いでいくため，2003年に，消費者との交流イベント「たんぼへ行こう！」を開始，2004年には，子供のための自然体験学習活動「田んぼの学校りゅうがさき」を開始し，以降，消費者との交流，田んぼの学校活動を継続している．

2004年には，高性能精米プラントを導入し，本格的な直売を開始する．また，米の魅力や価値を知ってもらう手段として，自社生産の米粉100%のスイーツの製造・販売を2009年より開始し，2011年には総合化事業計画（6次産業）の認定を受ける．そして，これらの取り組みが評価され，2013年に全国農業コンクール名誉賞・農林水産大臣賞を受賞し，農林水産祭で天皇杯を受賞している．

4. 経営の戦略・課題・対応

1）経営の理念と戦略

「みんなの笑顔のために」を社訓としており，地域を含め消費者，社員一同が笑顔で楽しくなれるような農業を目指している．

横田農場が位置する茨城県龍ケ崎市は，平場の水稲栽培には恵まれた環境にありながら，一方で担い手として農地の受け手が非常に少ない地域性もあり，地域の高齢化した農業者から農地を借り受けることで，この 15 年で 20ha から 125ha へと急激な規模拡大をしている．またその 125ha の圃場が 2.5km 四方と比較的範囲がまとまっていることから，少ない機械，少ない人員でコストを抑えた水稲経営を行ってきた．販売面では，有機栽培や特別栽培といった安心安全な米の消費者への直売，外食・中食向けの業務用米，日本酒・味噌・米菓向けの加工用米など，ニーズに合わせた米の生産を行ってきた．

2）現在の経営課題

現在，田植えや稲刈りといった基幹作業，それ以外の管理作業についてもそれぞれ 2 ヵ月ほどかけて行っているが，今後の規模拡大も考えると，必ずしも生育ステージに合わせた適期作業ができるかは難しい状況となっており，品質や収量を維持向上していくためには生育に合わせた作業管理を適切に行うことが必要となっている．また，若い社員が増えてくる中で，高度な知識と技術を持ったいわゆる「農家」といえる人材をどう育成していくかが今後の経営を発展させていく上で重要な課題となっている．

これらの課題のキーワードを抽出すると，図 4-3 に示す 4 点が浮き上がってくる．それらは，「規模拡大」「コスト削減」「販売戦略」「事業の継続性」であ

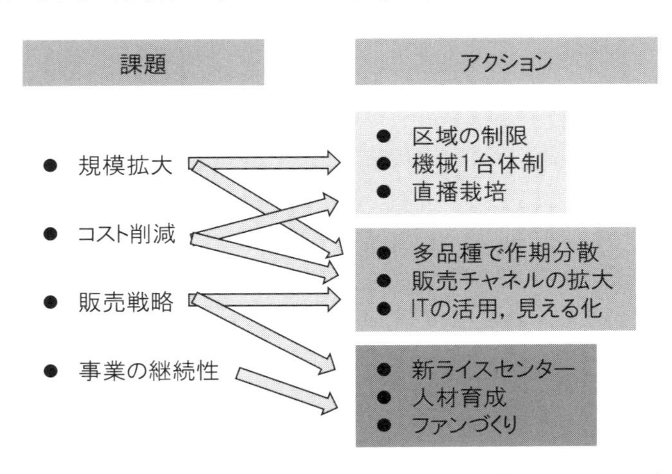

図 4-3　横田農場における経営課題とその対応策（アクション）

る．その経営課題に対する対応策（アクション）としては，3 つの局面を考慮し，様々な対応策を講じていくことが重要であると考える．具体的には，「規模拡大」および「コスト削減」に伴う課題に対しては，区域の制限，機械 1 台体制，直播栽培，多品種の作期分散，販売チャネルの拡大，IT の活用，見える化（FVS クラウド）の活用により，対応を図っていくことが重要である．次いで，「販売戦略」に関しては，多品種の作期分散，販売チャネルの拡大，IT の活用，見える化（FVS クラウド），新ライスセンターの設立，人材育成，ファンづくりなどによって対応していくことが可能であると考える．最後，「事業の継続性」に関しては，新ライスセンターの設立，人材育成，ファンづくりなどが重要な柱となってくる．

3）今後の具体的な経営目標

今後の作付面積は 150ha～200ha を見据え，社員一人一人の技術を上げ，連携を強化していくことで，社員一人あたりの管理面積を現状の 17ha から，5 年後には 20ha，10 年後には 30ha を目指している．販売についても現在消費量が増えてきている外食・中食産業向けの割合を高めていく予定である．業務用の要求に対応できる米の生産管理体制を確立できれば，将来は輸出を視野に入れていくことも考えられる．

4）今後の経営目標を達成するために解決すべき問題点・課題

地域の現状から将来 10 年～20 年で地域全体の 400ha 規模の水田を守っていくことまでを見据え，増加する圃場を細かく管理し，品質・収量を維持向上していくことが重要である．そのためには細かいレベルの気温や水温，水位などの環境情報と，生育モデルによる生育予想，実際の生育状況の正確な把握を合わせて分析し，適切な時期に適切な作業を行うためのシステムが必要となる．また，乾田直播，湛水直播などの直播技術の本格的な導入や基肥の流し込み施肥技術の試行など，様々な新しいことにチャレンジし続けている．さらに人材育成の観点からも，従来より短い期間で一人前の「農家」としての技術を習得させる必要もあるので，若手社員への技術の継承と，社員それぞれが現場で判断し行動できる情報の提供など，様々な情報を社員間で共有できる仕組みが必要となる．

5）経営における問題点・課題の解決において期待できる点

圃場の情報（土壌，環境，栽培）を簡易に収集し解析するシステムとそれらと生育モデルを合わせて，生育ステージに合わせた作業計画の立案を支援するシステムの構築ができれば，今後の更なる規模拡大に対しても経営全体をシミュレーションすることが可能となり，気象の影響などを受けやすい農業経営が，ある意味計画的な事業として継続できる可能性があると考える．

5. 特徴的な生産技術

横田農場において特筆すべき生産管理技術は，少ない機械，人員を効率的に稼働させ，作業期間を長くとることで，急激な規模拡大への対応を図っていることである．具体的には，作業時期を分散させるため 7 品種の水稲を導入し，代かき・田植え作業は，4 月下旬から 6 月下旬まで最大限伸ばし，8 条植え田植機 1 台（オペレータ 1 人，補助 1 人）＋トラクタ 1 台（オペレータ 1 人）体制で 2.5～3ha/日の作業を行っている．また，収穫は 8 月下旬から 10 月下旬まで 2 ヵ月間もとり，6 条刈コンバイン（オペレータ 1 人）＋籾運搬 1 人，刈り取り補助 1 人体制で 2.5～3ha/日の作業を確立しており，乾燥調整も 3 人体制で作業している．

これらの作業体系は，以下のような重要な視点が内在している．第一に，作付面積の拡大とともに作付品種を増やし，ブロック単位で作付することで作業時間の分散化と効率化を徹底することが可能となる．第二に，作付面積が拡大しても，農業機械の増強によらず，作業期間を最大限延ばすことで田植機，コ

年次		8年	10年	13年	14年	15年	16年	17年	18年	19年	20年	21年	22年	23年	24年
労働力（社員）		2名	4名	5名		6名			7名	7名＋研修生		9名		12名	14名
機械・施設	トラクター	24、46PS						24、46、73PS					24、46、73、75PS		
	田植機	6条1台		6条＋紙マルチ田植機6条						8条＋紙マルチ田植機6条					8条＋多目的田植機＋紙マルチ田植機6条
	コンバイン	5条1台						6条1台							
	育苗ハウス	3棟(3000枚)							7棟(7000枚)						
	乾燥機	50、40石				50、40、30石		50、40、30、40石			60石×4基				
	施設・その他	作業場倉庫		格納庫	低温倉庫	ライスセンター	精米プラント（精米・石抜・色選）	レーザーレベラー導入				米粉製品加工施設			鉄コーティング機導入、米粉製品店舗建設

図 4-4　労働力と機械・施設装備の変化

ンバイン 1 台の最小構成で低コスト化，効率化を図ることが可能である．第三に，移植方式でも移植密度を下げることで低コスト化ができることである．最後に，FAPS によるシミュレーションでは，最大 140～150ha 程度までは直播栽培の導入をしなくても，工夫次第で効率的な移植栽培により，規模拡大が可能と考えられることである．

6. 主要研究成果と技術パッケージ

農匠ナビ 1000 プロジェクトにおける当経営の研究終了時の達成目標は，生育・環境・作業情報を収集・分析し，これに基づいて最適化した肥培管理と適期作業による高品質多収栽培を確立し，さらに作期分散や直播栽培，流し込み施肥などで省力低コスト栽培も同時に行い，生産管理・経営管理技術パッケージを確立することである．これまでの研究においては，生育情報収集のための生育調査を 380 枚の圃場を対象に生育ステージ別に実施し，多品種組み合わせ及び作期分散する中での生産管理・作業管理に役立つ水準の生育情報を収集するのに必要な生育調査の項目を確定してきた．また，作業情報，生育情報を FVS および PMS に記録し作業工程管理による労働生産性の最大化と低コスト化を分析するための技術体系データの作成を行い，技術パッケージ化の素地構築を行ってきた．以下では，2014 年度の主な成果についての概要を紹介する．

1） 生育情報収集による品種や栽培様式の比較

生育調査に際しては，380 枚の圃場の生育調査を気象等の影響を回避しながら生育ステージに併せて確実に調査するために，緻密かつフレキシブルな調査計画やスケジュール，調査員の編成が重要となるため，生育調査計画（図 4-5），調査スケジュール（図 4-6），独自の生育調査マニュアル（図 4-7）を作成した．これらを活用して，生育調査を圃場ごとに行うことで，生育に合わせた栽培管理，肥培管理を詳細に行うことが可能になり，精度の高い生育情報を収集することが可能となった．また，FVS を使ったスマートフォンでの記録は，調査経験が浅く，年齢の高い調査員でも使用することが可能であったため，効率的に情報を収集することができた．

生育調査では，生育ステージ 7 段階（移植直後，分げつ期，最高分げつ期，幼穂形成期，穂揃期，穂揃後 10 日，およそ 10 日おき）ごとに生育調査を実施

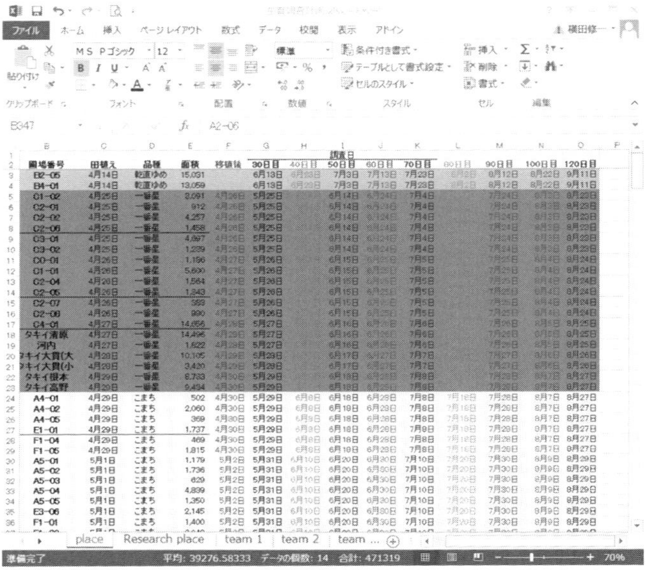

B347　fx　A2-06

	B	C	D	E	F	G	H	I	J	K	L	M	N	O
1								調査日						
2	圃場番号	田植え	品種	面積	移植後	30日目	40日目	50日目	60日目	70日目	80日目	90日目	100日目	120日目
3	B2-05	4月14日	乾直ゆめ	15,031		6月13日	6月23日	7月3日	7月13日	7月23日	[illegible]	8月12日	8月22日	9月11日
4	B4-01	4月14日	乾直ゆめ	13,059		6月13日	6月23日	7月3日	7月13日	7月23日	[illegible]	8月12日	8月22日	9月11日
5	C1-02	4月25日	一番星	2,091	4月26日	5月25日		6月14日	6月24日	7月4日		7月24日	8月3日	8月23日
6	C2-01	4月25日	一番星	912	4月26日	5月25日		6月14日	6月24日	7月4日		7月24日	8月3日	8月23日
7	C2-02	4月25日	一番星	4,257	4月26日	5月25日		6月14日	6月24日	7月4日		7月24日	8月3日	8月23日
8	C2-06	4月25日	一番星	1,458	4月26日	5月25日		6月14日	6月24日	7月4日		7月24日	8月3日	8月23日
9	C3-01	4月25日	一番星	4,697	4月26日	5月25日		6月14日	6月24日	7月4日		7月24日	8月3日	8月23日
10	C3-02	4月25日	一番星	1,229	4月26日	5月25日		6月14日	6月24日	7月4日		7月24日	8月3日	8月23日
11	C0-01	4月26日	一番星	1,156	4月27日	5月26日		6月15日	6月25日	7月5日		7月25日	8月4日	8月24日
12	C1-01	4月26日	一番星	5,600	4月27日	5月26日		6月15日	6月25日	7月5日		7月25日	8月4日	8月24日
13	C2-04	4月26日	一番星	1,564	4月27日	5月26日		6月15日	6月25日	7月5日		7月25日	8月4日	8月24日
14	C2-05	4月26日	一番星	1,343	4月27日	5月26日		6月15日	6月25日	7月5日		7月25日	8月4日	8月24日
15	C2-07	4月26日	一番星	359	4月27日	5月26日		6月15日	6月25日	7月5日		7月25日	8月4日	8月24日
16	C2-08	4月26日	一番星	990	4月27日	5月26日		6月15日	6月25日	7月5日		7月25日	8月4日	8月24日
17	C4-01	4月27日	一番星	14,056	4月28日	5月27日		6月16日	6月26日	7月6日		7月26日	8月5日	8月25日
18	タキイ清原	4月27日	一番星	14,496	4月28日	5月27日		6月16日	6月26日	7月6日		7月26日	8月5日	8月25日
19	河内	4月27日	一番星	1,622	4月28日	5月27日		6月16日	6月26日	7月6日		7月26日	8月5日	8月25日
20	タキイ大貫(大	4月28日	一番星	10,105	4月29日	5月28日		6月17日	6月27日	7月7日		7月27日	8月6日	8月26日
21	タキイ大貫(小	4月28日	一番星	3,420	4月29日	5月28日		6月17日	6月27日	7月7日		7月27日	8月6日	8月26日
22	タキイ根本	4月29日	一番星	6,733	4月30日	5月29日		6月18日	6月28日	7月8日		7月28日	8月7日	8月27日
23	タキイ高野	4月29日	一番星	9,494	4月30日	5月29日		6月18日	6月28日	7月8日		7月28日	8月7日	8月27日
24	A4-01	4月29日	こまち	502	4月30日	5月29日	6月8日	6月18日	6月28日	7月8日	7月18日	7月28日	8月7日	8月27日
25	A4-02	4月29日	こまち	2,060	4月30日	5月29日	6月8日	6月18日	6月28日	7月8日	7月18日	7月28日	8月7日	8月27日
26	A4-05	4月29日	こまち	369	4月30日	5月29日	6月8日	6月18日	6月28日	7月8日	7月18日	7月28日	8月7日	8月27日
27	E1-01	4月29日	こまち	1,737	4月30日	5月29日	6月8日	6月18日	6月28日	7月8日	7月18日	7月28日	8月7日	8月27日
28	F1-04	4月29日	こまち	469	4月30日	5月29日	6月8日	6月18日	6月28日	7月8日	7月18日	7月28日	8月7日	8月27日
29	F1-05	4月29日	こまち	1,815	4月30日	5月29日	6月8日	6月18日	6月28日	7月8日	7月18日	7月28日	8月7日	8月27日
30	A5-01	5月1日	こまち	1,179	5月2日	5月31日	6月10日	6月20日	6月30日	7月10日	7月20日	7月30日	8月9日	8月29日
31	A5-02	5月1日	こまち	1,736	5月2日	5月31日	6月10日	6月20日	6月30日	7月10日	7月20日	7月30日	8月9日	8月29日
32	A5-03	5月1日	こまち	629	5月2日	5月31日	6月10日	6月20日	6月30日	7月10日	7月20日	7月30日	8月9日	8月29日
33	A5-04	5月1日	こまち	4,839	5月2日	5月31日	6月10日	6月20日	6月30日	7月10日	7月20日	7月30日	8月9日	8月29日
34	A5-05	5月1日	こまち	1,350	5月2日	5月31日	6月10日	6月20日	6月30日	7月10日	7月20日	7月30日	8月9日	8月29日
35	E3-06	5月1日	こまち	2,145	5月2日	5月31日	6月10日	6月20日	6月30日	7月10日	7月20日	7月30日	8月9日	8月29日
36	F1-01	5月1日	こまち	1,400	5月2日	5月31日	6月10日	6月20日	6月30日	7月10日	7月20日	7月30日	8月9日	8月29日

place　Research place　team 1　team 2　team ...

準備完了　平均: 39276.58333　データの個数: 14　合計: 471319　70%

図 4-5　生育ステージにあわせた調査計画

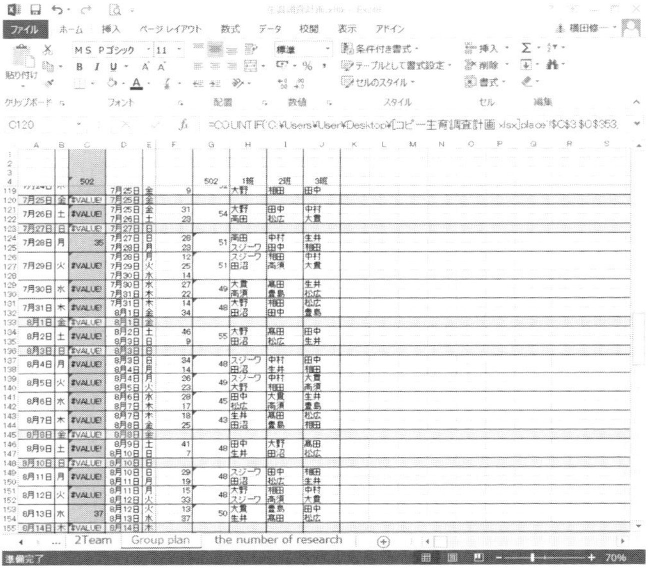

C120　fx　=COUNTIF('C:¥Users¥User¥Desktop¥[コピー生育調査計画.xlsx]place'!$C$3:$O$353,

	A	B	C	D	E	F	G	H	I	J
4			502				502	1班	2班	3班
119				7月25日	金	9		大野	相田	田中
120	7月25日	金	#VALUE!	7月25日	金					
121–122	7月26日	土	#VALUE!	7月25日 7月26日	金 土	31 23	54	大野 高田	田中 松広	中村 大貫
123	7月27日	日	#VALUE!	7月27日	日					
124–125	7月28日	月	35	7月27日 7月28日	日 月	28 23	51	高田 スジーワ	中村 田中	生井 相田
126–128	7月29日	火	#VALUE!	7月28日 7月29日 7月30日	月 火 水	12 25 14	51	スジーワ 田沼	相田 高須	中村 大貫
129–130	7月30日	水	#VALUE!	7月30日 7月31日	水 木	27 22	49	大貫 高須	髙田 豊島	生井 松広
131–132	7月31日	木	#VALUE!	7月31日 8月1日	木 金	14 34	48	大野 田沼	相田 田中	松広 豊島
133	8月1日	金	#VALUE!	8月1日	金					
134–135	8月2日	土	#VALUE!	8月2日 8月3日	土 日	46 9	55	大野 田沼	髙田 松広	田中 生井
136	8月3日	日	#VALUE!	8月3日	日					
137–138	8月4日	月	#VALUE!	8月3日 8月4日	日 月	34 14	48	スジーワ 田沼	中村 生井	田中 相田
139–140	8月5日	火	#VALUE!	8月4日 8月5日	月 火	26 23	49	スジーワ 大野	中村 相田	大貫 高須
141–142	8月6日	水	#VALUE!	8月6日 8月7日	水 木	28 17	45	田中 松広	大貫 高須	生井 豊島
143–144	8月7日	木	#VALUE!	8月7日 8月8日	木 金	18 25	43	生井 田沼	髙田 豊島	松広 相田
145	8月8日	金	#VALUE!	8月8日	金					
146–147	8月9日	土	#VALUE!	8月9日 8月10日	土 日	41 7	48	田中 生井	大野 田沼	髙田 松広
148	8月10日	日	#VALUE!	8月10日	日					
149–150	8月11日	月	#VALUE!	8月10日 8月11日	日 月	29 19	48	スジーワ 田沼	田中 松広	相田 生井
151–152	8月12日	火	#VALUE!	8月11日 8月12日	月 火	15 33	48	大野 スジーワ	相田 高須	中村 大貫
153–154	8月13日	水	37	8月12日 8月13日	火 水	13 37	50	大貫 生井	豊島 髙田	田中 松広
155	8月14日	木	#VALUE!	8月14日	木					

2Team　Group plan　the number of research

準備完了　70%

図 4-6　調査スケジュールおよび班分け

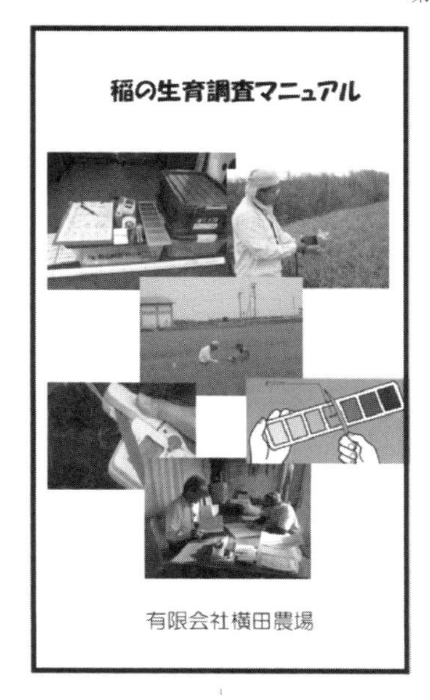

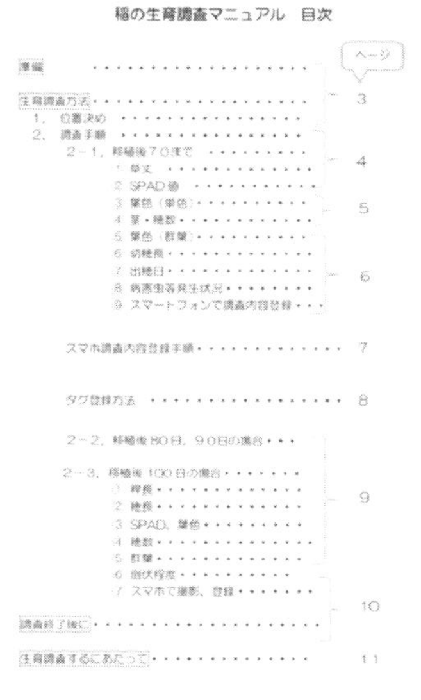

稲の生育調査マニュアル　目次

ページ

準備
生育調査方法　～　3
1．位置決め
2．調査手順
2－1．移植後70日まで　～　4
1 草丈
2 SPAD値
3 葉色（単色）　～　5
4 茎・穂数
5 葉色（群落）
6 幼穂長
7 出穂日　～　6
8 病害虫等発生状況
9 スマートフォンで調査内容登録

スマホ調査内容登録手順　7

タグ登録方法　8

2－2．移植後80日、90日の場合
2－3．移植後100日の場合
1 稈長
2 穂長　～　9
3 SPAD、葉色
4 穂数
5 群落
6 倒伏程度
7 スマホで撮影、登録
調査終了後に　～　10

生育調査するにあたって　11

図 4-7　生育調査マニュアル

した．生育調査の項目については，生育ステージごとに図 4-8 に示す項目を設定した．生育調査は図 4-9 のように 2 人組みで行い，一人が計測，もう一人が野帳（図 4-10）に記録をとる形で行った．調査内容については，野帳への記録のほか，スマートフォンを使用して FVS への記録も行った（図 4-11）．調査結果はエクセルで集計を行った（図 4-12）．

2）省力低コスト栽培技術としての湛水直播栽培および不耕起直播栽培

省力低コスト栽培技術として，鉄コーティング湛水直播栽培（図 4-13）を 4ha（うち 50a は無代かき直播），不耕起直播栽培（図 4-14）を 3ha，流し込み追肥（図 4-15）を約 20ha 行い，その分析は，茨城県農業総合センター農業研究所と協力して行った．また，多収性品種「あきだわら」の導入を拡大し，低コスト稲作栽培技術のモデル化に向けた生育調査，栽培管理データの収集を行った．

乾田直播栽培（不耕起）の施肥については，従来のコーティング肥料の価格は 5,355 円/10a で，籾の単収は 688.6kg だったため，籾 1kg あたりの肥料単価は 7.8 円となる一方，流し込み施肥を行った圃場では，尿素の価格は 1,819 円/10a，籾の単収は 581.3kg，籾 1kg あたりの肥料単価は 3.13 円となり，59.9%の削減

横田農場

調査日(移植後～)	移植後1～2日	20日 or 30日	40日	50日	60日	70日	80日	90日	100日	120日	その他
調査項目	移植後	分げつ期		最高分げつ期	幼穂形成期		穂揃期	穂揃後10日	成熟期①	成熟期②（収穫）	
田植え日	○										
坪株数	○										
株本数	○										
草丈		○	○	○	○	○	○	○	○		
茎数		○	○	○	○	○	○	○	○		
葉色(単)		○	○	○	○	○	○	○	○		
葉色(群)		○	○	○	○	○	○	○	○		
SPAD		○	○	○	○	○	○	○	○		
葉身窒素　代表圃場のみ				○	○	○	○	○	○		
幼穂長				△	○	○					
出穂日							○				
稈長									○		
穂長									○		
穂数									○		
成熟日									○		
倒伏程度(6段階)									○		
病害虫被害程度				○	○	○	○	○	○		
落水日											○
収穫日											○
写真	○	○	○	○	○	○	○	○	○		
ビデオ　代表圃場のみ	○	○	○	○	○	○	○	○	○		
籾サンプル(2kg)										○	

図 4-8　生育ステージごとの調査項目

図 4-9　生育調査の状況

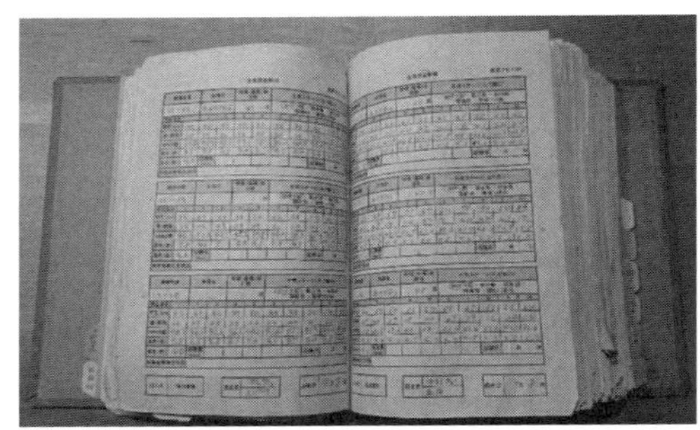

図 4-10　生育調査野帳

となった（表 4-2）．さらに，茨城県農業総合センター農業研究所と共同で実施した流し込み施肥の現地実証（約 20ha）では，これまで当経営が使用していた LP コートの施肥作業にかかる物財費と労働費を合わせた費用は粗玄米 1kg あたり 13.2 円，尿素流し込み施肥の場合は 3.9 円となり，尿素流し込み施肥により粗玄米 1kg あたり 9.3 円の生産費削減効果があることが明らかになった（第

図 4-11　FVS スマートフォンを使って記録

図 4-13　鉄コーティング湛水直播の実施

調査日	圃場地番	生育ステージ	調査項目	平均値	1	2	3	4	5	6	7	8	9	10	移植日	出穂日
5月8日	C2-02	移植後	植付本数(本/株)	3.8	3	5	4	3	3	4	2	5	3	6		
5月8日	G7-01	移植後	植付本数(本/株)	5.1	4	4	6	5	5	8	8	2	5	4		
5月19日	G7-01	分げつ期	草丈(cm)	18.9	20	20	20	18	19	19	15	19	21	18		
5月19日	G7-01	分げつ期	穂数(本/株)	6.1	6	6	7	7	5	9	9	3	6	3		
5月19日	G7-01	分げつ期	SPAD	29.1	30.6	30.9	29	27.1	25.4	30.9	22.8	31.2	38.7	24.4		
5月19日	G7-01	分げつ期	葉色(葉色板値)	2.5	2.5											
5月19日	C2-02	分げつ期	草丈(cm)	26.9	26	26	27	29	26	27	26	27	27	28		
5月19日	C2-02	分げつ期	穂数(本/株)	5.2	4	4	7	6	3	5	3	8	4	8		
5月19日	C2-02	分げつ期	SPAD	34.9	33	31.9	36.5	37.1	30.3	38.6	37.2	35.9	33	35.1		
5月19日	C2-02	分げつ期	葉色(葉色板値)	3.0	3											
5月31日	C2-02	分げつ期	草丈(cm)	43.0	47.8	44	41.3	39.2	42.3	44.4	46	42.2	42.7	39.7		
5月31日	C2-02	分げつ期	穂数(本/株)	13.6	9	11	18	10	10	17	9	21	11	20		
5月31日	C2-02	分げつ期	SPAD	36.2	35	37	37	36	35	36	36	36	38	36		
5月31日	C2-02	分げつ期	葉色(葉色板値)	4.5	4.5											
5月31日	C7-07	移植後	植付本数(本/株)	3.8	4	3	6	2	3	4	8	4	2	2		
5月31日	C8-05	移植後	植付本数(本/株)	3.4	3	4	1	4	5	1	5	2	7	2		
5月31日	C8-04	移植後	植付本数(本/株)	4.4	7	4	5	5	4	2	3	2	6	6		
5月31日	C8-03	移植後	植付本数(本/株)	6.0	10	5	4	5	6	8	8	8	6	4		
5月31日	G7-01	分げつ期	草丈(cm)	27.8	29	29	28	29	28	29	27	28	28	23		
5月31日	G7-01	分げつ期	穂数(本/株)	17.4	16	19	20	18	16	25	27	9	18	6		
5月31日	G7-01	分げつ期	SPAD	43.9	47.3	47.2	46.2	45.5	42.4	37.9	40.8	49.6	43.1	39.4		
5月31日	G7-01	分げつ期	葉色(葉色板値)	4.5	4.5											
6月9日	B1-06	移植後	植付本数(本/株)	4.5	6	1	5	3	5	2	7	5	6	5		
6月9日	G7-01	分げつ期	草丈(cm)	38.2	38	39	35	39	40	38	38	40	40	35		
6月9日	G7-01	分げつ期	穂数(本/株)	26.0	27	23	28	29	28	27	45	15	27	11		
6月9日	G7-01	分げつ期	SPAD	42.8	42.4	44.8	42.9	41.1	41.9	39.9	43	46.8	42.5	43		
6月9日	G7-01	分げつ期	葉色(葉色板値)	4.5	4.5											
6月9日	C2-02	最分期	草丈(cm)	48.3	47	47	50	48	49	47	46	50	49	50		
6月9日	C2-02	最分期	穂数(本/株)	23.4	20	20	29	22	21	27	15	32	16	32		
6月9日	C2-02	最分期	SPAD	42.5	46.3	35.2	42.2	42.9	43.9	41.6	41.6	41.1	47.8			
6月9日	C2-02	最分期	葉色(葉色板値)	4.5	4.5											
6月9日	C7-07	分げつ期	草丈(cm)	38.2	38	41	39	35	39	39	37	38	39	37		
6月9日	C7-07	分げつ期	穂数(本/株)	9.6	14	11	18	6	5	11	14	8	4	5		
6月9日	C7-07	分げつ期	SPAD	38.8	41.1	39.2	40.9	34.8	42.6	27.9	32.7	41.3	43.1	44.2		
6月9日	C7-07	分げつ期	葉色(葉色板値)	4.0	4											
6月9日	C8-03	分げつ期	草丈(cm)	32.0	33	32	31	33	31	31	31	33	33	32		
6月9日	C8-03	分げつ期	穂数(本/株)	8.0	10	5	6	7	10	7	6	8	13	8		
6月9日	C8-03	分げつ期	SPAD	33.7	31.4	26.2	35	32.8	33.1	34.4	33.1	32	38.7	39.8		
6月9日	C8-03	分げつ期	葉色(葉色板値)	3.5	3.5											
6月9日	C8-05	分げつ期	草丈(cm)	31.1	30	31	25	33	33	34	33	31	30	31		
6月9日	C8-05	分げつ期	穂数(本/株)	31.1	2	7	2	7	7	3	7	5	7	5		
6月9日	C8-05	分げつ期	SPAD	33.3	28.2	29.8	32.6	30.3	27.5	39.3	36.8	37.2	33.7	37.3		
6月9日	C8-05	分げつ期	葉色(葉色板値)	3.0	3											
6月9日	C8-04	分げつ期	草丈(cm)	21.2	20	21	23	23	21	20	22	17	22	23		
6月9日	C8-04	分げつ期	穂数(本/株)	4.9	6	4	5	6	6	4	3	2	7	6		
6月9日	C8-04	分げつ期	SPAD	28.9	28.6	26.2	30.5	38.1	24.2	29.9	23.8	30.7	28			
6月9日	C8-04	分げつ期	葉色(葉色板値)	2.5	2.5											

図 4-12　生育調査結果の集計

8 章　表 8-5 参照).

また, 移植栽培の全圃場で実施した発酵鶏糞ペレットの現地実証 (約 120ha) では, これまで当経営が基肥に使用していた化成肥料 (14-14-14, 20kg ポリ袋) の施肥作業にかかる物財費と労働費を合わせた費用は粗玄米 1kg あたりで 3.46 円, 鶏糞 (窒素 4%, 500kg フレコン) の場合は 2.38 円となり, 粗玄米 1kg あ

表 4-2　乾田直播栽培における尿素流入（流し込み）施肥の費用削減効果の比較

品種	圃場番号	試験区	播種日	面積（m^2）	試験面積（a）
ゆめひたち	B2-05	コーティング肥料施肥区（播種同時施肥）	4 月 14 日	15,031	150
〃	B4-01	尿素流入施肥区（播種のみ）	4 月 14 日	13,059	130

注）ゆめひたち（B2-05，B4-01）は 3 月 29 日に牛糞堆肥を 1t/10a 施用した．

表 4-3　移植栽培におけるフレコン発酵鶏糞ペレット導入による施肥費用の削減効果

資材名	窒素成分（%）	作業人数（人）	N=1kg/10a 人件費（円）	N=1kg/10a 肥料費（円）	計	例）あきだわら N=6kg/10a の場合（円）	粗玄米 1kg あたりの費用（円）
化成肥料 14-14-14	14	2	144.2	517.9	662.0	3,972.3	3.46（2013 年）
鶏糞	4	1	82.4	324.0	406.4	2,438.4	2.38（2015 年）
削減			42.9%	37.4%	38.6%	1,533.9	1.08

図 4-14　不耕起乾田直播の実施

図 4-15　流し込み施肥の実施

たり 1.08 円の削減効果があることが明らかになった（表 4-3）．

不耕起乾田直播栽培における流し込み施肥の費用削減効果と移植栽培におけるフレコン発酵鶏糞ペレットの施肥費用削減効果については，大規模経営にあって既に物財費が平均より削減されている中での効果としては，期待していた水準の結果であり，多収性品種などの肥料を多投する品種においては，より大きな削減効果が発揮できるものと期待される．

3）稲作技術パッケージの概要

基肥窒素量(kg/10a)	追肥1窒素量(kg/10a)	追肥2窒素量(kg/10a)	追肥3窒素量(kg/10a)	窒素計(kg/10a)	窒素価格(円/kg)	収穫量モミ(kg/10a)	1kgあたり窒素価格(円/kg)
8.0	—	—	—	8.0	669.4	688.6	7.78
—	4.0(5/20)	2.0(6/19)	3.0(7/24)	9.0	202.1	581.3	3.13

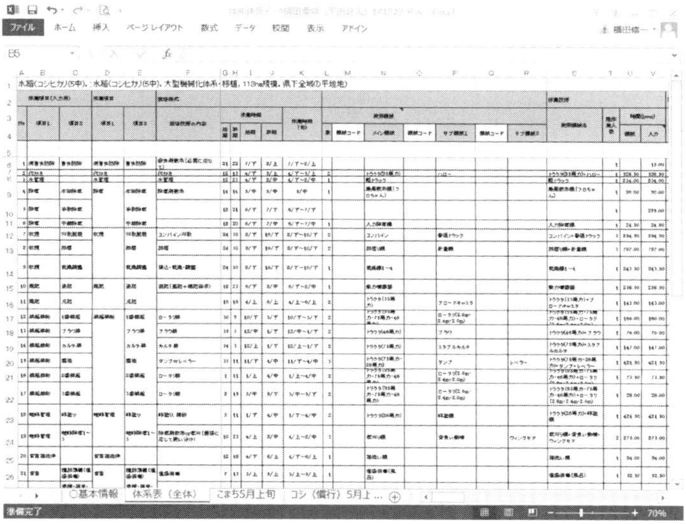

図4-16　FAPS用技術体系データ

技術体系パッケージ化に向けて，PMSに記録した作業情報等からFAPSにて分析を行うための技術体系データ（図4-16）を代表的な品種・作型・栽培様式（あきたこまち・5月上旬・移植，コシヒカリ（慣行）・5月上旬・移植，コシヒカリ（特栽）・5月上旬・移植，ゆめひたち（慣行）・6月上旬・移植等）について作成した．また，全圃場の圃場特性データを作成した．

これまで収集してきた各データを「計画（経営計画や販売計画，FAPSによる作期分散，多品種作付，直播の導入計画）」，「実行（経営目標に基づいた栽培，流し込み施肥，PMS・FVSの活用，農作業マニュアル，水田センサ，気象ロボ

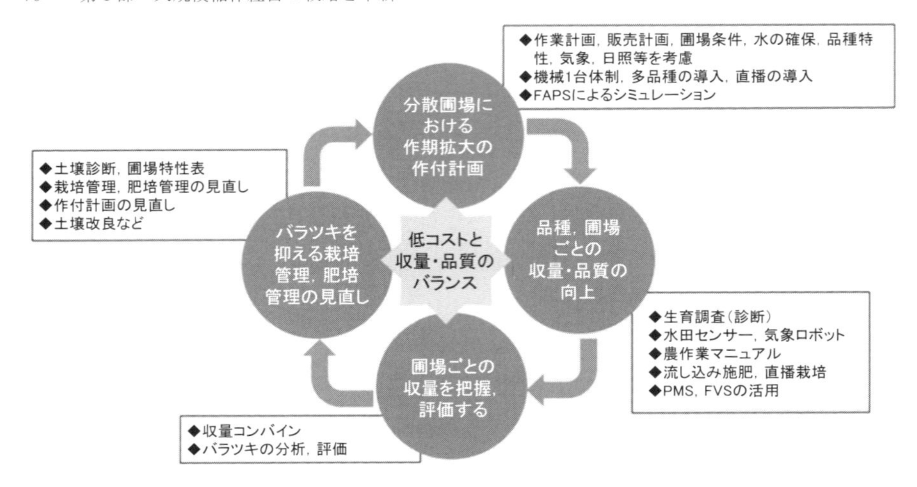

図 4-17　稲作経営技術パッケージの PDCA スパイラル（例示）

ット，生育調査）」，「評価（収量コンバイン，土壌診断，圃場特性表の分析，評価）」，「改善（栽培管理，肥培管理の見直し，土壌改良，作付計画の見直し）」に当てはめ，PDCA サイクルの形に整理することで（図 4-17），高度な経営改善を図る稲作経営技術パッケージの一つのモデルを構築した．この「横田農場モデル」は，「機械体系 1 セットによる 100ha 超規模」であり，具体的工夫ポイントは以下の 5 点である．

①圃場集積と団地化（2.5km 四方），圃場連坦による大区画化（平均 33a，最大 211a，最小 1.6a）

②作期分散（田植 4 月中旬～6 月下旬，収穫 8 月中旬～10 月下旬）

③農作業専門化（田植機 OP1 人，水管理 1 人，収穫コンバイン OP1 人）による人材マネジメント（技能習得期間短縮，動機づけ等）

④アメーバ型組織による自立分散型生産管理組織

⑤幅広い販売チャネルによる安定価格での直接販売

また，収量増加のポイントは以下の 5 点である．

①茎数確保と播種密度の調整

②水管理の精度

③基肥，追肥の分施，圃場ごと施肥量の精緻化

④作期に合わせた品種選定と多収品種の導入

⑤発酵鶏糞，牛糞堆肥，緑肥などの積極的導入．

さらに，コスト低下のポイントは以下の5点である．

①投入資材を最小化する（金額・量）：分施で安価な肥料，鶏糞の導入，最小限の防除，適時適量の育苗，播種の高密度化，育苗枚数の減少等

②農機具・人・農地・地理的条件等の経営資源を最大限活用する（修理技術の向上，機械のアイドルタイムの最小化，人材育成，作期分散等）

③圃場区画の大小，作期拡大による季節変化，品種特性等を考慮した作業計画

④地域・土地改良区との信頼構築を行う（土地改良区ポンプの運転を自社で担当する等による柔軟な水利用）

⑤一日あたり，一人あたりの作業面積の最大化（専門性を持った従事者による分業化・専門化による作業速度の高速化や作業精度の向上等）

稲作経営技術パッケージは，農業経営者が農業経営や日々の栽培を行っていく上で，従来では想像できなかったペースでの規模拡大と分散多圃場の条件下で課題の解決を図っていく際の手法として有効と考えられる．本章で提示したPDCAサイクルを活用し，そのサイクルを効果的に回していくためには，「P」「D」「C」「A」それぞれのステップの意思決定の材料となる情報が必要である．こうした情報の収集には，FVSクラウドを活用した生育調査や水田センサ，また土壌診断や圃場特性表，収量コンバインの各データ，FAPSのシミュレーション結果等が有効であることが明らかになった．

それぞれの農業経営が経営目標（横田農場の場合は「低コストと収量・品質のバランス」）を実現するためにPDCAサイクルを回して持続的な経営の改善・革新を図っていく仕組み・システムが，今後より複雑化していく農業経営の中にあっては必要不可欠と考える．なお，この経営改善・革新を図っていくPDCAスパイラルは，経営全体に対してのみならず，個々の具体的な課題等についても入子状に活用できると考えられ，応用範囲の広い経営改善・革新の考え方・仕組みとして期待できる．

7. おわりに

本章では，横田農場を事例として，関東地域100ha稲作経営の戦略と革新に

ついて述べた．研究開始時には 110ha 程度であった経営面積は 2 カ年の研究期間中に 125ha に増加し，数年後には 150ha 規模に拡大する可能性がでてきている．こうした規模拡大の過程で，規模拡大とコスト削減に関しては，点在していた圃場が連坦化し，畦畔撤去による区画拡大が進む傾向がみられ，今後は作業能率の向上も期待できる．

生産コストのうち物財費をこれ以上抑えるのは難しく，現在の人員でさらに作業効率を高め，一人あたり作業面積の拡大により，相対的に玄米 1kg あたりの生産コストを抑える方向が考えられる．一人あたり面積を拡大させるためには，社員ひとりひとりが技能を高め，能力を最大限に発揮させるための道具，仕組みの整備，充実を図っていくことが重要である．換言すれば，少数精鋭の人材育成が今まで以上に重要になる．

今後は，本章で提示した実践的な稲作経営技術パッケージをさらに改善・改良すると共に，こうした技術パッケージに関心のある他の農業経営への導入支援も行う予定である．

（横田修一・平田雅敏・U.P. Aruna Prabath・長命洋佑・南石晃明）

第5章　北陸地域 30ha 稲作経営の戦略と革新 ーぶった農産を事例としてー

1. はじめに

株式会社ぶった農産は，石川県の県庁所在地である金沢市の南西，石川県野々市市上林に位置する．標高はおよそ 40m の加賀平野の水田地帯である（佛田 2010）．2015 年度現在の経営面積は 30ha，圃場数は 250 枚である．図 5-1 に示すように，当経営は市街地（金沢市）に隣接しており，その事務所から西に 2km，北に 2.5km の範囲に多くの圃場が位置している．

ぶった農産は稲作受託や 6 次産業化，創業者は天皇杯等の受賞，農業技術の匠への選定など，地域における農業の 1 つのモデルケースとして，その歴史を歩んできた．近年では，野々市市において唯一 JR 金沢駅「あんと」への出店企業として，地域の文化や魅力を県内外に発信している．今後は，地域農業の担い手としてだけではなく，継続可能な農業を実践していくため，人材・品質・コストについて既存技術と先端技術の融合を試みている．

本章では，ぶった農産を事例として，北陸地域 30ha 稲作経営の戦略と革新について述べる．第 2 節では経営概要，第 3 節では経営の展開・発展過程につい

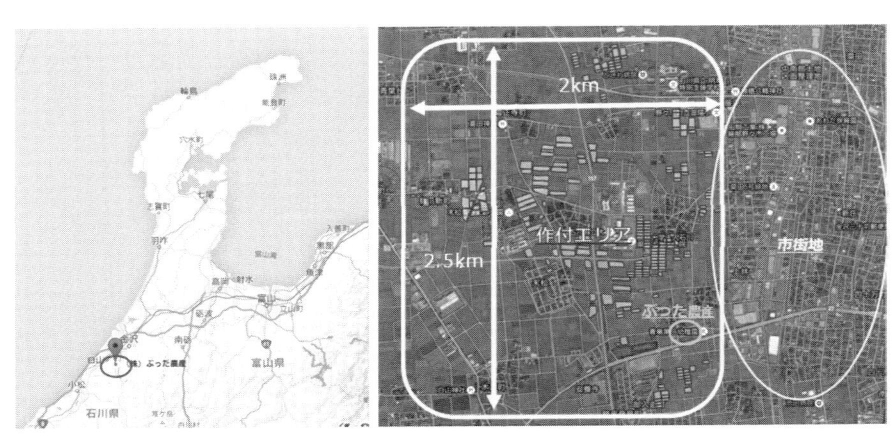

図 5-1　ぶった農産の立地および圃場配置
ⒸGoogle map.

て述べる．その後，第 4 節では経営の戦略と課題・対応策について述べ，第 5 節では，当経営の特徴的な生産技術と農匠ナビ 1000 プロジェクトの研究成果に基づく稲作経営技術パッケージを提示する．最後に，第 6 節では本章のまとめを行う．

2. 経営の概要

当経営の主な生産品目および 2015 年度の作付状況は，表 5-1 に示す通りである．水稲は 28ha，特別栽培による品種はコシヒカリ，にこまる，山田錦，新大正糯などの 6 種類，高密度育苗栽培技術を利用した一般栽培の品種は，にこまる，あきだわらの 2 種類である．移植時期は 5 月上旬から 5 月下旬の 1 カ月間である．その他に，加工用の品目として，冬野菜のかぶ・大根を 1ha，夏野菜のなすを 13a 栽培している．なお，農匠ナビ 1000 プロジェクトでの実証試験の面積は約 28ha，圃場枚数にして 2014 年度は 226 枚で 2015 年度は 229 枚となっている．

経営に携わるのは，役員 4 名，正社員 9 名，パート（臨時）11 名（平成 27 年 9 月 1 日時点）である．図 5-2 に示すように，3 つの部門から成り立っている．製造部門は生産部（3 名）と加工部（4 名）で構成されており，販売部は，個人販売課・あんと店課・業務販売課から成り立っており従業員は計 10 名となっている．そして，経営管理部門は総務部（1 名）と研究開発部（3 名＋α）となっている．

2014 年度の年間売上は経営全体で 1.4 億円であり，部門別にみてみると農業生産部門（水稲・野菜等の栽培，水稲の農作業請負）: 5,000 万円，加工部門（農産物加工，海産物加工）: 6,000 万円，その他の部門（販売事業・研究開発事業）: 3,000 万円となっており，農産物の生産部門と加工部門の 2 つが当経営の柱となっている．

3. 経営の展開・発展過程

ぶった農産の元になる佛田家は明治初期より続く農家である．現会長の佛田孝治は 1950 年に就農し，1964 年に地域の農家とともに地元の漬物業者と提携

表 5-1　平成 27 年度の作付状況

カテゴリー	作型	栽培様式	移植時期（作期）	作型面積（a）	カテゴリー面積（a）
コシヒカリ	匠米（コシヒカリ）	特別栽培	5 月上旬	53.25	2090.66
	B コシヒカリ	特別栽培	5 月中旬	350.81	
	FM コシヒカリ	特別栽培	5 月上旬～中旬	826.08	
	FM コシヒカリ（高密度）	高密度（全層+側条）	5 月中旬	487.21	
	FM コシヒカリ（高密度）	高密度（全層）	5 月中旬	131.52	
	RD コシヒカリ	特別栽培	5 月中旬	241.79	
ひとめぼれ	ひとめぼれ（基肥無）	特別栽培（基肥無）	5 月上旬	105.51	215.54
	ひとめぼれ（基肥有）	特別栽培（基肥有）	5 月上旬	110.03	
にこまる	にこまる（高密度）	一般栽培	5 月下旬	143.71	282.64
	RD にこまる	特別栽培	5 月下旬	138.93	
酒米	山田錦	特別栽培	5 月下旬	13.61	38.09
	石川門	特別栽培	5 月下旬	24.48	
糯米	新大正糯	特別栽培	5 月下旬	27.6	27.6
あきだわら	あきだわら（高密度）	一般栽培	5 月下旬	91.45	91.45
試験品種	石川 65 号	一般栽培	5 月下旬	27.71	57.73
	育種品種（高密度）	一般栽培	5 月下旬	30.02	
野菜	冬野菜（予定）	かぶ・大根	8 月下旬～9 月	130	143
	夏野菜	茄子	5 月初旬	13	
				水稲合計	2803.71
				高密度合計	883.91
				特別栽培予定	2510.82
				一般栽培予定	292.89
				野菜	143
				総計	2946.71

して「金沢青かぶ」という加賀野菜の契約栽培を開始した．これが今日のぶった農産の主要事業につながっている．当地域では，かぶを使ったかぶら寿しをはじめとする漬物は女性の手によって代々受け継がれてきた伝統と歴史がある．その後，1975 年頃より農用地利用増進事業が開始し，当地域において請負耕作の需要が高まってきたため，JA との協力によって 1976 年に野々市町受託組合を設立した．1980 年には，ライスセンターを建設するとともに，かぶら寿しの

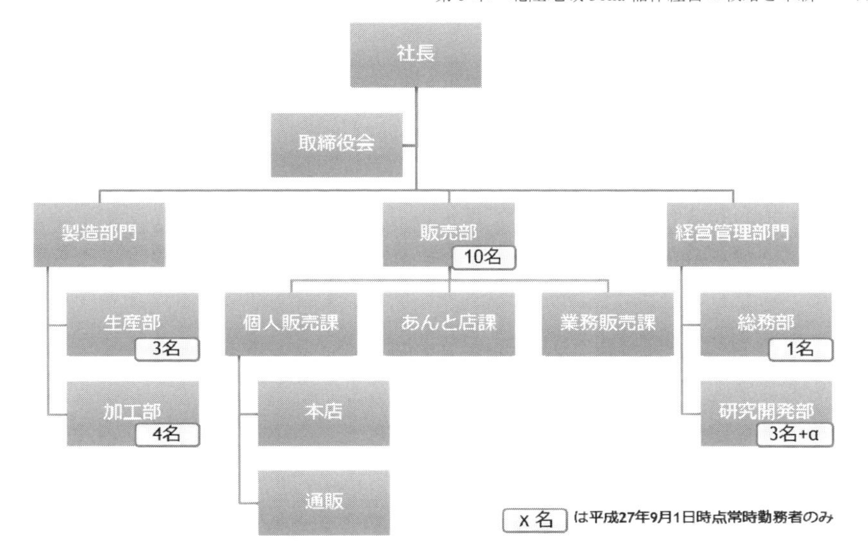

図5-2　会社組織図

加工事業を開始した．ここまでが現社長の佛田利弘が就農する以前のぶった農産の歴史である．

長男の利弘が本格的に就農したのが1983年である．就農後は，直売店鋪の開設・通信販売など，新たな事業を次々と手掛けていった．1986年には，佛田孝治が第15回日本農業賞及び第25回天皇杯（農産部門）を受賞する．当時，販売部門を担当していた利弘は，同年に直売店舗を開店し，翌年には通信販売を開始，以降，ギフト用の需要が拡大していく．

その後も新たな挑戦を続けていき，1988年には有限会社ぶった農産を設立し組織改編を行う．パート社員でもできる加工技術のノウハウ確立・人員の定着率向上を図る．1993年には，リクルート『Uターン　Iターン　B-ing』で農業界初の求人広告を出し，人材を雇用するも定着率が低く教育プログラムの必要性を痛感することとなる．また，1996年に新たな販売会社として「(有) プラウ」を設立し，生協，こだわり系スーパーなどへの販路を拡大していく．そして，2001年には，農業生産法人としては初の株式会社化し，利弘に経営権が委譲されることとなる．

法人化以降，当経営を取り巻く経営環境が変化する中で，従来型のビジネス

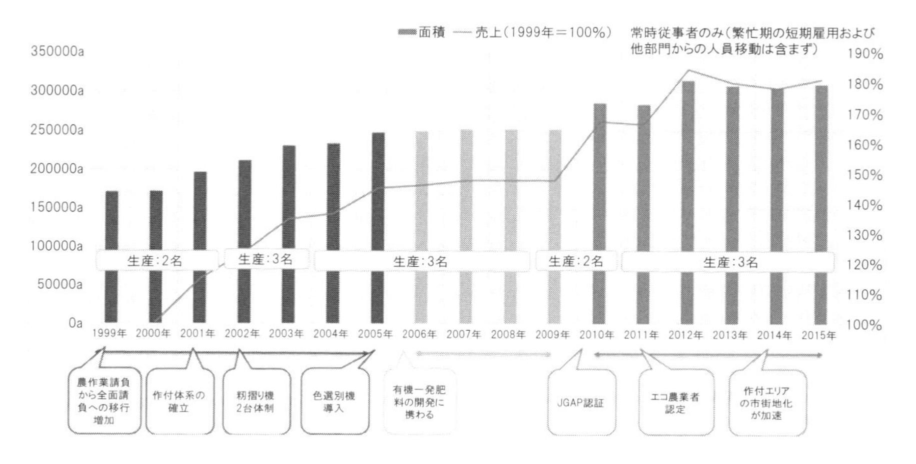

図 5-3　経営面積および売上の推移（1999 年以降）

モデルからの脱皮の必要性を感じるようになった．特に，原価，収益管理，顧客管理など経営システムの高度化を図るための新しいビジネスモデルの模索，内部体制，経営陣の役割分担の明確化を念頭に置いた経営に着手する．1999 年以降，個別農作業請負から全面農作業請負への移行が増加することとなった．図 5-3 に示しているように，経営面積は増加傾向を示しており，作業請負を含む経営面積は 30ha となっており，1999 年時点と比べると作付面積は 1.8 倍となった．また，生産に係る従業員は，常時 2～3 名となっている．

2001 年ごろには，現在の作付体系の基本的な枠組みを確立し，以降，作付面積の拡大速度が進んだといえる．また，その後は，籾摺り機 2 台体制や色選機の導入，さらには有機質 50%含有一発肥料の研究開発に携わるなど，新たな技術導入に積極的に取り組み，生産部門の従事者数を増やすことなく，作付面積の拡大，生産技術の向上・作業の効率化を同時に進めてきた．また，経営外の環境においては，2010 年頃からは，市街化による農作業請負面積の減少スピードの加速，2014 年には作付エリアの市街地化が加速するなど，経営を取り巻く外部環境は目まぐるしく変化している．そうしたなか，2014 年には，JR 金沢駅に新設された名産品店街「あんと」への出店を行うなど，常に新しいことへのチャレンジを続けている．

4. 経営の戦略・課題・対応

1) 経営理念と経営戦略

経営の理念に関しては，以下の 3 つのことを掲げている．

・私たちの取り組みは，お客様はもとより，生活者の皆様のためである．
・会社はその取り組みのための組織であり，それを持続的に行う場である．
・その取り組みを行うスタッフは，品質とサービスを高めるために価値ある行動を行う．

また，その理念を遂行するための経営戦略として，以下の 4 点を重視している．それらは，第一に，高品質・高食味でかつ低コストの優位性ある農産物（コメ・野菜）生産を行うこと，第二に，土地利用型を基盤とし，加工などを組合せ経営資源の相乗的最適化した複合経営を行うこと，第三に，気象や市場の変化に柔軟に対応し，顧客への商品・サービスの価値創造を行うこと，そして第四に，優位的技術（匠の技）を見える化し，技術優位性のある人材育成を行うことである．

第一の点に関しては，具体的に以下の点を念頭に置いている．特別栽培による高品質高食味でありながら，地域反収を上回る収量を実現すること，高密度育苗技術等，低コスト稲作技術の導入により低コスト生産の取り組みを更に進めること，そして，野菜においても，栽培管理や収穫の簡便化を行いコスト低減と収益の向上を図ることである．

第二の点に関しては，水稲品種の組合せや，野菜作との組合せにより，労働力・機械等の効率利用を行うこと，さらに，野菜加工品製造によって農閑期の労働力吸収を行い，労働コスト低減を図ること，の 2 点を重視している．

第三の点に関しては,「気象条件に左右されにくい品質の高い米生産技術」(農業技術の匠）による栽培技術のさらなる高度化をすすめ，品質や収量，コスト削減等の安定化を図ること，そして，低コスト化を進めることにより，市場での価格訴求力（収益力）を確保し，持続可能な生産技術の確立を目指すことを掲げている．

最後に，第四の点に関しては，共体験や口述伝承（暗黙的伝承）を出来る限り見える化（マニュアル・映像コンテンツ等）し，高度な技術を伝承する体系を確立するとともに，高度な技術の体系的習得を促し，技術優位を持った人材を育成することに重点を置いている．

2）経営課題とその対応策

現在の経営課題としては，以下の3点が考えられる．まず一つ目は，農地に関する課題であり，「将来の作付面積見通しが不透明，小区画で規模による作業効率性が向上しない」ことである．これらの課題の要因としては，①市街地・他農業法人と当社の作付エリアが隣接していること，②作付エリアの市街地化が加速し今後の作付面積の増減が不透明であること，そして，③大正時代に耕地整理した圃場が多く，小区画かつ農道も狭小で大型機械の導入が困難であることが挙げられ（図5-4），これらの要因と如何に向き合っていくかが今後重要となってくる．一方，これらの経営課題への対応策を見てみると，繁忙期における従業員の労働負荷低減を図ること，収益性とコスト（特に作業性）とのバランスを考えた作物・作付を行うこと，そして，小区画への対応として，機械稼働率向上および移動時間の縮小による作業の省力化を図ることが重要であるといえる．

第二の点は人材に関する課題であり，「効率的な人材育成（技術伝承），人材の定着」を如何に図っていくかということである．具体的には，①現在の雇用者の80%は農業生産以外の業務に従事しておりかつ非農家出身者が当経営の中心部分を担っているため，人材育成・強化が必須事項であるといえる．また，②従業員の農業従事の経験年数が短く，状況判断や解決力などが不足しているため，これらのスキルアップを如何に図っていくかも重要な課題である．そして，これらの課題に対する対応策としては，作業要点をコンパクトにまとめた教材の作成による効率的な技術伝承を図ること，人材定着率を向上させるために，知識だけでなく，農業への姿勢や熱意も伝承していくこと，そして，環境への対応として，情報を自らが選択し，判断できる能力を育成することなどにより，従業員の技術・

図5-4　狭小な農道の様子

意識の向上に努めていくことが定着率の向上につながるものと考えている．

第三の点に関しては，販売での課題であり，「持続可能な経営，農業を軸としたサービスの面的展開」を如何に図っていくか，というものである．この点に関しては，①米価下落による，新規顧客開拓時の価格交渉に対する影響が懸念されること，②加工品売上割合の上昇と農業法人としての存在意義についても考えていかなければならないこと，そして，③現時点では，農産物顧客よりも加工品顧客の方が多いが，今後は農産物顧客を加工品顧客と同水準にまで増やしていかなければならないこと，が課題であるといえる．これらの課題に関しては，顧客への対応として，自社商品の顧客から自社ブランドの顧客への展開を図ること，従業員への対応として，与えられた作業の消化から自ら考えて仕事を行うことへの展開を図ること，そして会社組織への対応として，生産・加工・販売が自らの強みと他者の強みを融合し，強力な問題突破力をもつ組織へと展開を図ることにより，課題への対応を試みることができると考えている．

5. 特徴的な生産技術

以下では，当経営が有している主要な生産技術について見ていく．当経営の生産技術の特徴は以下の3点に集約することができる．第一の技術は，特別栽培米による米の高収量生産技術である．1990年に本格的に特別栽培米の販売を開始し，2005年頃より有機質50%含有一発肥料の開発にも携わるようになる．そして，2013年までは，栽培している米はすべて特別栽培仕様にて栽培した実績がある．第二に，気象条件に左右されにくい高品質栽培技術を有していることである．これは，薄播きによる健苗を移植，植付の最適密度に加え，気候の高温化にも対応可能な高収量・高品質の米生産を可能とする技術である．最後に，第三の特徴としては，状況に合わせた肥料分施の技術体系が確立していることである．すなわち，基肥は耕起時の全層施肥と移植時の側条施肥を実施し，追肥は葉色を基準にし，有機質肥料を2〜3回に分けて散布するなど，生育状況における最適な施肥を行う技術である．

次いで，現在当経営において，取り組んでいる新たな生産技術について見ていく．現在取り組んでいる新たな技術は以下の3点である．

一つ目は，高密度育苗技術である．この技術は通常の播種とは異なり，苗箱へ乾籾換算250g以上で播種し,播種後15日程度で6～8箱/10aで移植する技術である．この技術の具体的なメリットとしては，第一に，当経営慣行で21箱程度/10aから約1/3の6～8箱程度になることで，資材・施設・作業コストを大幅に削減することができることである．第二に，高精度田植機を使用することにより，田植機への一度の苗積で，約30a圃場を補給なしで作業を行うことができ，田植機オペレータ1人で田植えが可能となることである．第三に，慣行移植体系から変更点が少なく，品質・収量とも慣行と同等であり，大きな面積変動にも慣行技術に比べ，低コストで対応可能であることである．

二つ目の生産技術は，田面均平化技術である．この技術は，3D測量機で圃場高低差を把握し，代掻き等で高低差を是正することや高低差が収量に与える影響も把握し，高低誤差の許容範囲を検証することができることが特徴として挙げられる．この技術メリットとしては，測量機を使用して圃場内高低差をマップ化することで，従来の高低差是正作業（代掻き等）でも的確に高地から低地へ土の移動が可能となること，また，自社管理における高低誤差の許容範囲を把握することで,高低差是正コストの適正化を図ることができること,さらに,区画整理に類似する均平作業も測量機を使用することで，大規模に行うことが可能となることなどが考えられる．

最後に，三点目は，技術伝承の確立である．具体的には，映像コンテンツ活用を中心とした経験者から未経験者への効率的な技術継承や，稲作ビッグデータの構築と構築データを活用できる人材育成方法である．そのメリットとしては,第一に,従来の共同作業での身振り手振りの指導は時間と場所を選んだが,映像コンテンツを使用することでいつでもどこでも伝承が可能となること，第二に，ビッグデータの構築作業（生育調査や水田センサー管理作業等）を未経験者も行うことで，作業の結果の振返りにもなり，以後の作業を効率的かつ効果的に行う技術の伝承が可能となること，第三に，当経営の持つ技術を棚卸することにより，経験者も改良点や先端技術との融合を検討することが可能となることなどが考えられる．

6. 主要研究成果と技術パッケージ

農匠ナビ1000プロジェクトにおける当経営の研究終了時の達成目標は,実証圃場における生育調査，土壌分析，気象データ，営農可視化システム，農地面座標情報等の稲作ビッグデータを用いて，農業を見える化し，低コスト化と高収量・高品質・高付加価値を両立できる北陸地域30ha規模経営における実用稲作技術体系パッケージの実証確立を行うことである．

以下では，主に2014年度に当経営が新たに研究開発実証に取り組んだ「高密度育苗栽培技術」，「圃場田面均平化技術」および「技術伝承の方法」について述べる．なお，2015年度の研究については別途公表を行う予定である．

1）高密度育苗栽培技術

現地実証試験では，品種はコシヒカリを用い，当経営管理圃場において約3haを対象にした．具体的には，播種は基本的に移植15日前に行い，育苗箱あたり乾籾で250gを播種した．移植は5月19日，20日の両日にヤンマーRG8の改良機を用いて行った．その後の管理は当経営慣行栽培と同様の方法にて行った（図5-5）．なお調査等は石川県農林総合研究センターと共同して行った．

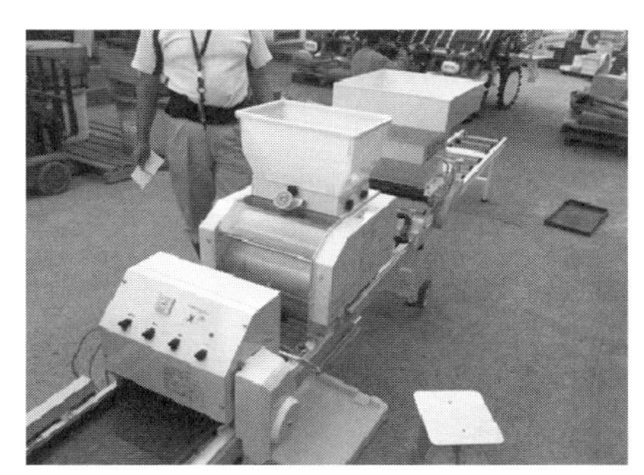

図5-5　高密度育苗栽培技術
左上：播種作業，右上：育苗中の苗箱，左下：田植作業，右下：田植後の圃場

表 5-2　10a あたりの育苗コスト（コシヒカリ）の試算結果

項目	高密度育苗	慣行育苗	高密度×100/慣行
使用苗箱数（枚/10a）	7	20	35.0%
播種量（g/箱）	250	80	312.5%
苗原価（円/箱）	535	365	146.5%
苗原価（円/10a）	3,742	7,295	51.3%
30ha 換算（円）	1,122,455	2,188,597	51.3%

次いで試験実施より得られた結果について見ていくこととしよう．育苗コストの削減の面では，苗使用数は 10a あたり 250g 播きで 7 箱となり，当経営慣行の 80g 前後での 20 箱程度に比べ大幅に使用数を減少させることが可能となった．10a あたりの育苗コスト（コシヒカリにて試算，表 5-2）は当経営慣行が 7,295 円，高密度が 3,742 円となり，当経営慣行比 51.29%にまで抑えることができる試算結果となった．これを当経営全体でのコストを計算した場合，30ha の作付に対して慣行コシヒカリの育苗コストが 2,188,597 円，高密度コシヒカリが 1,122,455 円と 48.71%の削減が見込める試算となる．

田植えの省力化の面では，ヤンマーRG8 の最大積載苗箱数が 24 箱であることから，250g 播きの苗箱を使用した場合，1 度の苗補給で 34a の田植えが可能という結果が得られた．これによりヤンマーRG8 を用いると仮定した場合，30ha の作付に対して田植機への苗の積込最小回数（30ha に必要苗箱数÷田植機最大積載苗箱数）は慣行苗では 250 回，高密度苗では 88 回と試算することでき，大幅な省力化及び作業コスト低減が可能であるとの結果を得た．田植えの省力化の面では移植時の側条施肥が作業効率性を下げる可能性があることが明らかとなった．慣行栽培における苗補給の頻度は高く，肥料の補給も同時に行うことが可能であった．しかし，高密度技術では苗補給の回数が著しく減少したことで肥料の補給でのみ田植機を停止させることが起こった．このため補給体系や施肥体系の再検討を行うことが今後の課題であることが明らかになった．

なお，収量に関しては 10a あたり高密度育苗技術が 551kg，慣行栽培が 561kg と大きな差がなく，品質も同等であった．このため，育苗から移植までの合計生産コストは，高密度育苗技術が玄米 1kg あたり 15.3 円，慣行栽培が 22.8 円となり，前者は 7〜8 円の生産コスト削減になる．

以上，高密度育苗栽培技術は，播種〜移植の大幅なコスト削減が可能であることを再確認することができた.これにより生産費玄米1kg150円の目標や収益率の改善に大きく寄与すると考える．また大規模農家においては繁忙期として位置づけられている田植え期間が，省力化により通常期として再定義される可能性を持つ技術であるとも考える．

2）圃場田面均平化技術

現地実証試験では，田面の高低差の状況を把握するための3D測量機及び高低差修正等にも使用するトラクタの試験を実施した（図5-6）．試験的に7.6aの無耕作地にて測量試験を実施し，高低図の作成などを行った．また本格的な測量実施に向けて圃場の選択や効果の検証方法の検討を行った．

測量試験を実施（図5-7）した際に，圃場内測量の台車にはトラクタ（車輪タイプ）と自走式マニュアスプレッダ（クローラータイプ）を試し，自重による沈みや湿田での稼働も考えるとクローラータイプが測量には有効であることが示唆された．

当初は稲刈りの際，コンバインに測量器を取付けて（図5-8）収穫と測量を同時に行うことを考えていたが，コンバインの作業速度が高速な為，測量機の

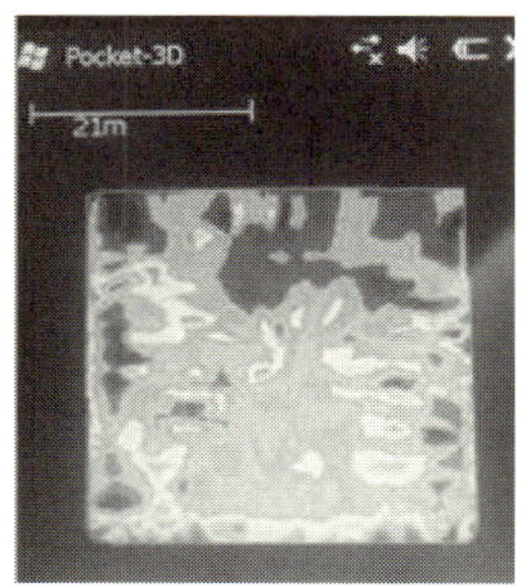

図5-6　田面均平化技術

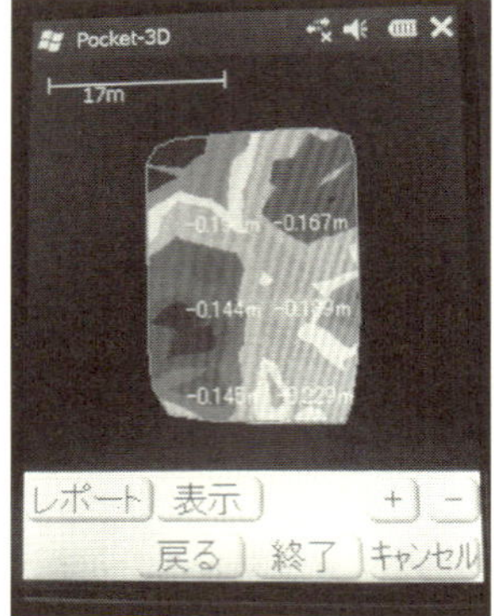

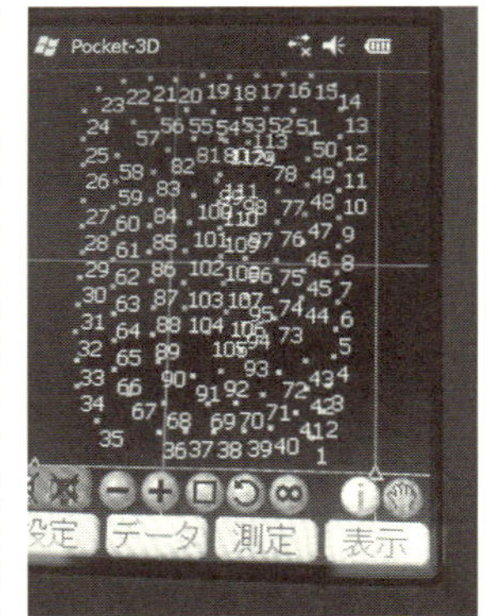

図 5-7　測量試験実施の様子と測量結果画面

図 5-8　コンバインに測量器を取付けた収穫の様子

処理速度が追いつかず，十分な測量ができなかった．また当初は，均平化のコストを最小化するために，農作業と測量を同時に行い，高低差を把握し，ユンボの使用や代掻き作業において高低差を修正することを想定していた．しかし同時進行が難しくなることで，田面均平化がもたらすメリットと測量および均平作業等によるデメリットのバランスの検証がより重要になるため，検証項目の設定や評価方法の再検討を行っていくことにした．

以上，圃場田面均平化技術については，測量試験や作業と同時測量を実施したことにより，測量台車にはクローラータイプが有効であることが明らかになると共に，農作業と同時に圃場内測量を行うことが困難であることを把握することができた．なお，その後の実証では，手押式の測量台車の実用性が高いと考えられた．

3）技術伝承の方法

現地実証試験では，技術伝承の映像コンテンツ作成のために，コンバインへのドライブレコーダーの設置と同時に作業圃場周囲にカメラを設置して操作状況や車体の動きなどを記録した（図 5-9）．このような記録は作業歴 30 年・17 年・4 年のオペレーターを対象に行った（詳細は第 9 章第 6 節参照）．

さらに，主要品種・栽培様式の栽培技術パッケージおよび技術体系データの作成（こしひかり((慣行 B コシ))，こしひかり((高密度))，ひとめぼれ），全圃場特性データ作成，全圃場生育調査，各種器具（葉色板，SPAD 計，葉身窒素測定器，ソイルサンプラー等）を用いた生育および生育環境の状況把握などで稲作ビッグデータ収集を行い，技術伝承に必要なデータの検討を行った．また，栽培技術パッケージ作成における重要な低コスト化への試みとして，作業効率を低下させる要因となる日没前後の薄暗がりでの熟練度の低いオペレーターへの作業支援効果を検討するため，トラクタや田植え機にオートステアリングを装備した．これら一連の作業を通して，作業効率を低下させている要因は何であるのかを明らかにし，その影響はどの程度低減されたのか，また低コスト化につながるのかを検証した．

映像コンテンツにおいては，オペレーター自身が失敗したと感じた操作部分

図 5-9　技術伝承コンテンツ作成に用いるドライブレコーダー画面例

や他のオペレーターの操作タイミングを確認することにより，客観的に自身の操作を把握することができ，ミスの減少による効率化と安全性向上に効果があることが考えられる．また稲作ビッグデータの収集作業を行うことで，水稲の栽培についての体系的な把握や生態把握をすることができ，通常の栽培管理に生かすことが期待される．これら一連の作業を通して，技術体系データや圃場特性データを整理したことが技術パッケージ化の重要な基礎となった．

大規模農家であっても非農家出身の農業従事者が増加していることもあり，まずは基本的なことを徹底的に伝承していくことが重要である．この基本を押さえることで，様々な環境変化にも対応できる農匠となることができる．また作業時間や仕上げ具合などを標準化していくことで，販売価格などに合わせた米作りが可能になり，収益率の増加にも繋がる．中堅若手従事者が基本を体得し，稲作ビッグデータを理解する能力を身に付けることで，環境変化に対応できる農匠が育成されるのである．

技術伝承に関しては，稲作ビッグデータの作成および理解は若手中堅従業員が農匠の技能や見識を把握することでの技術伝承だけでなく，従事者が自身の習熟度などを把握し改善することによる効果も期待できる．また農匠もこのデータを作成することで，既存技術と先端技術の長短所を再確認し，より効率的な技術伝承が行えると考えられる．

4）稲作経営技術パッケージの概要

ぶった農産は，経営面積の拡大が困難な土地条件の下で，水田裏作野菜栽培や農産物加工により，労働力の周年雇用を実現している高収益型複合経営である．こうした経営の特徴やそれを可能にする稲作経営技術パッケージの特徴は以下のように要約できる．

まず，経営特徴のポイントは，経営資源利用率向上，特別栽培の低コスト化と高収量化，動画コンテンツを活用した技術ディテールの伝承，マーケティングによる高収益販売価格の確保，マルチタスク対応の人材育成の5点に区分できる．

①経営資源（農地と労働力，機械，施設）の利用率向上

季節によって社員が従事する仕事を変え，ライスセンターで育苗から乾燥調整貯蔵まで行うことで，年間を通した労働の平準化，小規模施設での生産体制を確立している．

②特別栽培の低コスト化と高収量化

特別栽培によって慣行栽培より増収する技術を確立している．具体的には，有機質肥料の特性に合わせた効率のよい生育管理体系（V字稲作から，への字稲作へ）を実現している．

③動画コンテンツを活用した技術ディテールの伝承

技術のディテール（細部，ノウハウ）が生産性や品質を左右することから，技術のディテール（細部，ノウハウ）を具体的に伝承するため，共体験等の暗黙伝承から動画コンテンツを活用した形式伝承へ技術・ノウハウ・技能の伝承方法を進化させている．

④マーケティングによる高収益販売価格の確保

ダイレクトマーケティングによる顧客ニーズの把握と直売による収益増を図っている．具体的には，自社サーバーによるシステム・顧客データベース構築によりテレマーケティング・通販マーケティングの確立を実現している．

⑤マルチタスク対応の人材育成（栽培・作業・食品加工・販売・経営）

1人数役の技術習得により，季節による従事業務の変化に対応，人材リスクにも対応しており，生産・加工・販売まで1人が従事することによりニーズを把握した生産を可能にしている．

また，水稲収量向上のポイントは，栽培体系，田植，施肥，水管理，刈取りの5点に要約できる．

①栽培体系：茎数ロスをつくらない「への字稲作」（最高分けつ期から減数させない＝最高分けつ期が最適茎数）

②田植：植付け本数150〜200本/坪の最適移植（品種、移植時期によって可変し，最適茎数確保），植付け深さ2〜3cm以内（活着促進）

③施肥：基肥二層施肥，土作り，耕土培養資材利用，春一発耕起（ワラの秋起こし・早期後期実施によるガス発生抑水制，秋耕起の乾土効果防止による地力低減防止），葉色4.5を維持する肥培管理

④水管理：水均平（水位管理による適正茎数の確保と抑草水管理），土地均平（均平目標±1.5cm），中干し後期管理（干しすぎない），アゼ漏水防止

⑤刈取り：ロス発生しないような稲刈り（ロス低減の稲刈り作業：やや深こぎ，籾・稲湿度によるチャフ・シーブ等の調整）

7. おわりに

最後に，ぶった農産における将来展望を概観してみると以下の 2 点を重要視している．第一に，発展に対する考え方である．それらは，個人の力ではなく，組織力での拡大を図ること，物理的拡大ではなく，生産性及び効率性による拡大を図っていくこと，売上ではなく，利益の拡大を数値目標とすること，自社単体ではなく，レバレッジによる効果の拡大を図っていくことが挙げられる．第二に，リスク（米価下落・従事者減少・政策変更・異常気象）に対する考え方である．具体的には，商品の提供のみではなく，価値の提供を図ること，努力ではなく，成果（理論）による評価を行っていくこと，各部門の自主性だけでなく，管理部門と協同での予実管理を行うこと，外的要因に抗うのではなく，機会として活用していくことである．そして，これらの展開・目標を掲げることで，環境変化に対応し，自社の力で存続し続けられる農業法人であることを目指している．

［引用文献］

佛田利弘（2010）ぶった農産の発展過程における人と知の役割－誰に出会い何が起きたか，その人的関係と知識創造のプロセス－，農業普及研究，15（1）: 49-54.

（佛田利弘・沼田　新・長命洋佑・南石晃明）

第6章　九州地域30ha稲作経営の戦略と革新 －AGLを事例として－

1. はじめに

株式会社 AGL は，熊本県阿蘇市，九州のほぼ中央の阿蘇カルデラの盆地内にある．標高 500m に位置しており，熊本市近郊の平地と比べて 4 度ほど気温が低い．しかも 7 月 8 月は，日照時間が平均 20 時間程度短く，降雨量も多くなっている．土壌質は，火山灰土，黒ボク土であり，鉄分が多い圃場が相対的に多いのが特徴となっている．阿蘇地域は，黒毛和種や褐毛和種などの畜産地域としても有名であり，周辺の外輪山や阿蘇山麓は，放牧地として利用されている．AGL の立地および圃場配置の状況は，図 6-1 に示す通りである．

本章では，AGL を事例として，九州地域 30ha 稲作経営の戦略と革新について述べる．第 2 節では経営の概要および展開・発展過程，第 3 節では経営の戦略と課題・対応策について述べる．第 4 節では農匠ナビ 1000 プロジェクトの研究成果に基づく稲作経営技術パッケージを提示し，最後に第 5 節では本章のまとめを行う．

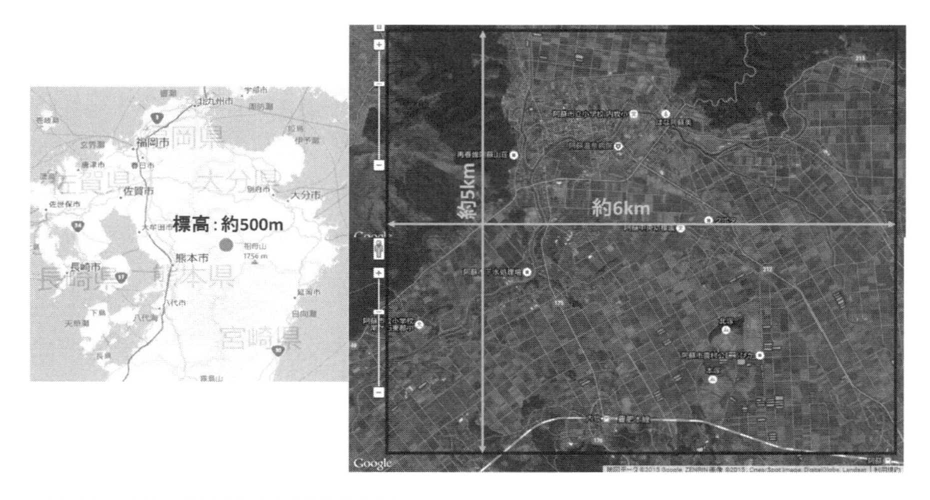

図 6-1　AGL の立地および圃場配置
ⒸGoogle map.

2. 経営の概要および展開・発展過程

当経営では，経営資源活用の効率化を目指し，地域特性に合った無理のない経営戦略を立てている．入会地として1,410haの放牧地，採草地が利用できるなどの地の利もあり，大規模畜産農家と耕畜連携を行い，お互いの経営部門の欠点を補完し合い，経営効率を上げている所が特徴となっている．

（株）AGLの代表取締役社長の髙﨑家は明治初期より続く農家である．2006年に法人化を行い，役員2名，社員2名，そして臨時雇用者が2名の体制となっている．主な業務は稲作，和牛繁殖，植物工場コンサルタントの3部門である．その他，作業受託業務も行っている．2015年の作付面積は，食用米16.5ha，稲発酵粗飼料（WCS）4.7haに加え，とうもろこしが0.6ha，そして作業受託が10.6haとなっている．作業受託は，地域内の高齢農家や機械の更新が困難な農家などからの依頼であり，周辺農家の機械が故障した場合や，山奥や土壌条件が悪い作業効率の低い圃場を委託された場合も積極的に作業を請け負っている．

図6-2は，当経営における経営面積および売上の推移を示したものである．ここでは，経営の主要な柱である水稲部門，繁殖雌牛部門，植物工場コンサルタント部門について，それぞれその概要を見ていくこととしよう．

まず水稲部門であるが，水稲の作付面積は，就農時3haであったが，近年は10～16.5haの間で推移している．作業受託に関しては，1990年代は50ha超の面積の刈り取りを行っていた．しかし2004年ごろより，集落営農の組織化が進み，集落営農による農地集積が行われるようになった．そのため，従来受託作業を請け負っていた農地が集落営農に集積されたことにより，受託作業面積が大幅に減少した．

次いで，繁殖雌牛部門を見てみる．当経営では，戦前より農耕用牛馬を飼養していた．その後1970年頃より馬の飼養を中止し，経済性の高い和牛の子取り生産への転換を図る．繁殖部門へシフトした理由として，当経営では1,410haと膨大な入会草地を有し，4月初旬から12月までの間放牧を行うことが可能であることが挙げられる．繁殖雌牛の飼養は，放牧によるコストダウンが可能となっていることからも，将来利益が望める部門であるといえる．

最後に，植物工場部門では，1995年より植物工場のコンサル事業を開始した．植物工場のコンサルタント事業は，千葉県にある葉物野菜（リーフレタス，3,000

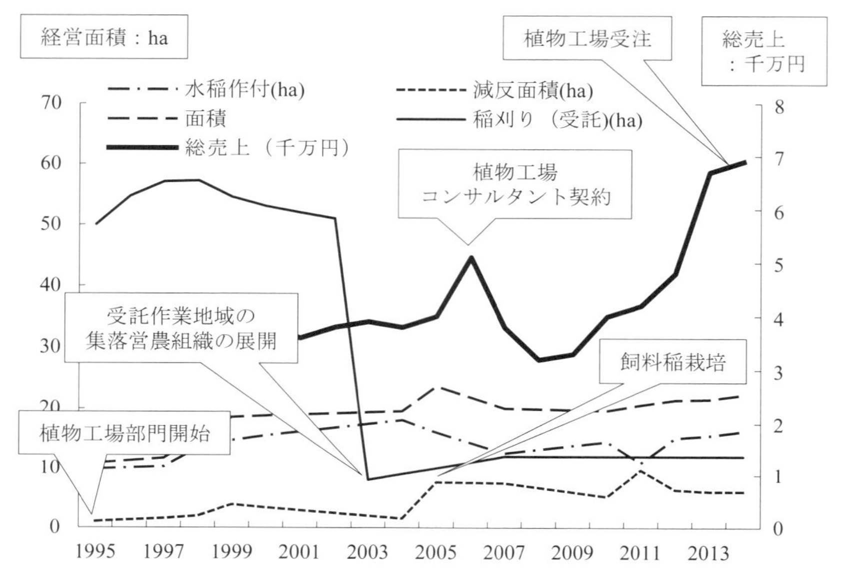

図 6-2　経営面積および売上の推移

株）工場において，生育障害問題の解決を依頼されたことに始まる．そこでの経験を活かし，その後コンサル事業に参入することとなる．さらに2006年には，北陸の2つの工場（リーフレタス）において，工場設計から運用に至るまでのコンサルタントに携わり，本格的に植物工場コンサルタント事業を開始した．

また，当経営の特徴として，副産物である稲わらの販売を行っていることが挙げられる．図6-3は，稲わらのロール数の推移を示したものである．1998年までは手作業で行っており，周辺の畜産農家へ販売していた．またこの時期，牛の口蹄疫が発生し，輸入稲わらへの制限が課された．そのため，国産の稲わら使用への需要が高まり，農林水産省の事業を活用し稲わらロール生産を開始した．2001年にはロールベーラーを導入し，販売の拡大を図った．2000年以降，複数回にわたり中国産稲わらの輸入停止措置が取られるなど，海外からの輸入稲わらの供給が不安定な状況となり，国内産稲わらの需要が高まったため，稲わらの生産販売の強化・拡大に努めるようになった．2012年は，稲刈り収穫後の天候不良のため，ロール数が大きく減少したが，稲わらの生産・販売は当経営を支える基軸の一つとなっている．

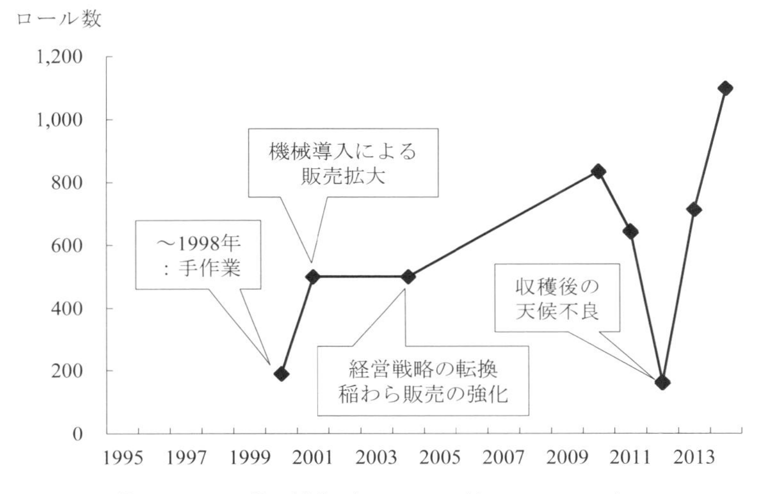

図6-3　稲わらロール数の推移（1ロール，約80kg～100kg）

図6-4　稲わらロール生産の作業風景

3. 経営の戦略・課題・対応

1）経営理念と経営戦略

AGLは,「経営の健善化を基に，社員の幸福，地域社会の幸福化を目的とし，業務を通じ社会貢献する」ことを経営理念としている．表6-1は，その理念を遂行するための経営目標と戦略を示したものである．経営目標としては「高売上・高収入」と「低コスト」の2つを挙げている．第一の経営目標に関しては，表に示しているように5つの戦略を挙げている．(1) 販売単価の向上に関して

表 6-1　経営目標と戦略

1. 高売上・高収入
 (1) 販売単価の向上
  ・高品質米の栽培：安全➡減農薬栽培（紙マルチ栽培）➡無農薬栽培を目指す
 (2) 反収の増加
  ・多収穫米の栽培➡大手外食産業と取引
 (3) 作付面積の増加
  ・地域の農家高齢化による農地集積（面積拡大）➡近年相談が増加してきている
 (4) 販路拡大
  ・ホームページ開設➡大手企業との取引
 (5) 耕畜連携水田複合経営
  ・転作水田での稲発酵粗飼料（WCS）の栽培＋イタリアンライグラス栽培（輪作）➡政府助成金

2. 低コスト化
 (1) 機械稼働率の向上
  ・規模拡大，圃場集約による現状機械の範囲における稼働効率の向上
  ・耕畜連携水田複合経営：イタリアンライグラス栽培（輪作）
 (2) 社員のスキル向上による作業効率の向上
  ・人材育成の徹底と熟練人材の確保
 (3) 土壌分析による施肥設計
  ・基肥の単肥肥料設計施肥によるコストダウン
 (4) 副産物の収入
  ・稲わらの販売（飼料用）

は，高品質米の栽培を目指している．具体的には，平成 9 年より紙マルチ農法による減農薬栽培の特別栽培に取り組んでいる．今後，紙マルチ栽培では，化学肥料・農薬を一切使わず，堆肥のみの無農薬栽培による高付加価値化，販売単価の向上を目指している．(2) 反収の増加では，大手外食産業との取引を行っているため，多収穫米の栽培により実需者ニーズへの対応を図っていく．(3) 作付面積の増加においては，地域農家の高齢化による引退や経営規模の縮小が進み，今後，農地が集積していくことが予想される．既に近年，農地を預かってほしいという相談が増加してきており，今後は農地集積への対応を図っていくことが重要となってくる．(4) 販路拡大に関しては，現在ホームページを開設していないため，今後はホームページを開設し，顧客の拡大に努めていくことを目指している．(5) 耕畜連携水田複合経営においては，転作水田での稲発酵粗飼料（WCS）の栽培に加え，冬作としてイタリアンライグラスを栽培している．こうした飼料作においては，政府助成金も期待されるため，畜産分野に

おける飼料生産に力を入れていくことも必要と考えている.

第二の経営目標としての「低コスト化」に関しては，4 つの戦略を掲げている.（1）機械稼働率の向上に関しては，規模拡大，圃場集約による現状機械の範囲における稼働効率の向上を挙げている．また，WCS後に，春の飼料用作物としてイタリアンライグラスを栽培している．これらの作付に関しては，所有している機械をそのまま利用することができるため，機械の稼働率向上に寄与している.（2）社員のスキル向上による作業効率の向上では，人材育成の徹底と熟練人材の確保を如何に図っていくかが重要となっている．次いで（3）土壌分析による施肥設計においては，堆肥投入による土作りを基本とし，その成分を分析して単肥化成肥料だけを投入することや，施肥設計の見直し，コストダウンを目指している.（4）副産物による収入増加については，飼料用の稲わらロールの生産・販売の拡大を目指している．また，副産物収入により，農林水産省が定義する「全算入生産費」の低減が期待される.

さらに，当経営を支えている生産技術の特徴として，土作りが挙げられる．30数年来，耕畜連携による堆肥の投入を続け土壌改良を行ってきた．その結果，気象環境の変化に対応可能な強い水稲作生産への基礎作りが行われている.

2）経営課題とその対応策

表 6-2 は，現在の経営課題と解決に向けた対応策を示している．現在の経営課題に関しては，4 つの課題が挙げられる．①収量・品質の両立については，収量を向上させると品質が低下することや，品質を向上させれば収量が低下するということではなく，両立させていくことが重要であるといえる．また，低収量圃場の収量アップが重要である．AGLでは，経営外部からの情報を取得するために，様々な話し合いの場に積極的に参加し，市場動向・実需者ニーズの把握に努めている．そして，そこで得た情報を基に，新たな品種を試験的に栽

表 6-2　経営課題と課題解決に向けた対応策

No.	経営課題	対応策	実施例
①	収量・品質の両立	高品質，多収穫米の導入	新品種の試験栽培
②	固定費の削減	機械稼働率の向上	規模拡大，圃場集約，作業計画と管理
③	作業の効率化	各作業形態の明確化	作業マニュアルの作成（標準化）
④	熟練人材の確保	人材育成	指導教育の徹底と待遇改善

培し，市場ニーズへの対応を図っている．次いで②固定費の削減については，機械の稼働率向上が最も重要になってくる．当経営は水稲部門のみならず畜産部門も有しているため，両者を含めて機械の効率的な稼働を図っていくことが重要であるといえる．その対応策は，現在の保有機械台数で対応可能な範囲での規模拡大および圃場の集積を図っていくことが挙げられる．現在はまだ30ha規模の経営であるが，将来的に地域の状況を考えると，先に述べたように農地が集積してくる可能性が高い．そうした時に，③作業の効率化が重要になってくる．従来はこれまでの経験や勘に頼って農作業を行っている部分が多かったが，今後，経営規模が拡大していくと，FVSクラウド等のICTを活用した各作業の明確化や作業のマニュアル化，作業計画・管理が重要になってくるといえる．そして，それらの作業を効率的に行うためには，④熟練人材の確保が重要となってくる．今後は，社内での人材育成に加え，待遇の改善を図っていくことが重要であるといえる．

4. 主要研究成果と技術パッケージ

農匠ナビ1000プロジェクトにおける当経営の研究終了時の達成目標は,低コスト化と高収量・高品質・高付加価値化を両立する営農モデルを確立し，これにより九州 30ha 規模経営における実用稲作技術体系パッケージの実証確立を行うことである．主に2014年度の現地試験によって，以下の成果を得た．収量は，みつひかりを除き，ほぼ目標値及び目標値以上を達成した．また，生育状況に応じた適期作業管理，単肥活用，主な品種・栽培様式の技術体系および全圃場の圃場特性データの作成を試行した．これにより，技術パッケージ化に向けての基礎を確立した．

1) 生育状況に応じた適期作業管理のデータ化，高品質・多収穫技術の検証

作業予定表を作成し，生育調査と作業内容調査を行い，作業項目はFVSスマートフォンでICタグを読み取り作業実施日及び内容をFVSクラウドシステムでデータを可視化した（図6-5）．また，高品質・多収穫技術の検証に向け，収量コンバインで圃場ごとの収量を確認，AGL の特色である疎植移植栽培管理（条間30cm，株間30cm，株植え本数3～4本の機械設定）の検証を行った．

その結果，以下の成果が得られた．作業時の機械設定株植え本数は3～4本と

図 6-5　FVS クラウドシステムによる農作業 IC タグ読み取りデータの表示例

の感覚で植えていたが，実際は 5.5～9 本で植えていたことが明らかになった．収量は，コシヒカリは目標 390kg/10a に対して結果 423.8kg/10a，ヒノヒカリは目標 522kg/10a に対して結果 518.7kg/10a，みつひかりは目標 738kg/10a に対して結果 518.9kg/10a，あきだわらは目標 600kg/10a に対して結果 596.3kg /10a，ミルキークイーンは目標 390kg/10a に対して結果 452.3kg/10a，ミルキークイーン（紙マルチ）は目標 390kg/10a に対して結果 425.6kg/10a となった．このように，2014 年度の目標値は，みつひかりを除き達成できた．

試験結果から，1 株あたり穂数の割合が高いのは，栽培特色である疎植移植栽培管理と中干しをせず，稲刈り 2 週間前まで水を張る水管理によると言え，多収穫につながると考えられる．みつひかりで収量目標が達成できなかった理由は，経営者の指示が作業者に正確に伝わらず，多量の施肥を行った窒素過多による生育不良と，天候不良が重なったことであると考えられる．このことは，FVS クラウドシステムの活用により，施肥管理等の農作業指示の徹底を担保する生産管理システムの有効性を示唆している．

2）単肥施肥によるコスト低減の検証

ソイルサンプラーを使用して圃場の土壌を採取し，土壌分析を行った．その結果に基づいて圃場別に牛糞堆肥投入後の施肥設計を行い，単肥施肥のコスト計算を行い，高度化成肥料オール 14 とのコストを比較した．また，各品種の 1 反あたり最大収量と最低収量の圃場を対象とし，土壌硬度計を使用して耕深を測定した．

その結果,以下の成果が得られた.ヒノヒカリ 4 圃場を対象とした試験では,基肥投入量は 4 圃場ともに窒素 6kg，リン酸 3kg，カリウム 0kg が妥当との結果となった．10a あたり単肥肥料代は 2,523 円，同成分重量の高度化成肥料・オール 14 号肥料コストは 3,348 円となり，高度化成肥料よりも単肥肥料の方が 10a あたり 825 円，約 25%のコスト低減になることが分かった．

2015 年には，再度，土壌分析の結果に基づいて施肥設計を行い，単肥施肥を行った．その結果，従来の高度化成肥料オール 14 を施肥していた時と比べ，玄米 1kg あたりの肥料コストは 3.3 円削減されることが明らかになった．土壌分析を 4 年に 1 回実施すると仮定した場合，土壌分析に係る費用を含めたとしても玄米 1kg あたり 2.0 円の生産コスト削減となる．なお，水稲収量に関しては,「森のくまさん」の場合，わずかであるが単肥施肥圃場が上回っており，単肥施肥に変更しても収量に影響は無いと考えられた．

当経営の多くの圃場においては，土壌分析結果から，リン酸およびカリウムの土壌成分は充足率を満たしており，窒素のみが不足している傾向が明らかとなった．この結果は，現在まで耕畜連携型稲作生産により牛糞堆肥を圃場に投入してきた効果であるといえる．こうした土壌条件の圃場においては，土壌分析の結果によっては単肥施肥が,生産コストの削減に有効であると考えられる.

3）排土板付ウイングハローによる均平

代掻き時に均平作業を行う場合，通常のウイングハローでは，土の移動量調整が難しく，同じ箇所を 3～4 回代掻き作業を行う必要がある．また，水平制御機構が付いていないため，均平作業が難しいという課題があった．

そこで，自動水平制御装置及びレーザーレベラーによる制御可能な排土板付きウイングハローの試作を行った．この試作機を用いた代掻きを実施し，その前後の均平状況及び収量の調査を行った．具体的には，3 圃場において，回転レーザーレベル STS-H600 を使用し，圃場の周囲から 1m，圃場の長辺方向 10m 間，短辺方向は 4 等分のメッシュの交点で測定を行った．その結果，代掻き前と代掻き後で最大高低差は，063 圃場では 10cm から 7cm へ減少し，064 圃場では 7cm のままで変わらず，043 圃場では 4cm から 5cm に増加した（図 6-7）．以

図 6-6　制御可能な排土板付きウイングハローによる代掻き作業（左）とコントローラ（右）

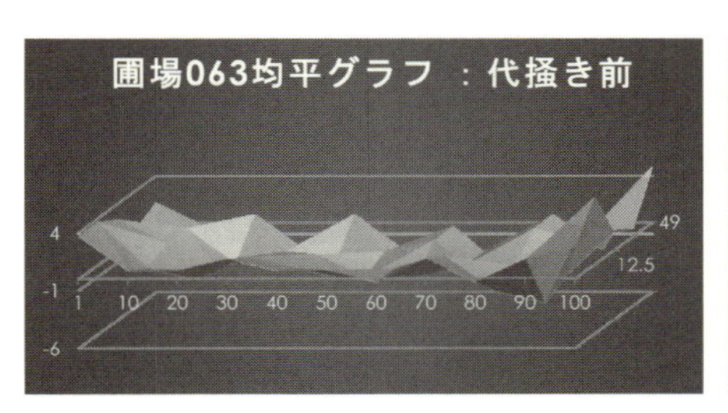

高低差：10.0cm（+5.7cm，-4.3cm）
標準偏差 2.0cm

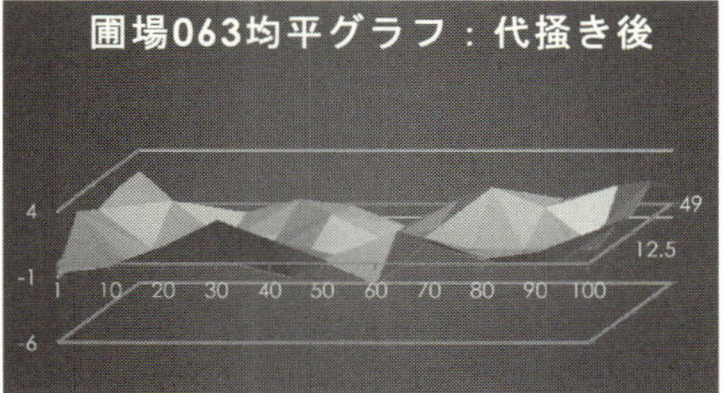

高低差：7.0cm（+3.3cm，-3.7cm）
標準偏差 1.6cm

図 6-7　制御可能な排土板付きウイングハローによる圃場内均平化効果

上の結果より，最大高低差 10cm 程度の圃場では，代掻き時に制御可能な排土板付きウイングハローでの均平効果が確認できた．本試作機は市販の圃場均平機器よりも約 100 万円程度の経費削減が期待でき，さらに均平作業に熟練すれば，最大高低差がより小さい圃場でも均平度向上効果が期待できる．今回の現地実証試験の結果から，代掻き時に均平作業ができるため作業工程を省くことが可能となり，また排土板付きであるため短時間で均平作業を行うことが期待できる．ただし，表示器を見ながらの手動操作のため，熟練が必要である点，事前に均平作業のための測定作業が必要な点が課題としてあげられる．

4）高温障害（乳白）調査と色彩選別機による品質検証

農研機構九州沖縄農研と協力して，高温障害対応型の栽培管理による高温障害調査をコシヒカリの 5 圃場を調査圃場として実施した．具体的には 1 つの圃場内を追肥区及び対照区に分けて，色彩選別機と自動選別機により選別された玄米品質比較を行った．初年度（2014 年度）は，標高約 450m の阿蘇圃場では，8 月平均気温が 23.2 度と気温が低く，日照不足により追肥不要との結果となった．このため，阿蘇圃場とは別に，標高約 100m の平地の 2 圃場（山鹿）を追肥区と対照区に分け，高温障害対応型の栽培管理・品質調査を行った．

その結果，以下の成果が得られた．A 圃場では，対照区の乳白率 1.8%，製粒率 79.4%，精玄米重 494g に対して，追肥区の乳白率 1.6%，製粒率 80.6%，精玄米重 512g となった．B 圃場では，対照区の乳白率 1.5%，製粒率 81.5%，精玄米重 462g に対して，追肥区は乳白率 1.4%，製粒率 84.0%，精玄米重 490g となった．このことから，追肥を行うことで，高品質で多収量となることが明らかとなった．

5）ICT を活用した生産管理

以下では，ICT を活用した生産管理の事例として，営農可視化システム FVS クラウドシステム（以下，FVS とする．詳細は 9 章参照）を用いた農作業情報の収集および水田センサを用いた水田圃場情報の収集に関する取組みおよびその成果について述べる．

まず, FVS スマホアプリによる IC タグ読取による農作業情報の収集により，日々の農作業情報を農作業中に簡易に収集・可視化できると共に，その結果を月単位で表示することにより年間農作業実績表を簡単に作成できる（図 6-8）．

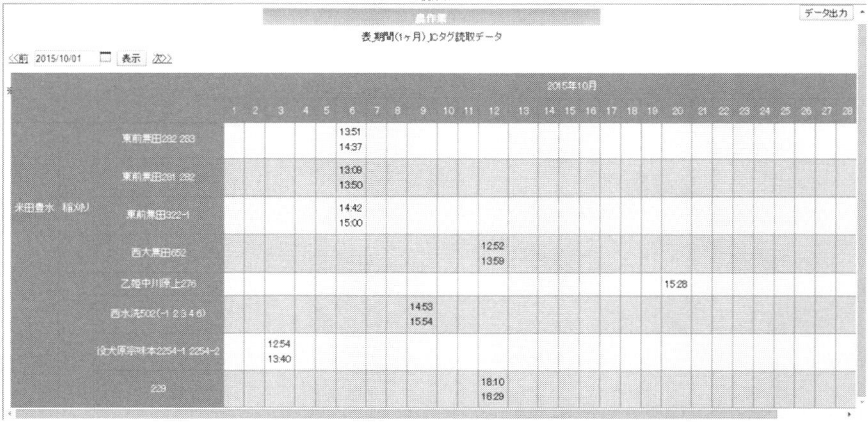

農作業　データ出力

表_期間(1ヶ月)_ICタグ読取データ

<<前　2015/10/01　表示　次>>

		2015年10月																										
		1	2	3	4	5	6	7	8	9	10	11	12	13	14	15	16	17	18	19	20	21	22	23	24	25	26	27	28
米田豊水　稲刈り	東前黒田282 283						13:51 14:37																						
	東前黒田281 282						13:09 13:50																						
	東前黒田322-1						14:42 15:00																						
	西大黒田652												12:52 13:59																
	乙姫中川原上276																				15:28								
	西水流502(-1 2 3 4 6)									14:53 15:54																			
	役犬原字味本2254-1 2254-2			12:54 13:40																									
	229												18:10 18:29																

図 6-8　FVS クラウドシステムの農作業情報の表示画面例

これにより，作業記録の検索が容易となると共に作業計画が明確となり，作業者の意欲改善につながったといえる．

次いで，水田センサを各水田に設置し，水位・水温等の圃場情報を計測し，FVSクラウドシステムで蓄積・可視化を行った．図6-9は水温の地図表示と水位の時系列グラフ表示を例示している．圃場別の水位・水温計測データに基づいて水回り作業を実施したところ，水回りの頻度はこれまでの半分程度まで削減された．こうした作業効率化の向上は生産費低減にも効果があり，玄米1kgあたり2〜3円程度の経費削減効果があると試算された．

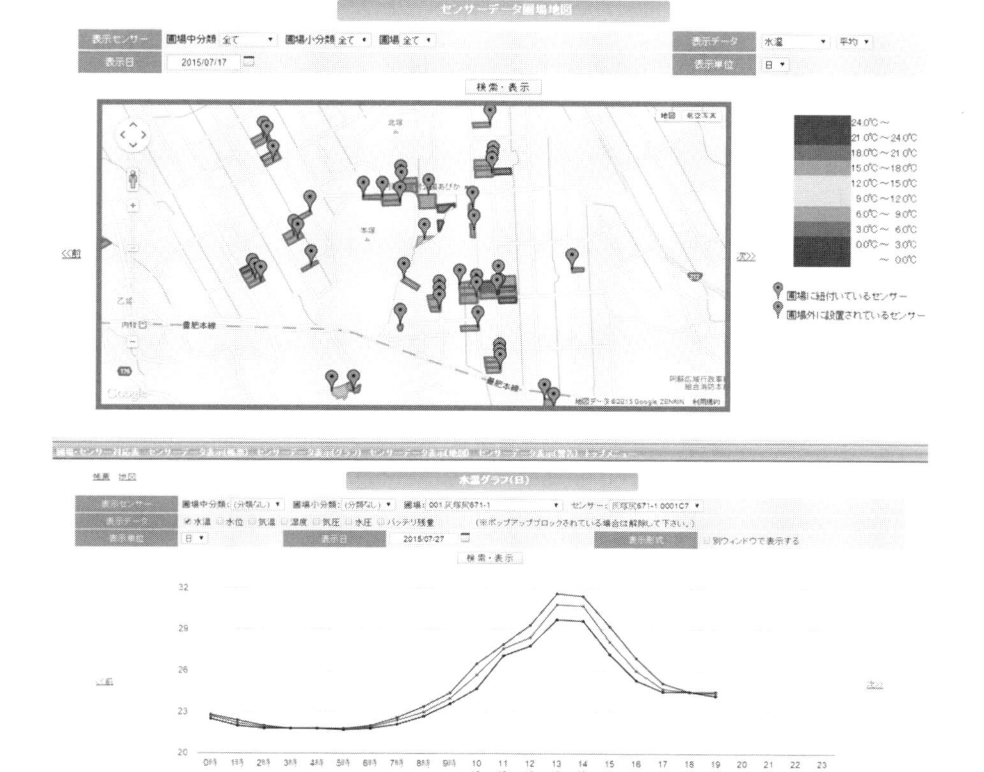

図6-9　FVS水田センサによる水温（上）と水位（下）の可視化例

以上のように，FVSを用いた農作業情報収集記録は，作業計画に有効であるといえる．また，水田センサは，水回り作業時間の短縮のみならず，自宅に居ながら24時間圃場情報を知ることができるため,農業経営者や作業担当者の精神的負担を大きく軽減する効果があるといえる．

6）稲作経営技術パッケージの概要

農匠ナビ1000での取組みに基づき,整理した当経営の稲作経営技術パッケージのポイントは以下の5点である．

①多品種の組み合わせにより作期分散

多品種の組み合わせにより作期分散（移植5月上旬～6月下旬，収穫9月下旬～11月上旬）により，労働力分散と収量減収リスクの低減を行う．

②堆肥投入および低資材投入

耕畜連携により圃場全体に3t/10aの堆肥を散布し，圃場の地力向上および肥料経費削減を実施すると共に疎植移植による育苗経費の削減を行う．疎植移植により10a当りの苗箱使用数が減少し苗箱資材経費が玄米1kgあたり3.9円程度経費削減でき，土壌分析に基づく単肥施肥により1.9円程度経費削減できると考えられる．

③水稲収量確保

堆肥の投入，疎植栽培による有効茎数及び登熟歩合の確保，多収穫品種の導入，収穫時期まで落水せず生理障害を防ぐ水管理，暗渠排水施工による乾田化等により収量確保を行う．

④飼料用稲栽培や稲わら販売による収益アップ

減反対策として稲発酵粗飼料（WCS）の栽培（労働力の低投入）を行うと共に稲わら販売による収益アップを行う．

⑤ICT活用による農作業時間の短縮

FVSクラウドシステム（水田センサを含む）を使用した農作業情報と圃場環境情報の収集と活用により，生産管理の効率化や水田水管理作業時間の短縮を行う．具体的には農作業時間の短縮により玄米1kgあたり2.4円程度経費削減できると考えられる．

5. おわりに

本章では，AGL を事例として，九州地域 30ha 稲作経営の戦略と革新について述べた．AGL では，米のみの販売だけでなく，稲作と畜産を結びつけた経営での圃場内の堆肥投入，稲わら販売，減反対策としての WCS 栽培を組み合わせることで，生産コストの低減，経営の発展と安定をバランスさせている．さらに生産コストを低減させるには，個々の経費削減対策の効果は小さくても，複数の経費削減対策を組み合わせることが重要であり，当経営では玄米 1kg あたり 8.3 円程度の生産コスト削減が可能であることが明らかになった．

今後は，本章で提示した実践的な稲作経営技術パッケージをさらに改善・改良すると共に，こうした技術パッケージに関心のある他の農業経営への導入支援も行う予定である．

（髙﨑克也・長命洋佑・南石晃明）

第Ⅱ部
大規模稲作経営における
栽培技術と生産管理技術の革新

第7章　稲作栽培技術の革新方向

1. はじめに

現在わが国の農業，農村においては，農業所得や農業経営体の減少に直面しているとともに，農業従事者の高齢化が進行している．そうしたなかで，水田を含めた農地を最大限効率的に活用できることを趣旨とした，生産現場の強化の推進が，日本再興戦略のなかで閣議決定（2013年6月14日付）されている．具体的には担い手への農地集積・集約や耕作放棄地の解消を加速化して，法人経営，大規模家族経営，集落営農，企業等の多様な担い手による農地のフル活用と生産コストの削減である．その一方でTTP交渉を念頭においた米の市場開放が懸念されており，近いうちに世界での米市場競争が激しくなってくることは必定である．

日本人にとって米は，「稲，米は命の根なり」で，言うまでもなく今日まで主食として確固たる地位を占めている．また，高谷（1990）が述べているように，日本の稲作は単なる食糧生産活動にとどまらず，巨大なシステムを生み，それが今日の日本を造りあげる基礎になったとも言われている．間断なき手入れされた先祖伝来の美田は，藤原（2005）が指摘する「美しい田園こそは，我が国の誇る美しい情緒やそれから生まれた文化や伝統の源泉」である．このため水田農業の崩壊は日本の国土荒廃につながるものである．

こうした背景のなかで，世界の米市場の動向を見据えて技術サイドからの視点で考えると，美しい水田を維持・発展させていくためには，米を主食とする国として世界に冠たる稲作技術レベルを維持していく必要がある．

現在わが国において喫緊な水稲生産技術的な課題としては，次の3つの課題が重要であると考える．一つは農地の集積が担い手に集積しているなかでの大規模稲作経営に適した技術の再構築，二つは大規模稲作経営を前提とした低コスト栽培技術の開発・導入，三つは地球温暖化に伴う高温登熟障害の克服に向けた収量性の確保を前提とする良質良食味米生産技術の確立である．

本章では，大規模稲作経営における革新的生産技術の開発実証として，大規模稲作経営における低コストを前提とした，気象変動に左右されない良質良食味米安定生産技術を確立するために，前述した3つの課題に対する方策や解決への道について言及する．具体的には将来を見据えた大規模稲作経営における稲作栽培技術の革新方向，大規模稲作農業法人の約1000圃場から得られた稲作ビッグデータの解析による増収・品質向上対策技術および収量決定要因分析事例，そして，高温登熟障害を含めた気象条件の変化に対応した，良質良食味で収量の高位安定化を目指した気象変動対応型水稲栽培技術について述べる．

（松江勇次）

2. 稲作栽培技術の革新方向

1）水稲の収量，労働時間，検査等級の生産年別推移

全国民が等しく毎日朝，昼，夜の三度の食事に白米を食べることができるようになった年である1955年の3年後から現在までの水稲の収量，労働時間，検査等級の生産年別推移を図7-1に示した．1955年はわが国において米の国内自給率が初めて100%に達した年でもある．

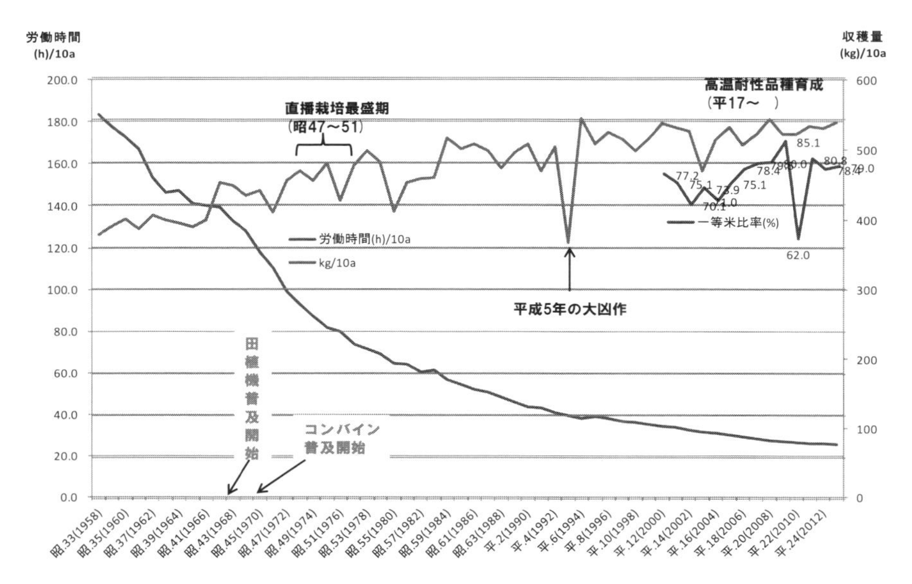

図7-1　水稲の収量，労働時間，検査等級の生産年別推移
出所：農林水産省資料に基づいて筆者作成．

2013年の10a当たり労働時間は25.6時間と，1958年の55年前に比べて実に約85%も削減されている．特に1968年代に入ってからは田植え機や収穫機の普及により大幅に低下したが，ここ数年は減少程度が小さくなってきている．10当たり収量は労働時間が低下したにもかかわらず向上してきたが，ここ数年は停滞している．これまでの増収要因としては，農薬，肥料，農機具の進歩，発展には目覚ましいものがあったものの，栽培技術としては健苗早植え技術，耐肥性品種を主とした多収技術，追肥重点施肥技術の開発が特記すべきである．検査等級の1等米比率についてみれば，過去10カ年程度では2010年の62%を除き概ね70～80%台で推移しているため大きな支障はないと思えるが，表7-1に示されているように地域別でみると，高温登熟障害に起因する1等米比率が50%に満たない年が頻発しており，高温登熟障害の克服は今後ますます重要になってくる．

このように，ここ数年における収量性の伸び悩みや高温登熟障害による品質低下および世界の米市場動向を考慮すると，大規模稲作経営といえども省力化・低コスト化を前提とした，より消費者ニーズに対応した高付加価値米の生産技術の開発が重要である．

2）わが国の水稲生産技術の基本的方向

わが国の水稲生産技術の将来を見据えた基本的方向を考えるにあたって，一つの方向を表した概念図を図7-2に示した．この図は稲作農業を念頭においた技術内容の時間的推移と今後の方向を示したものである．横軸は単位生産物当

表7-1　全国各地域の1等米比率の経年変化

地域	1等米比率（%）							
	2007年	2008年	2009年	2010年	2011年	2012年	2013年	2014年
北海道	90.7	88.8	85.5	88.0	92.7	90.3	89.2	83.4
東北	91.1	90.8	94.0	76.1	91.0	87.7	93.2	91.6
関東	89.4	90.8	92.7	75.0	87.7	86.9	87.1	92.7
北陸	84.4	85.9	89.2	43.0	81.5	72.5	77.4	78.7
東海	60.6	47.2	67.1	25.2	57.9	65.2	52.0	53.0
近畿	65.6	67.6	73.7	35.6	61.6	72.3	53.2	58.5
中国四国	51.7	55.8	66.6	36.1	52.1	55.5	48.9	63.2
九州	27.7	34.9	58.1	35.2	55.0	46.9	44.7	51.7
沖縄	33.6	25.5	27.4	44.0	4.0	42.8	45.1	47.7
全国	79.6	80.0	85.1	62.0	80.8	78.4	79.0	81.2

出典：農産水産省生産局農産部穀物課農産物検査班．

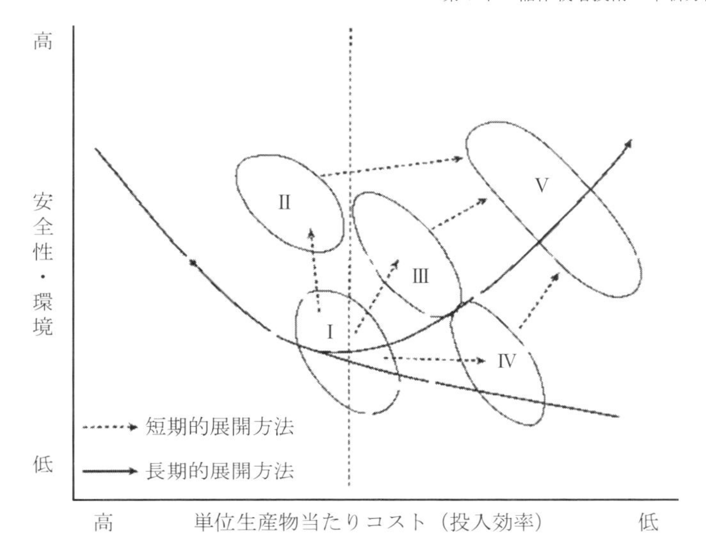

図 7-2　持続可能な水田農業の類型と展望方向（概念図）
注）Ⅰ：現行（1970年頃），Ⅱ：有機農業，Ⅲ：低投入農業，Ⅳ：低コスト農業，Ⅴ：持続可能な農業.
出典：渡部（2001）.

たりコストで，右側にいくほど低くなっている．縦軸は安全性・環境の指標化を示しており，上にいくほど高くなることを示している．長期的な方向としては，図の左上に位置し，環境には優しく安全である一方で労働コストの高い稲作技術であったものが，環境には優しく安全であるとともに労働コストも低い稲作技術に移行していくことである．図上ではⅤとして示されるような持続可能な稲作技術を目標とすることである．持続可能な稲作とは，収量性が高く，競争力と収益性に富むだけでなく，天然資源を保全するとともに，環境維持と人々の健康や安全性の向上にも役立つような稲作に努めることである．この目標に向かって，東京大学名誉教授・八木宏典は「21世紀の稲作技術は，Ⅱの条件とⅣの条件をうまく組み込んだ発展方向をこれから模索していかなければならない」と述べている（渡部 2001）．そうしなければ，投入コストは低下するが，同時に環境に対する負荷が増加してくるという図の右下の方向に進んでしまう可能性が高くなってくることが予想される．つまるところ，都市と農村の融合に基づく共生的・持続的な循環型社会の構築を目指した稲作技術に向かっ

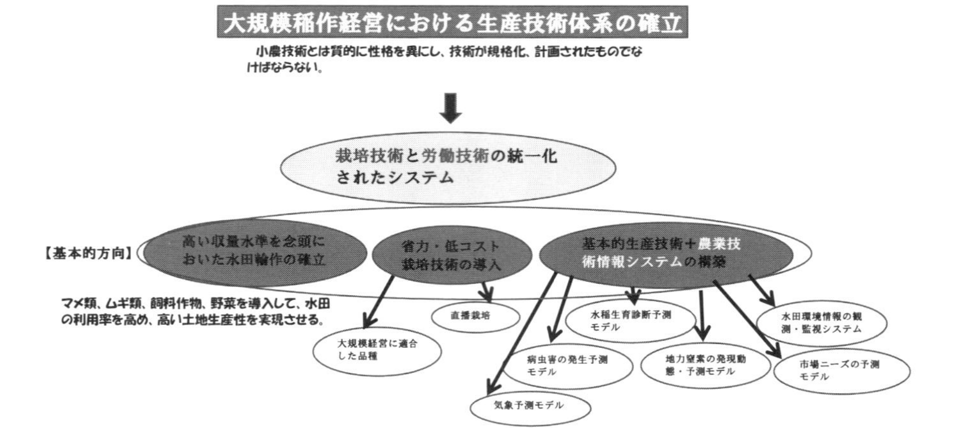

図 7-3　大規模稲作経営における生産技術開発の理念と基本的方向のフロー図

て行くことが肝要である．

3）大規模稲作経営における生産技術体系の確立

持続可能な大規模稲作経営における生産技術体系の確立を目指すにあたっての技術開発の理念と基本的方向のフロー図を図 7-3 に示した．理念としては，小農技術とは質的に性格を異にし，生産技術がその人独特の技術的能力から規格化，計画化されたものでなければならい．つまり，栽培技術と労働技術の統一化されたシステムの構築が大切である．この統一化されたシステムの構築に基づいた生産技術の基本的な方向としては，高い収量水準を念頭においた経済性が吟味されていることである．さらには，地域別，経営規模別に完結したシステムとしての整合性を持つ技術体系であることも必要不可欠である．

前述したように，多くの大規模経営体の経営戦略は，省力化･低コスト化を前提としたより消費者ニーズの高い米づくりによる高付加価値米生産技術にある．ここでは図 7-3 に示した，①高い収量水準を念頭においた水田輪作の確立，②省力化･低コスト栽培技術の導入，③基本的生産技術に基づいた農業技術情報システムの構築という 3 つの生産技術の基本的方向について述べる．

（1）高い収量水準を念頭においた水田輪作の確立

安定した水田農業経営を推し進めていくためには，高い生産機能と環境保全機能を有した水田を活用した輪作技術体系の確立が重要な課題である．具体的には水田に麦類，大豆，飼料作物，野菜などを導入した安定多収栽培技術の開発である．水田を活用した輪作技術体系の確立は，以前から重要性が指摘されているにもかかわらず，いまだ日本農業に普及定着するには至っていない．その理由としては，第一は収量性の不安定性である．堀江（2001）も指摘しているように，現在の日本の畑作物の収量水準が極めて低いことが，水田輪作の定着を妨げる大きな原因になっているように思われる．実際，水田輪作で成功をみている農家は，小麦や大豆で高い収量を安定的に獲得できる技術力を持っている場合が大部分である．時間を要してでも地域の環境条件に応じた多様な輪作体系の技術開発を着実に進めることが重要である．そのためには耐湿性や干ばつ抵抗性を付与した大豆，小麦品種の開発や，安定して高い収量水準をあげている輪作生産現場における技術の要因解明とその検証に基づいた，高い収量水準を念頭におく輪作技術体系の確立と普遍化を行い，農家への速やかな普及を図ることが大切である．さらには，短期的にみれば水田輪作は作物の増収に結びつくが（表7-2），長期的にみれば水田輪作での作物の持続的安定生産は困難になると予想されている．このため，圃場生産力を維持していくための有機物施用のあり方などの有機物管理方式の大切さが指摘されている（住田 2001）．このことに応えるためにも長期的な作物生産力や土壌肥沃度の変動を追跡して，土地利用型作物の研究推進を積極的に図っていかなければならない．しかしな

表7-2　有機物管理と転作作物の収量との関係

			1990年	1991年	1992年	1993年	90～92 3ヵ年平均
大豆	岩手県	平均収量	163（100）	122（100）	147（100）	72（100）	144（100）
		作況指数	113	85	102	50	100
	厨川輪換畑	1年目	333（204）	286（234）	321（218）	307（426）	313（217）
		2年目	319（196）	255（209）	285（194）	295（410）	286（199）
		3年目	260（160）	220（180）	201（137）	170（236）	227（158）
小麦	岩手県	平均収量	306（100）	298（100）	296（100）	247（100）	300（100）
		作況指数	103	100	99	83	101
	厨川輪換畑	2年目秋播き	496（162）	531（178）	491（166）	353（143）	506（169）

注1）有機物管理は～～～が堆きゅう肥還元，＿＿＿＿が前作物残渣鋤込みである．
2）：厨川輪換畑の（ ）内は，岩手県の大豆あるいは小麦の収量を100として指数を示す．
出典：住田（2001）．

がら現実は，最先端研究と称して分子生物学分野の研究者が多くなっている一方で，収量性，品質性を見据えた栽培家および育種家の研究者数が減少していることから，土地利用型作物の専門家を長期的に養成する必要がある．

(2) 省力化･低コスト栽培技術の導入

担い手への農地集積が進んでいるなか，市場での競争力の強化が指摘されている状況下においては,大規模化,省力化･低コストを目指すことができる品種,栽培技術の開発と普及が急務になっている．こうした栽培技術的な課題の解消に向けた取組みとして，大規模化に適した新しい品種の開発や水稲直播栽培について述べる．水稲直播栽培は大規模稲作を拡大していくうえでは必要不可欠の栽培技術と考える．しかし，これまで何度か水稲直播栽培は大規模稲作経営を可能にするための省力化･低コスト稲作技術の一つとして期待されたが,いま

表 7-3　移植栽培に比較した湛水直播栽培の生育・収量

		出穂期		平均気温 1)		籾数/m²		地上部乾物重	
		直播	差	直播	差	直播	比	直播	比
		月・日	日	℃	℃	×100	%	kg/a	%
1994 年	コシヒカリ	8.12	-1	25.9	+0.3	294	84	139	93
	キヌヒカリ	8.11	-2	26.1	+0.5	252	75	136	98
	ミネアサヒ	8.13	-3	25.8	+0.9	333	93	131	91
	夢つくし	8.12	-1	25.9	+0.4	302	94	145	100
	日本晴	8.20	-1	23.1	+0.2	259	76	160	101
	ヒノヒカリ	8.26	-2	22.0	+0.1	287	93	166	98
	ツクシホマレ	8.29	-1	21.6	+0.3	273	91	163	103
	レイホウ	8.31	-2	20.5	+0.3	307	90	169	95
	ユメヒカリ	9. 1	-3	20.6	+0.5	314	88	172	97
	平均	8.21	-1.7	23.5	+0.4	291	87	153	97
	t 値	6.40**		5.04**		5.01**		2.35*	
1995 年	コシヒカリ	8.13	-1	26.2	+0.1	231	97	117	99
	キヌヒカリ	8.13	0	26.4	0	229	96	118	96
	ミネアサヒ	8.15	-1	25.7	+0.3	241	81	120	91
	夢つくし	8.14	0	26.1	0	226	94	121	98
	日本晴	8.21	+1	23.9	-0.1	231	92	127	96
	ほほえみ	8.16	-2	24.9	+0.2	216	75	127	97
	ちくし 15 号	8.25	+1	23.1	-0.1	225	83	142	103
	ヒノヒカリ	8.26	0	22.0	0	288	98	—	—
	ツクシホマレ	8.27	-1	21.9	+0.2	277	95	157	103
	レイホウ	8.30	-1	21.2	+0.1	250	86	144	89
	ユメヒカリ	8.30	-2	21.2	+0.3	288	92	144	86
	平均	8.20	-0.5	23.9	+0.1	246	90	132	95
	t 値	1.75^{ns}		2.09 †		4.14**		2.24 †	

1）は，登熟期間中の平均気温を表す．
表中の直播とは，湛水直播栽培を意味する．
表中の差および比は，移植栽培に対する湛水直播栽培の差および比で表した．
†，*，**印はそれぞれ 90，95，95%信頼水準で有意差あり（t 検定）．ns は有意差が
倒伏程度は無（0）～甚（5）の 6 段階で示した．
出所：尾形・松江（1997）．

だ広域には普及していない．普及・定着を阻害している要因としては，出芽・苗立ちの不安定性や倒伏に弱いことによる安定した収量確保の困難性，雑草問題，鳥害，スクミリンゴガイによる被害などがあげられる．しかし，最大の阻害要因は水稲直播栽培の収量が移植栽培に比べて低いことにあると思う．このため，大規模稲作経営の安定化を図るうえで，収量性の向上が安定して望める水稲直播栽培の開発は極めて大切である．

水稲直播栽培は播種時の湛水の有無によって湛水直播栽培と乾田直播栽培の二つに分けられるが，ここでは主として湛水直播栽培について述べる．表 7-3 は熟期間がほぼ同じである移植栽培と比較した場合の湛水直播栽培における生育・収量を示したものである．このように，湛水直播栽培は倒伏程度が大きくなることや 1 穂籾数の減少に起因する m^2 当たり籾数が 10%程度少ないことに

精米玄重		登熟歩合		千粒重		倒伏程度	
直播	比	直播	比	直播	比	直播	移植
kg/a	%	%	%	g	%		
55.2	92	78.2	108	24.0	105	3.5	1.2
57.2	99	90.7	118	24.1	107	1.4	0.5
52.9	97	74.7	102	22.4	110	1.3	0.5
61.3	104	82.1	107	24.4	106	1.4	0.5
56.1	92	89.2	118	23.5	102	3.6	0.2
56.4	87	86.2	99	23.9	98	2.5	0
61.6	91	86.8	95	24.9	102	0	0
63.9	91	88.4	104	24.5	102	0.2	0
64.0	96	90.0	111	23.6	102	0	0
58.7	94	85.1	106	23.9	103	1.5	0.3
3.24*		2.51*		3.36**		3.00*	
44.3	95	82.1	95	23.1	99	3.0	1.3
44.8	98	86.7	106	23.9	102	0.5	0
45.2	99	85.0	119	22.0	103	0	0
48.0	103	89.2	113	23.8	99	1.0	0
46.4	95	87.1	104	23.9	101	1.9	0.5
46.8	90	94.2	113	22.4	103	0.3	0
52.0	96	87.6	105	25.6	102	0	0
50.9	99	79.5	101	23.5	100	2.8	0.5
58.4	102	87.7	109	24.3	102	0.5	0
53.6	85	88.5	101	24.1	101	1.3	0.5
55.9	91	87.2	100	23.3	101	0.9	0
49.7	95	86.8	106	23.6	101	1.1	0.3
2.55*		2.97*		2.34*		3.95**	

ないことを示す．

よって収量は 5%程度低収となることが認められている（尾形・松江 1997）．このため，耐倒伏性が優れ，m^2当たり籾数の確保に向けた，安定して多収が望める新しい栽培技術や直播栽培適性品種の開発が大切である．また，直播栽培適性品種の開発においては次のことに留意すべきである．これまでに直播適応性の高い品種が多く育成されてきたが，そのほとんどが銘柄品種としての指定を受ける努力を怠ったため，売れる米としての販売先に支障をきたして農家までに普及は至っていない．たんに試験成績上での収量性，品質特性が優れているだけでなく，育成された品種が速やかに普及定着していくために，品種開発の段階から米消費者側の要望および市場動向を見据えた品種の開発を進めていくことが大切である．

直播栽培における苗立ち密度と播種様式は，安定良質多収生産に大きく影響を及ぼす要因である．苗立ち密度は耐倒伏性と収量性を考慮すると，m^2当たり 80 本が最適であるとともに（表 7-4）タンパク質含有率が安定して低く，食味は優れる（図 7-4）．播種様式には散播，条播，点播があるが，耐倒伏性，収量，外観品質および食味を考慮すると，点播が最も適し，次にすじ播が適するが，散播は耐倒伏性が劣り，収量も低いため適さない（表 7-5）．大規模稲作に適した品種については，遅刈になっても食味の低下程度が小さいという，図 7-5 に示した右上端に丸で囲んだ品種ように，食味からみた収穫適期幅の広い品種の

表 7-4　苗立ち密度が生育，収量および玄米品質に及ぼす影響

苗立ち密度 本/m^2		1株穂数 本	1穂籾数 粒	m^2当たり籾数 ×100粒	千粒重 g	収量 g m^{-2}	乳白米	検査等級
20		16.2a	92.6	298	22.3b	546	2.3	4.8a
40		9.1b	84.2	307	22.7bc	575	1.8	4.0ab
80		4.8c	79.5	307	23.1ac	588	0.9	3.4bc
100		3.9d	73.6	287	23.2ac	553	0.9	2.9c
150		2.8e	67.9	286	23.3ac	524	0.6	3.0cd
200		2.2e	62.0	272	23.4a	520	0.9	4.1abd
MS値	密度	170.51**	745.60***	1158**	1.07***	43***	3.88***	3.14***
	年差	0.28	108.16*	10404***	6.16***	294***	0.23	14.10***
	密度×年差	1.05	55.98*	1246**	0.11	24**	0.74	0.37

品種はキヌヒカリで 1995 年と 1996 年の平均値で示した．
乳白米の発生は 0（無）～5（甚），検査等級は 1（1 等上）～9（3 等下）で表示した．
同一英文字間は 5%水準で有意差がないことを示す（Tukey の方法による）．
MS 値は平均平方を表し，*，**，***は各々5，1，0.1%水準で優位であることを示す．
出所：尾形・松江（1997）．

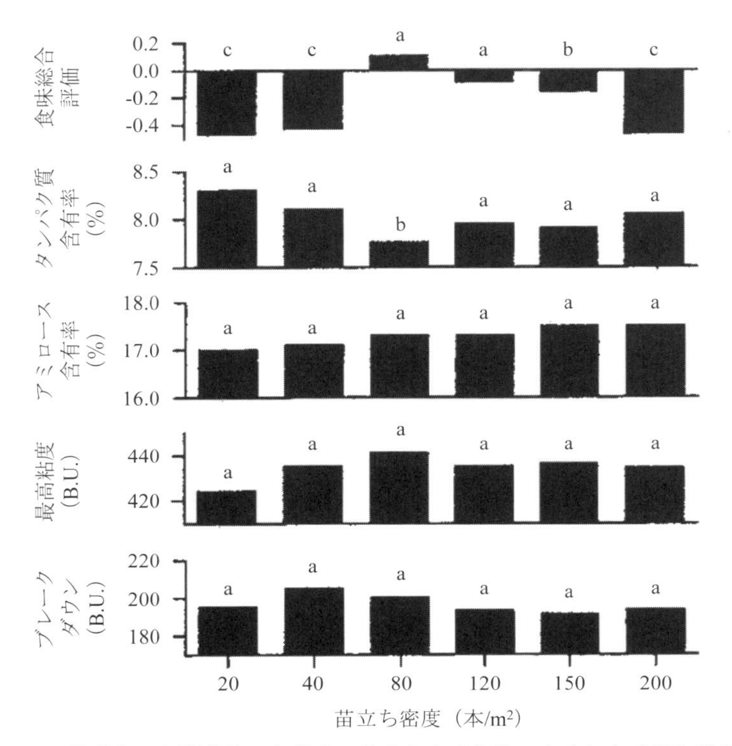

図 7-4　同一品種を2年間栽培した場合の苗立ち密度と米の食味および理化学特性
供試品種はキヌヒカリで, 食味の基準米はコシヒカリを用いた. 1995年と1996年の平均値で示した.
同一英文字間は5%水準で有意差がないことを示す（Tukey の方法による).
出所：尾形・松江（1997).

開発が望まれる.

一方, 省力化・低コスト栽培技術の導入を円滑にしていくため, 圃場基盤の整備などの環境条件整備も大切である. 大区画圃場における高低差の大きな圃場の均平化技術の導入, 例えばトラクタにレーザ装置で制御するプラウとレベラを組み合わせた装備, 水稲生育期間中の水管理の自動化, 乾田直播栽培に加え不耕起栽培を考慮した適正減水深の維持と畦畔管理の開発も必要である（長野間 1998). さらには機械化作業の大型化が進むなかで, 作業能率を高めるためには一枚の水田を大区画化することも必要である. 水田一枚の適正面積を規定する条件には作業体系, 耕地の傾斜, 土壌の堆積様式, 用水量など種々の要

表 7-5　播種様式と収量・玄米品質

品種		播種様式	m^2 当たり穂数 本	m^2 当たり籾数 ×100 粒	登熟歩合	千粒重 g	収量 g m^{-2}	乳白米	検査等級
キヌヒカリ		すじ播	377a	279a	84.1a	23.1a	558a	0.6a	3.0a
		点播	364a	274a	84.1a	23.0a	548a	0.5a	2.8a
		散播	364a	279a	79.3a	23.1a	519b	0.9a	3.5a
	MS 値	様式	321	60	46.72	0.02	23	0.18	0.72
		年産	6422*	7240aa	94.76	5.55**	150**	1.07**	3.55*
		様式×年産	1040	551	30.33	0.13	0.05	0.01	0.05
黄金晴		すじ播	370a	270	88.2a	23.0a	548a	0a	2
		点播	361a	260	85.4a	23.1a	532a	0a	2.5
		散播	374a	266	85.7a	23.1a	519b	0a	2.5
	MS 値	様式	253	166	13.96	0.00	12*	－	0.50**
		年産	30834**	5724**	306.69**	0.43**	678**	－	2.00**
		様式×年産	590	645*	12.09	0.00	1	－	0.50**

品種はキヌヒカリで 1995 年と 1996 年の平均値で示した.
乳白米の発生は 0（無）～5（甚），検査等級は 1（1 等上）～9（3 等下）で表示した.
同一英文字間は 5%水準で有意差がないことを示す（Tukey の方法による）.
MS 値は平均平方を表し，*，**，***は各々5，1，0.1%水準で優位であることを示す.
出所：尾形・松江（1998）.

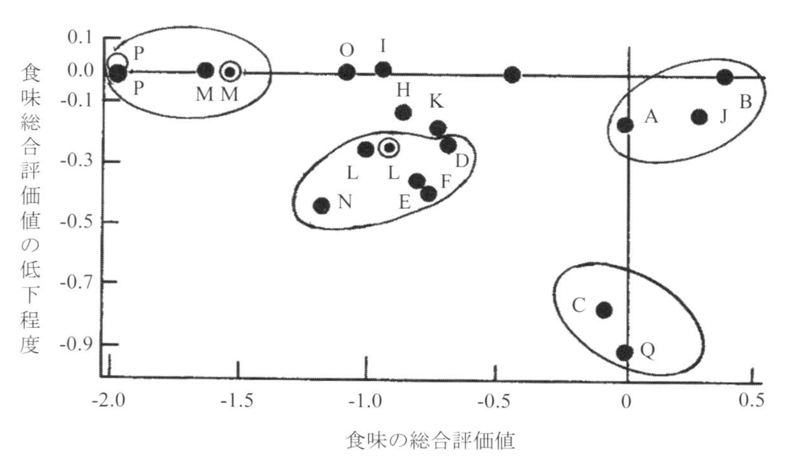

図 7-5　成熟期刈の食味の総合評価値と食味総合評価値の低下程度との関係
○：1987 年，⦿：1988 年，●1989 年.
A：コシヒカリ，B：キヌヒカリ，C：ミネアサヒ，D：ハヤユタカ，E：日本晴，F 黄金晴，G：中部 68 号，H：碧風，I：ヨカミノリ，J：ヒノヒカリ，K：あいちのかおり，L：ツクシホマレ，M：ニシホマレ，N：レイホウ，O：西海 190 号，P：チクゴニシキ，Q：ユメヒカリ.
食味の総合評価値：成熟期刈のコシヒカリを基準にした成熟期刈の各品種の評点.
食味総合評価値の低下程度：各品種の成熟期刈を基準にした各品種の遅刈評点.
出所：松江ら（1991）.

因が複雑に絡み合っているため，具体的な適正面積は明らかでない．しかし，既知の報告からみれば，適正な1区画面積は1ha程度と考えられる．

(3) 基本的生産技術に基づいた農業技術情報システムの構築

今後は図7-3に示したようなモデルを構築，活用して，リモートセンシング情報を統合することにより，各地域での作物の生育過程を対象にした生育診断と予測，それに基づく適時・適切な施肥，水管理，病害虫防除のための情報発信が可能になる．そのことにより，気象変動や市場動向に左右されない安定した競争力のある生産技術の開発を進めることができる．さらには，前述したように大規模稲作経営における生産技術体系としては，生産技術が規格化，計画化されたものでなければならい．規格化，計画化された生産技術を構築するにあたっては，情報通信技術ICT（Information and Communication Technology）の活用が今後ますます重要になってくる．大規模稲作経営では，規模拡大に伴って耕作する圃場数が著しく多くなるなかで，圃場ごとの作業・栽培情報管理の精度向上が必要不可欠になっている．また，農家の高齢化に伴い，農業技術の継承が危ぶまれ，農業技術者としての人材育成が解題になっている，そうした背景において，南石（2011）はICTの活用例や役割について，以下のように述べている．すなわち，情報技術を駆使して作物生産に関わる高精度のデータの取得・解析に基づいた営農戦略体系の構築に活用する．また，篤農家技術を数値化し，それを「可視化」するなどした篤農家技術を科学的に解明して，篤農家技術の継承と人材育成を行うことができることなどを述べている．なお，図7-6は農業におけるICTの総合的な活用例である．

（松江勇次）

3. 稲作ビッグデータ解析による増収・品質向上対策技術

ここでは北陸地域，関東地域，関西地域および九州地域の広域にわたって，全国有数の4つの大規模稲作農業法人の約1000圃場から得られた稲作ビッグデータの解析による増収・品質向上および気象変動対応型水稲栽培技術について述べる．

1) 収量構成要素からみた増収

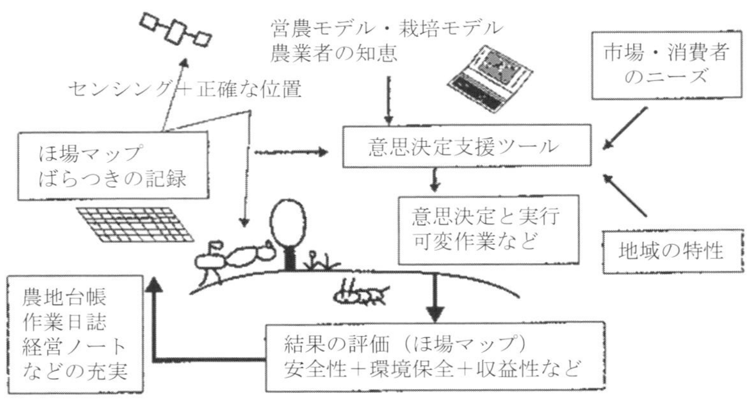

図 7-6　精密農業の作業サイクル
出所：澁澤（2006）.

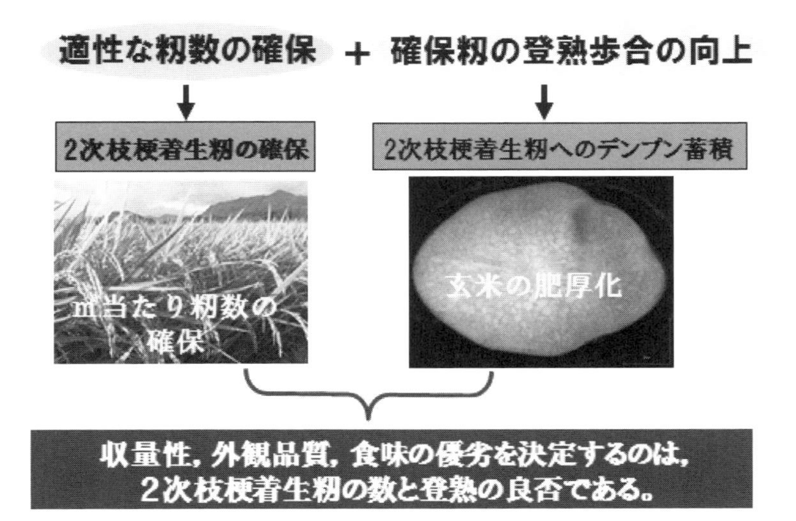

図 7-7　増収と品質向上への道筋

増収を前提とした良食味米生産のための方向性は，図 7-7 に示したように収量構成要素からみて，品種にあった適正な籾数の確保と確保した籾の登熟歩合の向上にある（松江 2012）．まず適正な籾数の確保とは，2 次枝梗着生籾（2 次枝梗粒）の確保ということである．その理由は，1 穂籾数は強い遺伝的支配を受けている 1 次枝梗着生籾（1 次枝梗粒）と環境変動に大きく左右される 2

次枝梗粒（上林ら 1983）から成り立っているためである．よって 1 穂籾数の変動は，2 次枝梗粒の変動に依存していることになる．次に確保した籾の登熟歩合の向上とは，穂全体の登熟の良否を決定するのは，2 次枝梗粒の登熟の良否であることから，2 次枝梗粒の登熟歩合の向上にあるといえる．したがって，収量性，外観品質，食味の良否は，2 次枝梗粒の数と登熟の良否に支配されている．事実，食味と食味に関与している理化学的特性も 2 次枝梗粒の充実度に大きく影響を受けている．このように，2 次枝梗粒の確保と充実をはかることは，増収とともに品質向上にもつながるものである．実例として，コシヒカリを用いた本解析結果においても，収量に対する収量構成要素の標準偏回帰係数の値をみると（表 7-6），m^2 当たり籾数と千粒重の値が大きかった．また，図 7-8 に示したように玄米千粒重と玄米粒厚との間には正の相関関係がある．これまでのことを要約すれば増収へのポイントとしては，次の 3 つである．①品種に適した m^2 当たり籾数の確保を図る．②2 次枝梗着生粒の登熟歩合の向上を

表 7-6　収量に対する収量構成要素の標準偏回帰係数（コシヒカリ）

	m^2 当たり籾数	登熟歩合	千粒重
R=0.754*	0.737**	0.313	0.441*
df 16，n=17			

**，*：それぞれ 1%，5%水準で有意性があることを示す．

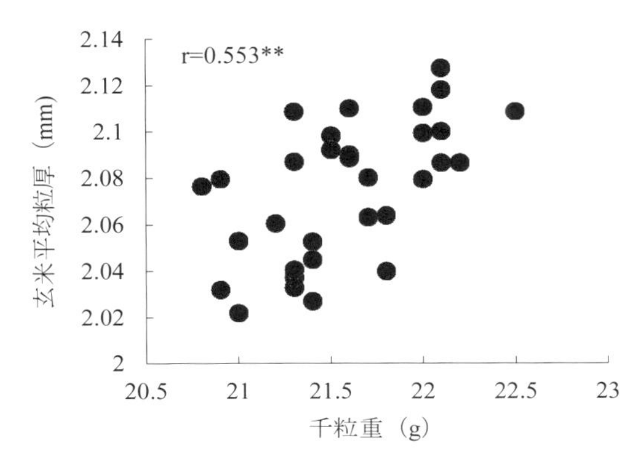

図 7-8　玄米平均粒厚と千粒重との関係（コシヒカリ）
**：1%水準で有意性があることを示す．

表 7-7　農業生産法人別の収量と収量構成要素（2014 年産）

農業生産法人	穂数 (本/m^2)	1 穂籾数 (粒)	m^2 当たり籾数 (×100 粒)	千粒重 (g)	登熟歩合 (%)	収量 (kg/10a)
A	331	99	326	22.6	79.6	582
B	280	85	306	22.4	77.7	465
C	371	83	308	21.4	78.5	525

品種：コシヒカリ.
登熟歩合：玄米粒厚 1.85mm 以上の粒数で算出.

図る. ③千粒重を重くして，玄米粒厚の肥厚化を図る.

次に収量構成要素から農業生産法人別の増収の可能性を検討すると(表 7-7)，さらなる 10a 当たり 1 俵 60kg の増収をねらうとなれば，法人 A と法人 B は登熟歩合を 85%程度まで向上させ，法人 C は特に千粒重を 23g まで確保させることが必要である．ここで述べた登熟歩合は 85%千粒重は 23g という数値は決して無理な数値でなく，品種の生産力に関係なくこれまでの安定多収事例から導きだされた数値である．増収への要諦は登熟期の光合成能力を高めて登熟歩合を向上させることである．このため登熟期の水管理は極めて大切であり，周到な水管理によって根を還元状態の下におくことなく，根の活力維持に努めながら光合成能力の低下を防ぐことに尽きる．この結果，後述するように籾の含水率を落とさずに籾が若く保たれるため，デンプン合成が後半まで円滑に進むことになる.

2）2 次枝梗粒の充実に向けて

近年，登熟期間中の高温により，2 次枝梗粒の結実日数が短くなって登熟が充分でない粒が多々観察される．この現象は図 7-9 に示したように 2 次枝梗粒の登熟の中断が主要因である．2 次枝梗粒の登熟中断は，これまで低温による登熟中断と籾含水率の低下による登熟中断の二つがわかっている．現在問題になっている登熟中断は籾含水率の低下によるもので，登熟期間中の高温もしくは根の傷みによる吸水量の低下である．そして，深刻な問題となっているのは，登熟期間中の異常高温による収量，外観品質および食味の低下という高温障害である．換言すれば，籾含水率の低下による登熟中断に起因する収量と品質の低下という現象が，多発しているということである．さらには前に述べたように，2 次枝梗粒の結実日数が短いということは，登熟期間中の高温によって吸水力の低下した水稲の蒸散が盛んになり，稲体内の水分が失われて早く枯死し

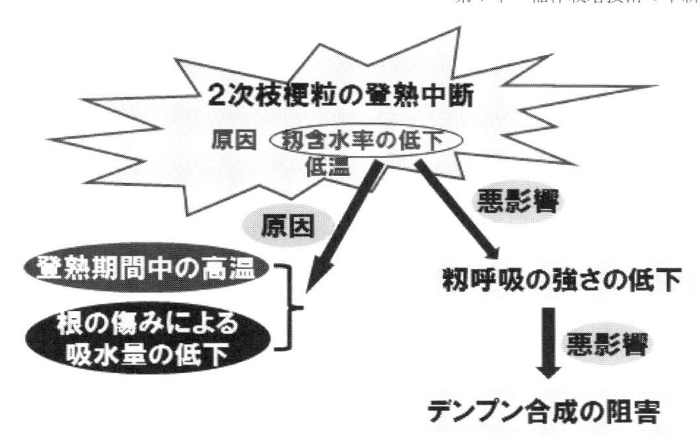

図 7-9　2 次枝梗粒の登熟中断のしくみ
出典：松江（2012）.

てしまうという現象である．根の傷みによる籾含水率の低下ということは，根の傷みによって根の吸水力が劣ったことにより，水田には水が十分あるにもかかわらず,穂まで供給できる量の水分を吸水出来なくなったということである．吸水した水分の大部分が茎葉の蒸散作用によって消失されるためである．籾含水率が低下すると登熟が中断する理由については，まだ明確にされていないものの，登熟期間中の籾の中ではデンプン合成が行われており，その合成に必要なエネルギーは籾の呼吸から供給されている．このため籾含水率の低下に起因する籾の呼吸量の低下によって，デンプン合成に必要なエネルギーの不足のためであると考えられている（津野 1973）．このように健全な根を多く確保しておくことは，根の吸水力を高め，2 次枝梗粒の含水率の低下を防ぎ，このことによって結実日数がより長く保たれ，2 次枝梗粒の充実がはかられることになる．実際に登熟期間が高温年において，2 次枝梗粒による登熟歩合の向上によって，高品質で増収が得られた栽培実証例を表 7-8 に示す．

高品質・増収区は対照区に比べて，m^2 当たり籾数と 1 穂籾数は大きな差はなく，千粒重は同定度であるにもかかわらず，登熟歩合の向上によって収量，検査等級は優れ，玄米のタンパク質含有率も低い．さらに高品質・増収のキーとなった登熟歩合を枝梗粒別にみると，高品質・増収区は対照区に比べて，1 次枝梗粒の登熟歩合は高いものの，特に 2 次枝梗粒において，登熟歩合が 2 倍以

表 7-8　高品質・増収区における収量，収量構成要素，品質

処理区	m^2当たり籾数(×100)	1穂当たり 1次枝梗籾数	1穂当たり 2次枝梗籾数	登熟歩合(%)	1株登熟歩合(%) 1次枝梗	1株登熟歩合(%) 2次枝梗	千粒重(g)	収量(kg/10a)	検査等級	タンパク質含有率(%)
高品質・増収区	354	50.1	29.5	77.0	91.6	56.7	21.7	56.2	1等	6.7
対照区	369	50.7	26.3	57.2	71.8	25.6	21.5	42.5	2等	7.5

福岡県 2008 年（未発表）.
品種：ヒノヒカリ.
出典：松江（2012）.

上もあり，顕著に高くなっている．このように収量性と品質の向上にとって，2次枝梗粒の登熟歩合の向上がいかに重要であるかがわかる．

3）外観品質と食味向上

ここでは大規模稲作農業生産法人から収集した 2014 年産コシヒカリ籾サンプル 33 点を用いて，外観品質と食味向上の視点から解析した結果を主に述べる．なお，ここで供試した玄米の粒厚はすべて 1.85mm 以上である．

（1）収穫乾燥調整後の玄米水分と食味との関係

両形質の間には玄米水分 14.5%付近を頂点とした 2 次曲線の関係が認められ，玄米水分が 13.5%以下になると食味は劣り，特に 12.5%以下では著しく粘りが弱く，硬さが柔らかくなって食味は劣る（図 7-10）．よって玄米水分は単なる水ではなく，味の要素の一つであるという意識と認識が必要である．さらに，玄米水分 13.5%以下と 13.6%以上の玄米 2 水準による，農業生産法人の違いが食味に及ぼす影響と玄米水分の違いによる食味の差を比較検討すると，平均平方値が玄米水分間で大きいことから，食味に及ぼす影響は玄米水分の違いによる方が大きいことがわかる（表 7-9）．

（2）食味と整粒重歩合，玄米粒厚および理化学的特性との関係

食味と外観品質の指標である整粒重歩合（1 等米は整粒重歩合が 70%以上）との間には，正の相関関係が認められ，整粒重歩合が 60%以下になると食味の低下が認められる（図 7-11）．平均玄米粒厚との関係においても，正の相関関係が認められ，平均玄米粒厚が 2.04mm 以下になると食味は劣る傾向にある（図 7-12）．このため，登熟歩合の向上に努め，整粒重歩合の増加と粒厚の厚い玄米生産を図ることが大切である．なお，タンパク質含有率とアミロース含有率と

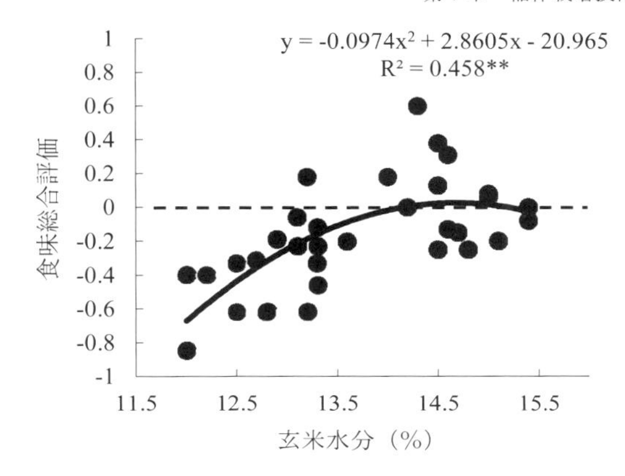

図 7-10　玄米水分と食味総合評価との関係（コシヒカリ）
基準米：福岡県産ヒノヒカリ.
**：1%水準で有意性があることを示す.

表 7-9　玄米水分 2 水準の農業生産法人 3 社における食味に関する分散分析

要因	自由度	平均平方	F 値
全体	27		
農業生産法人（L）	2	0.343	7.98**
玄米水分（G）	1	0.511	11.90**
L×G	2	0.096	2.24ns
誤差変動	22	0.042	

**：1%水準で有意差あり，ns：有意差なし.
品種：コシヒカリ.

の間には，一般的に認められている食味とタンパク質含有率，アミロース含有率との間の負の相関関係は認められなかった．この理由としては供試した玄米のタンパク質含有率の範囲が 6.0～7.3%，アミロース含有率の範囲が 17.0～17.3%と両形質とも食味からみた適性値の範囲内であったためと考える．炊飯米の食感を表すテンシプレッシャー（図 7-13）の H（硬さ）/-H（粘り）比と食味との関係をみると，両形質間には負の相関関係が認められ，H/-H 比が小さいほど食味は優れる傾向を示す（図 7-14）.

食味と関係が認められた玄米水分，整粒重歩合，平均玄米粒厚，H/-H 比と食味との標準偏回帰係数をみると，玄米水分と H/-H 比とが大きいことから（表 7-10），玄米水分の減少による食味低下は，炊飯米の食感が劣るためである．さ

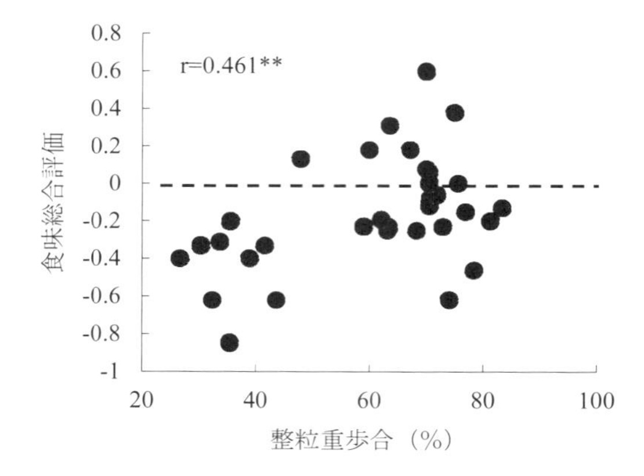

図 7-11　食味総合評価と整粒重歩合との関係（コシヒカリ）
基準米：福岡県産ヒノヒカリ.
**：1%水準で有意性があることを示す.

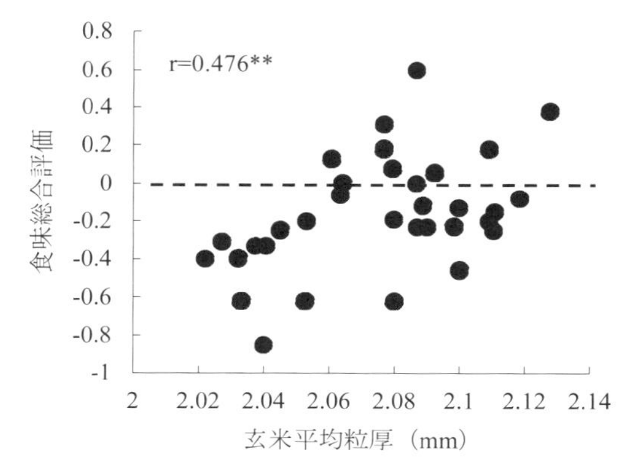

図 7-12　食味総合評価と玄米平均粒厚との関係（コシヒカリ）
基準米：福岡県産ヒノヒカリ.
**：1%水準で有意性があることを示す.

らに，食味の良否には玄米粒厚，整粒重歩合の関与も示唆される．よって大規模稲作経営において，安定した良質良食味米生産を図るうえでは，品種にあった収穫適期の刈取りの励行と乾燥調製が極めて大切であることがうかがえる．

4）増収・品質向上からみた土壌診断

農業生産法人別の収穫後の水田土壌の腐植含量をみると（図 7-15），法人に

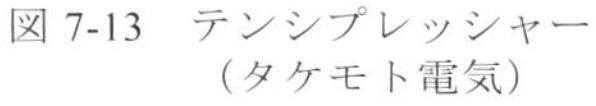
図 7-13　テンシプレッシャー
（タケモト電気）

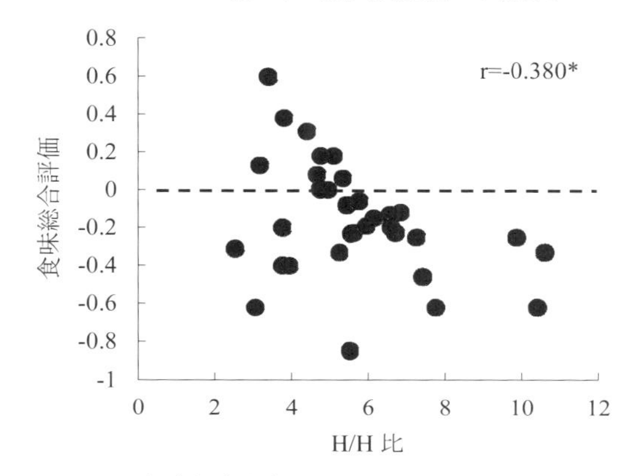

図 7-14　食味総合評価と H/-H 比との関係
基準米：福岡県産ヒノヒカリ.
*：5%水準で有意性があることを示す.

表 7-10　食味総合評価に対する玄米水分，整粒重歩合，玄米粒厚，H/-H 比の標準偏回帰係数

玄米水分	整粒重歩合	玄米粒厚	H/-H 比
0.403*	0.164NS	0.130NS	-0.407**

n=33.
*：5%水準で有意差があることを示す．NS：有意性がないことを示す.

よって腐植含量の分布範囲が異なっていることがわかる．法人 B が作付している圃場は，大部分が腐植含量の高い圃場で占められているのに対して，法人 C が作付している圃場は大部分が土壌の腐植含量の改善目標値である 3.0 以上の圃場でないことがわかる．腐植含量は地力窒素発現量と関係しており，水稲に利用吸収される窒素のうち概ね 7 割が地力からの窒素である．事実，腐植含量が低かった法人 C の水田の可給態窒素含量は 4 法人のなかで最も低く，籾数確保と登熟歩合の向上が懸念される値であった．また，多収土壌の要因として珪酸が多いことが指摘されている．法人別の水田の有効珪酸含量をみると（図 7-16），有効珪酸含量の改善目標値は 15～30mg/100 g 以上とされているが，作付圃場の法人 B は約 50%，法人 C は約 30%が珪酸不足である．以上の土壌診断結果から，法人 B は珪酸資材を，法人 C は堆肥や厩肥などの有機物および珪酸資材を水田に投入して，肥沃度を高め圃場生産力の向上に努めて，水稲の持続的な高位高品質安定生産を志向していかねばならない.

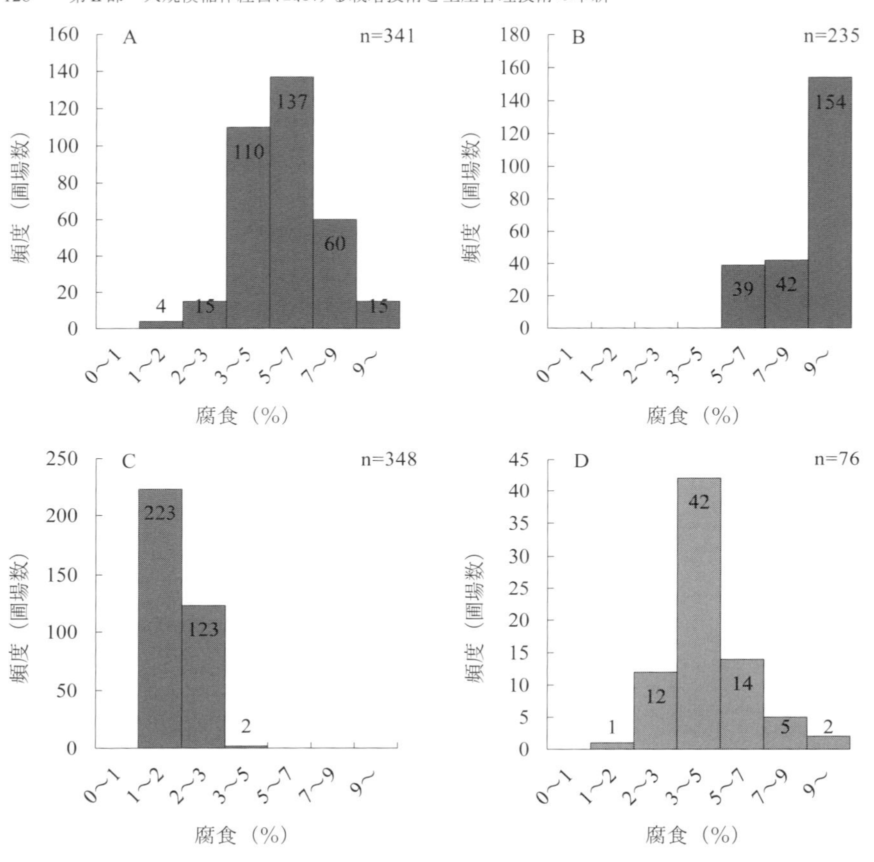

図 7-15　農業生産法人別，腐植の頻度分布

（松江勇次）

4. 稲作ビッグデータ解析による品種・栽培様式圃場別収量決定要因分析

本節では，稲作ビッグデータ解析により，圃場別収量の実態を明らかにすると共に，収量の決定要因分析を行う．具体的には Y 農場を事例として，籾・玄米収量と品種・栽培様式，土壌タイプ，圃場状況，生育・管理指標，土壌分析，気温・日射量との関連性を解明する．

1）収量の推計方法

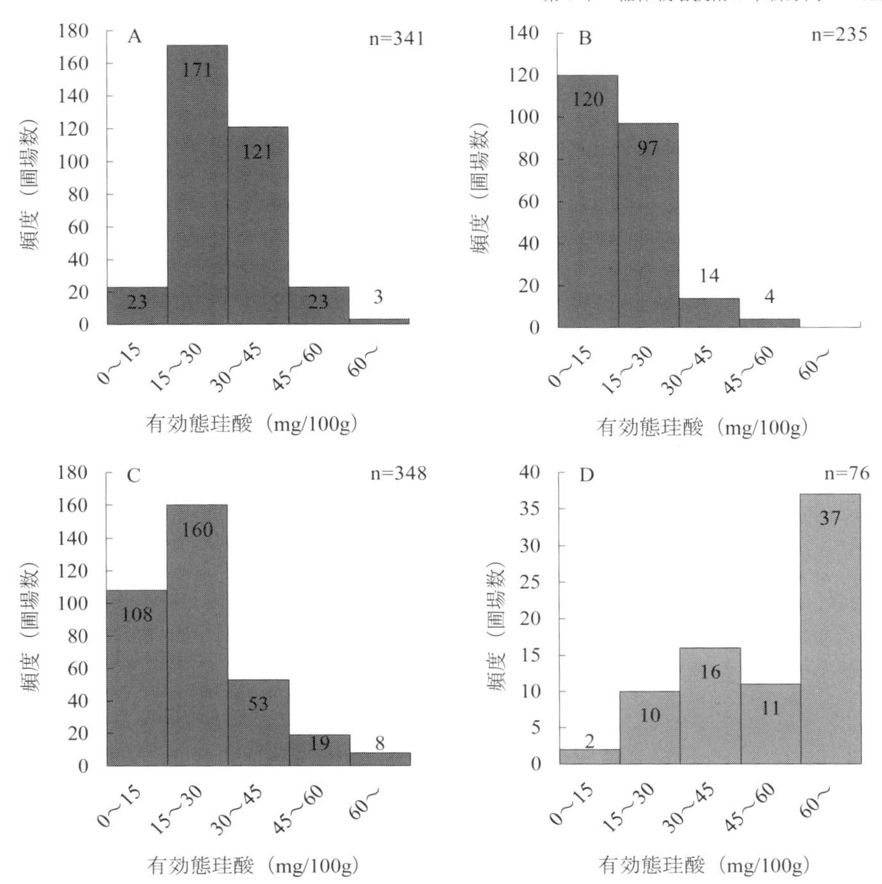

図 7-16　農業生産法人別，有効態珪酸の頻度分布

図 7-17 に示したように，ここで用いた収量は，「籾収量」，「粗玄米収量」，「精玄米収量」の 3 種類に大別できる．①「籾収量」は IT コンバインによる計測した粗籾収量で，15%水分含有率で換算したものである．②「粗玄米収量」は「籾収量」×籾摺り歩合（各圃場から収集された 2kg 程度の粗籾で精秤した籾に対する粗玄米の割合）で推計したものである．③「精玄米収量」は「粗玄米収量」×整粒歩合(600 g の粗玄米のなか，穀粒選別機を用いて選別した粒厚が 1.85mm 以上精玄米重の割合）で算出したものである（図 7-17）．

表 7-11 は，Y 農場における 10a 当たりの精玄米収量およびその推計結果を示

している．15%の水分含有量で換算した 2014 年産平均籾収量の平均値（全品種・全栽培様式）は 10a 当たり 690.4kg で，粗玄米と精玄米の 10a 当たりの収量はそれぞれ 538.4kg と 497.7kg であることが明らかになった．

表 7-11 に示すように，15%の水分含有量で換算した平均籾収量，粗玄米収量と精玄米収量の変動係数（CV）は，12～13%の範囲で変化している．一方，籾に対する粗玄米の割合および粗玄米に対する精玄米の割合の変動係数はそれぞれ 3.22%と 3.17%であった．このように「収量」の分布は「割合」より分散が

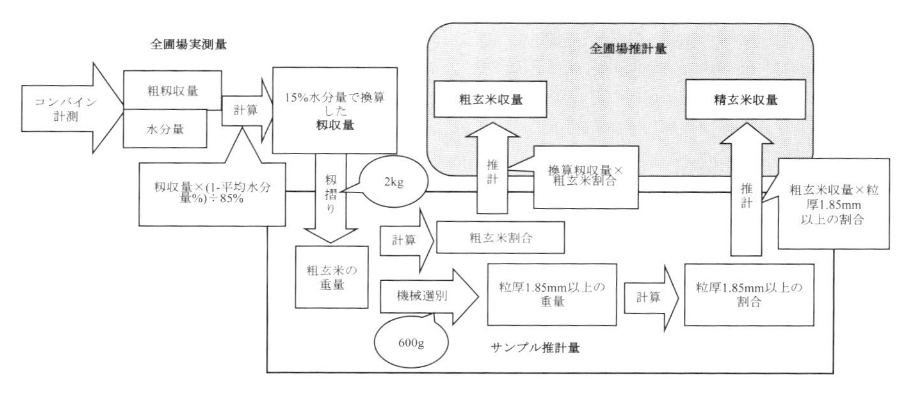

図 7-17　圃場別収量の実測・推計
出所：Li ら（2016a）の図 1 の和訳・加筆．

表 7-11　圃場別の収量と割合

圃場番号	籾収量 (kg) (a)	平均水分量 (%) (b)	換算した籾収量ア) (kg) (c)=(a)×[100-(b)]/85	圃場面積 (10a) (d)
1	7894.10	20.80	7355.40	10.3
2	7555.40	23.30	6817.50	10.4
…	…	…	…	…
圃場数	351	351	351	351
最小値	103.60	1.61	100.10	0.2
最大値	13388.40	31.60	12871.60	21.1
平均値	2383.68	21.91	2189.89	3.2
標準差	2384.19	3.26	2191.54	3.4
CV イ)(%)	100.02	14.89	100.08	105.88

注：ア）15%の水分含有量で換算した籾収量．
　　イ）変動係数（Coefficient of variance）：標準差を平均値で割った
出所：Li ら（2016a）の表 1 の和訳．

大きいことが分かった．相関関係を考察してみると精玄米収量はその他4つの形質と有意に相関している（表7-12）．そのうち「収量」の1つである籾収量との相関係数は0.95，粗玄米収量は0.97であり，その他2つの「割合」との相関係数よりはるかに高いことが明らかになった．この結果より，精玄米収量は「割合」より，籾や玄米の「収量」と強い関連性があることが示唆された．

2）品種別収量

図7-18に示すように「あきだわら」の籾収量（730kg/10a），籾に対する粗玄米の割合（81.23%）や収量（594kg/10a）は，何れも作付品種の中で最大値となっている．その結果，粗玄米に対する精玄米の割合が低くても（91%），精玄米の10a当たりの収量は最高値の543kgに達している．その他の品種に関しては

表7-12　収量･関係割合の相関性

収量･関係割合	籾収量（kg/10a）	粗玄米/籾（%）	粗玄米収量（kg/10a）	精玄米/粗玄米（%）	精玄米収量（kg/ha）
平均籾収量（kg/10a）	1				
粗玄米/籾（%）	0.071	1			
粗玄米収量（kg/10a）	0.963***	0.334***	1		
精玄米/粗玄米（%）	0.001	-0.267***	-0.067	1	
精玄米収量（kg/10a）	0.951***	0.263***	0.969***	0.178***	1

注）***：1%水準で有意．
出所：2014年に筆者らが実施した調査．

平均籾収量ア）(kg/10a) (e)=(c)/(d)	粗玄米/籾ア）(%) (f)	粗玄米収量 (kg/10a) (g)=(e)/(f)	精玄米/粗玄米 (%) (h)	精玄米収量 (kg/10a) (i)=(g)/(h)
708.00	75.80	536.66	90.88	487.72
655.72	75.00	491.79	91.00	447.53
…	…	…	…	…
351	345	345	349	344
348.44	73.00	342.78	79.42	307.47
994.59	83.80	791.89	97.52	746.20
690.44	77.87	538.38	92.44	497.68
83.33	2.50	66.60	2.93	62.46
12.07	3.22	12.37	3.17	12.55

もの．

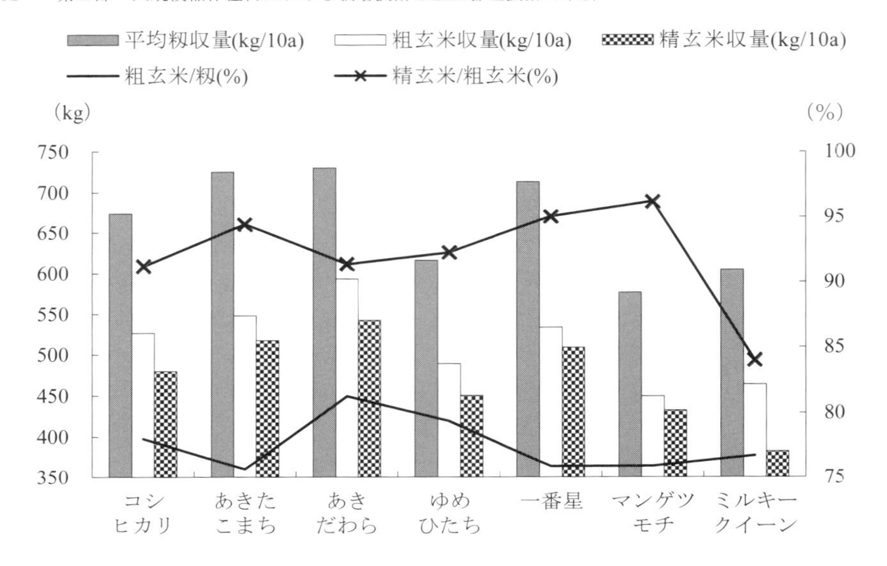

図 7-18　品種別の収量・割合
出所：Li ら（2016a）の図 3 の和訳.

「あきたこまち」,「一番星」,「コシヒカリ」と「ゆめひたち」の順で収量は低くなっている. また,「マンゲツモチ」は籾と粗玄米の収量が「ミルキークイーン」より低かったが, 粗玄米に対する精玄米の割合が最も高かったため, 精玄米収量は「ミルキークイーン」を上回っていた（図 7-18）.

3）栽培様式別収量

図 7-19 に示すように移植「慣行」の籾と精玄米の収量は最も高くそれぞれ 705kg, 511kg である.「湛水直播」は 2 番目に高い収量であり, それぞれ 694kg と 506kg である. また, 籾に対する粗玄米の割合は最高値の 81%であり, 粗玄米の収量は最も高く 562kg となった.「乾田直播」は, 籾と粗玄米の収量が最も低いが, 粗玄米に対する精玄米の割合が最も高かった（97%）ため, 10a 当たり精玄米の収量は 3 番目に高い 485kg であった（図 7-19）.

4）圃場別収量の決定要因

以下では, Y 農場の 351 の圃場を対象にして, 水稲収量の決定要因に関する重回帰分析の結果を示す. 目的変数は 15%の平均水分量で換算した籾収量であり, 用いた説明変数は連続型と離散型に分けられている. 連続変数は下記 3 種

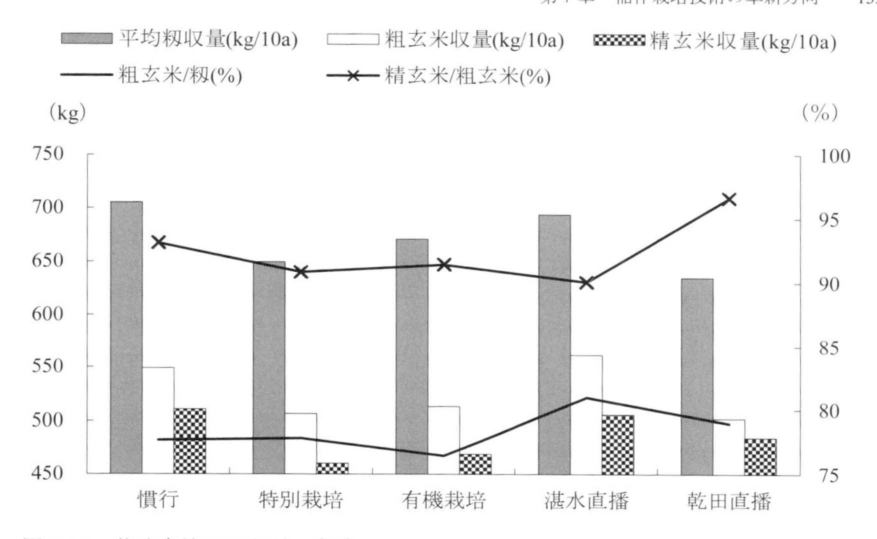

図 7-19　栽培方法別の収量・割合
出所：Li ら（2016a）の図 4 の和訳.

表 7-13　収量決定要因の計測結果

説明変数ア)	非標準化係数(B)イ)	ΔY(%)ウ)	標準化係数	t	Sig.	VIF
（定数）	5.657			12.792	0.000	
移植・播種日(X_1)	-0.153***	-0.152	-0.620	-7.049	0.000	4.846
出穂期穂数(X_2)	0.224***	0.223	0.355	5.921	0.000	2.244
出穂期草丈(X_3)	0.552***	0.551	0.304	5.243	0.000	2.109
圃場面積(X_4)	0.026***	0.026	0.171	3.641	0.000	1.387
あきだわら(D_1)	0.200***	22.175	0.646	12.124	0.000	1.775
乾田直播(D_2)	-0.591***	-44.605	-0.370	-6.029	0.000	2.353
湛水直播(D_3)	-0.146***	-13.584	-0.238	-5.006	0.000	1.409
N＝345	F＝36.201***			調整済 R^2＝0.450		

注：ア）目的変数（Y：15%水分量で換算した籾収量）と X_i は自然対数を取った数値.
　　イ）***：1%の水準で有意.
　　ウ）：説明変数の変化（X_i：1%，D_i：0→1）による収量の変動率，X_i では $\Delta Y=100*(1.01^B-1)$，Di では $\Delta Y=100*(e^B-1)$
ソフトウエア：SPSS13.0，変数選択方法：変数減少法.
出所：Li ら（2015a）の表 2 を和訳・加筆.

類(①～③)の 25 変数から構成されている. 自然対数を取った収量と連続変数，ダミー変数にした離散変数を導入して，重回帰分析を行った. 重回帰モデルの計測結果は表 7-13 に示すとおりである.

①圃場面積，圃場状況の総合評価値（田面高低差，減水・漏水・入水，前作物，地力ムラ，日当たりおよび雑草剤の施用回数に基づく）.

②数値化した移植日・直播播種日（4 月 14 日=1，6 月 22 日=70），ha 当たりの窒素施肥量（堆肥，硫安，化成肥料と尿素の使用量およびそれぞれの窒素量で計算した）.

③幼穂形成期，出穂期，穂揃期 10 日後と成熟期における SPAD，茎（穂）数，草丈（稈長），葉色カラースケール，および成熟期の穂長．離散変数は品種（コシヒカリ，あきたこまち，あきだわら，ゆめひたち，一番星，マンゲツモチ，ミルキークイーン），栽培様式（慣行，特別栽培，有機栽培，乾田直播，湛水直播）と土壌タイプ（泥炭土，灰色低地土）.

「非標準化係数」と「標準化係数」はそれぞれ各連続説明変数の弾力性と目的変数への寄与率を示す．ΔY は説明変数の変化（Xi は 1%で，Di は 0 から 1 に）による収量の変動率を計測した結果である．連続変数に関しては，「移植・播種日」が最も重要であることが明らかとなった．この結果は，他の変数の影響を固定し，「移植・播種日」を 1%減少させた場合（すなわち，移植・播種を早めた場合），平均収量が 0.15%増加することを意味している．その他，出穂期の穂数や草丈，圃場面積，窒素量はいずれも，他の説明変数が一定という条件の下で収量の増加に有意に影響を及ぼすことが明らかとなった．ダミー変数のなかでは，「あきだわら」が最も影響があり，その他の品種より約 20%収量が高いことが明らかとなった．一方，乾田直播と湛水直播はほかの要因が同じレベルならば，収量はその他の栽培様式よりそれぞれ 44.6%，13.6%低いことが明らかになった.

以下，統計的有意差があった主要な変数について，考察を行う.

第 1 は作期についてである．移植時期が早いほど，出穂期までの栄養成長期間が長くなる．本節の分析によれば，6 月下旬に移植された品種は出穂までの生育期間が 60 日もない一方で，4 月上旬に移植された品種は，生育期間が 109 日間程度あることが示された．そのため，この栄養成長期間の長さが，水稲の収量に大きく影響を及ぼしている穂数と一穂籾数の増加に直接つながっている.

第 2 は品種についてである．Li ら（2015b）でも示したように，水稲の収量水準に対しては品種の効果が最も大きい．耐倒伏性強・多収性品種として，「あきだわら」は関東地方での栽培に適している．本節でも示したように，「あきだわら」の平均収量は594kgであり，7品種の中で最も高く，品種特性として多収性につながっている（Liら 2016a）．

第3は圃場区画面積である．ただし，圃場面積が概ね0.7haまでの収量に関しては正の相関関係を示しているが，これを限界として収穫量が逓減する傾向が見られたことは注目に値する．なお，農業経営の視点からみれば，大区画圃場では，移植，施肥，収穫などの作業性も向上する傾向がみられる．

第4は窒素施肥量である．水稲の生育に不可欠な要素として，窒素は光合成の増強ひいては水稲収量の増加に役立つ．葉に含まれる全窒素の75～85%は葉緑素に存在して，90%以上の作物バイオマスのソースである光合成の速度との間には，高い比例関係がみられる（日本作物学会 2002）．

第5は栽培様式である．直播は苗立の不平衡，雑草や倒伏に被害しやすい面があるため，移植水稲の収量より低い．特に乾田直播の場合は，播種時期が早いと低温による初期生育不良や土壌からの養分損失に関連する問題がみられる．よって，乾田直播水稲の収量は最も低いことが示される．

（李　東坡・南石晃明・松江勇次・長命洋佑）

5. 気象変動対応型栽培技術

近年，水稲の登熟期の高温によって玄米品質が低下する高温登熟障害が頻発しており，品質低下の症状が激しい場合には収量や食味に悪影響が及ぶことも指摘されている（森田 2011）．高温化の背景として，地球温暖化の進行が指摘されていることから，今後も高温登熟障害の多発が懸念される．このため，高温登熟障害を回避するための対策は喫緊の課題となっている．一方で，温暖化は単に高温化という一方向へのシフトだけでなく，気象変動の幅の増大により平年並みの年が減って気温分布が拡大することが指摘されている（環境省 2008）．実際に，近年は記録的な強雨など極端気象が頻発している．このため，気象条件の変化に臨機応変に対応して水稲の品質，食味，そして収量を高位安定化する「気象変動対応型栽培法」（森田 2011）の確立が重要になると考えられる．

本節では，水稲高温登熟障害の実態とメカニズムを整理した上で，気象予測

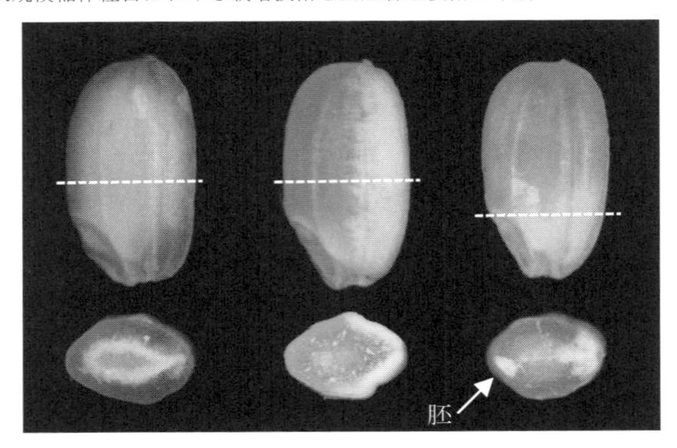

図 7-20　乳白粒（左），背白粒（中央）および基部未熟粒（右）の外観（上）と横断面（下）

と葉色に基づいた追肥診断を行う「気象対応型追肥法」の考え方と，これまで得られた検証データの概略を紹介し，今後の課題を整理する．

1）水稲高温登熟障害の実態とメカニズム

玄米品質は，米が実る登熟期の環境条件の影響を大きく受け，高温登熟条件では白未熟粒が増えることが明らかになっている（森田 2008）．玄米は，胚乳内のデンプンの成長が良好で隙間なく蓄積すると透明化するが，デンプンの蓄積が不十分となってデンプン粒間に隙間ができると，光が乱反射するために白く濁って見える（Tashiro and Wardlaw 1991）．

白未熟粒の発生は，出穂後 20 日間の日平均気温が 26～27℃を超えると急激に増加する（森田 2005）．中でも背白粒（図 7-20 上段中）と基部未熟粒（＝基白粒，図 7-20 上段右）は温度との関係が明瞭で（Masutomi et al. 2015），全国的に異常高温となった 2010 年にはこれらのタイプの白未熟粒が多発した．このため，この年の 1 等米比率は全国平均で 62%（農林水産省 2011）と，それまでの 10 年間の平均値である 77%から大幅に低下した．特に著しい高温となった地域では，市場への流通が難しくなる規格外米が多発して，生産者に大きな経済的打撃をもたらした．登熟期の異常高温条件では，高温そのものによる食味低下（松江ら 2003）に加えて，白濁の症状を介した食味低下も懸念される（Kim et al. 2000，若松ら 2007）．

筆者が所属する農研機構九州沖縄農業研究センター（筑後市）では，これまで 87 年間にわたって気象データを取り続けており，九州の普及品種ヒノヒカリ

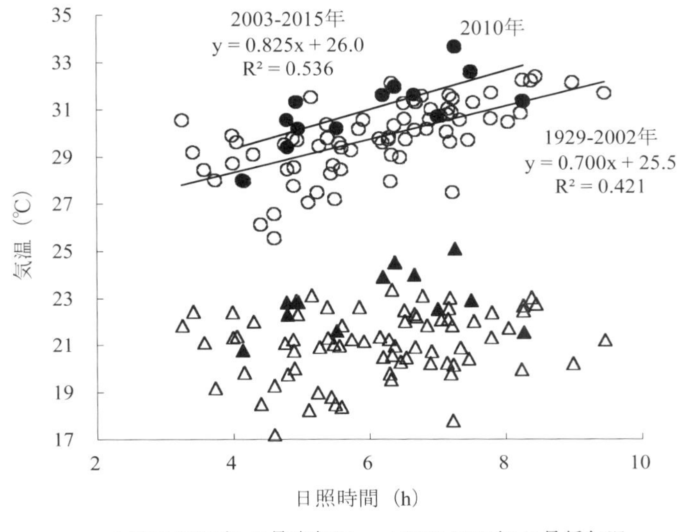

図 7-21　出穂後 20 日間の日照時間と日最高気温あるいは日最低気温との関係（農研機構九州沖縄農研，福岡県筑後市）
出穂期は 1929～1974 年は 8/25 とし，1975 年以降は福岡県作況標本調査の出穂最盛期（8/21～9/4）として算出した．

の登熟前半にあたる 8 月末から 9 月上旬にかけての気象データを整理すると，2010 年の最高気温はやはりこれまでの中でも最も高かったことがわかる（図 7-21，森田（2011）の図 2-21 にデータを追加）．このような異常高温の出現を日照時間と日最高気温との関係から読み解くと，次のようなことが言える．すなわち，日照時間と日最高気温の間には正の相関が認められるが，両者の回帰直線が 2002 年以前（○印）より 2003 年以降（●印）で高温側にシフトしていることがわかる．これは，まさに温暖化の影響と言えよう．しかし，依然として日照時間は多い年も少ない年もあり，新たな回帰直線に沿って右上（高温多照）方向と左下（低温寡照）方向を行ったり来たりしている．2010 年はこのような状況の中で，比較的多照条件となって記録的な高温が出現したと考えられる．そして，今後の温暖化の進行によって，日照時間が多い年には 2010 年を上回る高温条件が出現することも懸念される．

このグラフから読み取れることは，異常高温の出現にとどまらない．上述した2003年以降の回帰直線の高温側へのシフトは，次のような状況の出現も意味する．すなわち，従来は日照時間が7～8時間で30℃に達していたのに対して，近年は日照時間が5～6時間でも30℃に達する，すなわち曇ったり雨が降ったりしても高温になるという，いわゆる高温寡照条件が出現しやすくなっていると言える．さらに，高夜温の頻度が高まっていることも，このグラフから認められる．過去87年の中で日最低気温の上位4年が2003年以降に出現している．

これら三つの特徴は，水稲の収量・品質にそれぞれ異なる影響をもたらすことがわかっている．異常高温は，前述したように背白粒・基部未熟粒の発生を助長するほか，36℃を超えるような高温が開花の時間帯に当たると受精障害によって収量低下リスクが高まる（Matsui et al. 2005）．高温寡照条件は，白未熟粒の中で背白粒や基部未熟粒とはまた異なるタイプである乳白粒の増加をもたらす（小葉田ら 2004）．また，高夜温化は，胚乳細胞の成長の阻害を介して，収量低下に直結する粒重低下をもたらすことが示されている（Morita et al. 2005b）．本節で注目する「気象対応型追肥法」は，異常高温で多発する背白粒と基部未熟粒の発生抑制を目的としているが，そこで実施する気象予測と葉色診断の組合せ技術は，将来的には高温寡照で多発する乳白粒の増加を回避する技術としても活用できると考えている．このため，以下では，これら白未熟粒のタイプ別の発生機構について，これまでの知見を整理する．

高温条件下での背白粒，基部未熟粒の発生には明らかな品種間差異があり，遺伝的な解析も進められ，背白粒については作用力の大きなQTL（*qWB6*）が検出されている（Kobayashi et al. 2013）．栽培的には，追肥によって生育後半の稲体窒素濃度を高くすることで背白粒（安庭ら 1973，若松ら 2008）と基部未熟粒（Morita et al. 2005a）をそれぞれ軽減できることが明らかになっている．背白粒と基部未熟粒の断面を見ると，いずれも背中側が白濁していることが観察される（図7-20下段中右）．この位置は，登熟後半にデンプンが蓄積される場所（長戸・小林 1959，星川 1972）であることから，背白粒と基部未熟粒は登熟後期のデンプン蓄積が高温によって抑制されることで発生し，その抑制程度に品種間差異があるほか，窒素栄養が不足するとデンプン蓄積が抑制されやすくなることがうかがえる．

一方，白未熟粒のうち，高温条件で増加するもう一つのタイプである乳白粒は，登熟前半の日照不足で多発することがわかっている（長戸・小林 1959）．

また，m^2当たり籾数が多いと乳白粒が増加することも明らかになっている（小葉田ら 2004）．乳白粒の断面を見ると，玄米中心と表層の間がリング状に白濁していることが観察される（図 7-20 下段左）．この位置は，粒重増加盛期にあたる登熟中期にデンプンが蓄積される場所（長戸・小林 1959）であることから，乳白粒は高温寡照条件で同化産物の獲得が制限された状態で，かつ籾数が多くなり，1 籾当たりの同化産物供給量が一時的に不足することによってデンプン蓄積密度が粗くなって白濁する（Tsukaguchi and Iida 2008）と考えられる．

このように，高温で増加する白未熟粒の中には発生メカニズムの異なる大きく二つのタイプが存在することになり，穂肥の適否から考えると，高温で特異的に増加する背白粒・基部未熟粒は，穂肥によって発生が軽減し，日照不足が重なることで増加する乳白粒は，籾数を増やす穂肥によって逆に発生が増加すると整理できる．

2）気象対応型追肥法の考え方と最適穂肥量決定モデルのプロトタイプ

上記の背景から筆者は，年次間や年内でも大きく変動する近年の気象条件において，玄米品質の高位安定化を図るためには，「気象対応型追肥法」（図 7-22），

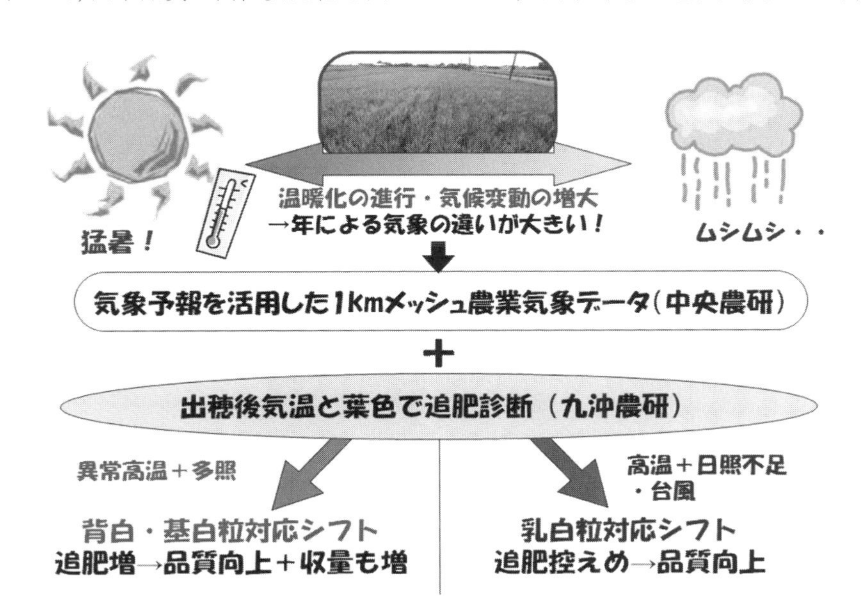

図 7-22　気象対応型追肥法の考え方
森田（2011）の図 5-10 を改変．

すなわち，栽培の途中でその年の気象条件や生育状況に応じた穂肥量を診断するタイミングを持つことが重要であると考えている（森田 2011）. 具体的には，高温で多発する基部未熟粒や背白粒の発生を軽減するために，穂肥施用時期に登熟前半の気温を予測するとともに，葉色値から最適な穂肥量を判定する「最適穂肥量決定モデル」（森田ら 2015）を検討している.

まず，農研機構九州沖縄農業研究センター（筑後市，以下，九州研）の過去12年間の「ヒノヒカリ」の栽培データと気象条件との比較から，出穂後15日間の日最低気温と基部未熟粒歩合の間に負の相関を認めた. このとき，整粒歩合の10%の低下が落等に結びつくことを考慮して基部未熟粒歩合がほぼ10%を超えるような出穂後15日間の日最低気温に達すると予測されるか否かがが追肥診断を行う指標になると考えた. なお，日最低気温と基部未熟粒歩合の相関性は，出穂後20日間の気温を使うとさらに密接になるが，出穂前15日頃に気象庁の1ヶ月予測を使うことを想定しても, 予測できるのは出穂後15日頃までとなるため，まずはこの期間での予測を行うことにしている.

次に，高温登熟年（2003年と2010年）では，穂揃期の葉色（SPAD）と基部未熟粒との間に負の相関関係があることを認めたため，前述と同じ観点から基部未熟粒歩合が10%を超えないための穂揃期SPADを目標に追肥量を診断するという枠組みを考案した. そして, 九州研圃場における2003年の「ヒノヒカリ」および2010〜2013年の「ヒノヒカリ」・「にこまる」のデータから出穂前17日頃の1回目穂肥窒素量と穂揃期SPADとの関係を1回目穂肥時期のSPAD水準別に検討したところ，穂揃期のSPAD目標値に必要な穂肥量（Y）と1回目穂肥時期のSPAD（X）の間に一次回帰式（$Y = aX + b$）の関係が成り立っていたため，この式に1回目穂肥時期のSPADを入力することで，必要穂肥量を算出できると考えた.

農匠ナビ1000における2014年の検証試験では，A法人の8/9出穂の「コシヒカリ」，B法人の7/28出穂の「コシヒカリ」と8/19出穂の「にこまる」，C法人の8/28出穂の「ヒノヒカリ」，九州研の8/29出穂の「ヒノヒカリ」について，上記の式によって1回目穂肥時期のSPADから1回目穂肥量を算出したが，コシヒカリでは倒伏のリスク等を考慮して，上記の回帰式の1回目穂肥時期のSPADを底上げして必要穂肥量を算出した.

登熟前半の気温については，幼穂形成期の幼穂長の調査などから出穂日を推定した上で，出穂後15日間の日最低気温平均値を，農研機構中央農業総合研究センターが開発した全国1kmメッシュ農業気象データ（大野 2014）によって算出した．このデータは毎日更新され，気象庁の予報値が随時反映される．気温については26日先までの予報値が使われている．2015年9月時点では，1kmメッシュ農業気象データは主に研究者を対象にしたシステムとなっているが，近い将来には生産者や普及指導機関の担当者が対象圃場の位置をWeb上の地図で特定して田植え日や穂肥時の葉色等を入力するだけで，簡単に出穂日の予測値や追肥診断結果が得られるシステムが開発される予定である．

2014年の検証試験では，いずれの圃場でも出穂後15日間の日最低気温予測値が低かったため，仮に高温が予想されて実際は高温にならなかった場合の影響を評価することを目的に，上述の方法で算出した穂肥量を与えた「気象対応型追肥区」と，各法人の慣行法あるいは追肥なしの「対照区」の収量・品質，そして食味の指標値である玄米タンパク含量を比較した．

その結果，登熟期が比較的低温となった2014年においては，整粒歩合は追肥区で対照区より下がる場合と上がる場合，変わらないケースがあったが，平均すると両区でほぼ同等となり，玄米タンパクは食味低下の目安である6.8%を超えず，収量が5%以上増加した．このため，最適穂肥量決定モデルによる穂肥を施用したあとに，気象予測がはずれて低温になった場合のマイナスリスクは小さいことが示唆された．

3）今後の課題

今後，「気象対応型追肥法」の高温年での効果の検証が必要である．また，現状では「気象対応型追肥法」で追肥診断を行うかどうかを決める出穂後15日間の日最低気温の閾値は，ヒノヒカリで基部未熟粒歩合が10%を超える気温としているが，基部未熟粒のみならず背白粒も高温で増加して，かつ穂肥で減少するため，将来的には基部未熟粒と背白粒の合計値が10%を超える閾値を用いる必要があると考える．さらに，気温あるいは穂肥量とこれらのタイプの発生歩合の関係性には品種間差異がある（若松ら 2008）ことに加えて，コシヒカリのように倒伏リスクを考慮すべき品種もある．このため追肥診断を行うための気温の閾値および目標とする穂揃期のSPADについては，ヒノヒカリ以外でも検討する必要がある．「最適穂肥量決定モデル」のパラメータである「穂揃期SPADに対する穂肥の反応性」についても，品種によって異なる可能性があり，対象品種を増やして検討する必要がある．現在，新潟県と協力して「コシヒカリ」で上記の検討を行っており，近い将来にはパラメータが整備される予定である．

また，気象庁との共同研究で実施したハインドキャスト検証実験（現在の気象予測モデルの予測精度をアメダスの過去30年以上のデータで評価する）によって，出穂前17日頃における出穂後15日間の気温予測精度は決して高くないが，出穂前10日頃になると予測精度はかなり改善されることが明らかになってきた（森田 2015）．このため「気象対応型追肥法」の実施にあたっては，1回目穂肥とともに2回目穂肥もターゲットにしてパラメータを整備する必要があると考える．

なお「気象対応型追肥法」の普及にあたっては，前述の全国1kmメッシュ農業気象システムを軸としたWebコンテンツの一つに「最適穂肥量決定モデル」を入れることで現場に提供できるように取組みを進めている．このコンテンツでは，ほとんどの生産者がSPADメーターを所有していないことを鑑み，葉色板で計測した葉色値を入力することでSPADが自動入力されて結果が得られるようにする予定である．将来的には，農匠ナビ1000で中央農研が取組んでいる低空UAVによる葉色測定技術や，滋賀県が取組んでいる無人ヘリによる作物生育情報観測技術などのリモートセンシング技術と結びつけることで，稲体窒素濃度に関連する形質を省力的に測定して「最適穂肥量決定モデル」で利用できることを期待している．

また，追肥の実施にあたっては，盛夏の作業であることや生産者の高齢化を考慮すると，これまでのように背負い動力散布機の利用だけでは作業が難しいため，農匠ナビ1000で茨城県と横田農場が開発している「流し込み施肥技術」の活用が期待される．

（森田　敏）

6. おわりに

「攻めの農林水産業」を実現するための先進大規模稲作経営における革新的生産技術の開発実証が望まれているなかで，この要望に応えるために本章では稲作栽培技術の革新方向を考えるとともに，稲作ビッグデータ解析による増収・品質向上対策技術および収量決定要因分析事例，そして気象変動対応型栽培技術について検討を行った．

稲作栽培技術の革新方向のなかでは，これまでの水稲の収量，労働時間，検査等級の推移を述べて，大規模稲作経営といえども省力化・低コスト化を前提とした，より消費者ニーズに対応した米づくりによる高付加価値米生産技術の開発の重要性を指摘した．そして，わが国の水稲生産技術の基本的方向としては，都市と農村の融合に基づく共生的・持続的な循環型社会の構築を目指した稲作技術に向かって行くことの大切さを述べた．

大規模稲作経営における生産技術体系の確立においては，高い収量水準を念頭においた水田輪作の確立，省力化・低コスト栽培技術の導入および基本的生産技術に基づいた農業技術情報システムの構築の重要性を述べるとともに，必要性を考えた．

稲作ビッグデータ解析による増収・品質向上対策技術においては，2 次枝梗粒の確保をとおしての m^2 当たり籾数の確保と 2 次枝梗粒における登熟歩合の向上をとおしての千粒重の増加，さらには玄米粒厚の肥厚化を図ることが増収のためには必要であり，品質向上，特に良食味の維持安定化のためには，収穫後の乾燥調製後の玄米水分を 14.5%前後に仕上げることの大切さが判明した．さらには，収量構成要素からみた増収の箇所で登熟期間中における周到な水管理の大切さを述べが，大規模稲作経営においては，圃場枚数が多いことと 1 区画面積が広いため，省力化・低コスト化や労力の効率化を考慮した水管理が必要不可欠である．このためセンシング技術を活用した水田圃場内の水位，水温などが一目で把握でき，データを毎日記録しておくことができる水田圃場環境センサーの導入が必要になってくる．要は情報技術を駆使した水田環境データの計測・解析システムの開発，導入が重要であるといえる．さらに，稲作ビッグデータ解析による収量決定要因分析では，IT コンバインによる籾収量から精玄米収量推定手法を示した．また，圃場別籾収量の決定要因として，作期，品種，窒素施肥量等が重要であることを実証的に再確認すると共に，新たな知見として，大区画圃場で収量が高い傾向を明らかにした．

また本章で述べた気象変動対応型栽培技術は，2014 年の検証試験では，いずれの圃場でも出穂後 15 日間の日最低気温予測値が低温傾向であったため，仮に高温が予想されて実際は高温にならなかった場合の影響を評価することを目的に，高温障害回避型の穂肥量で検討したものである．「気象対応型追肥区」は慣行法あるいは追肥なしの「対照区」に比べて，整粒歩合は同程度で，玄米タンパクは食味低下の目安である6.8%を超えず，収量は5%以上増加した．このため，最適穂肥量決定モデルによる穂肥施用は，気象予測がはずれて低温になった場合でも適用できることが示唆される．気象変動対応型栽培技術の普遍化を図るために，今後は「気象対応型追肥法」の高温年での効果の検証が必要である．

（松江勇次）

［引用文献］

藤原正彦（2005）国家の品格，新潮社，pp.1-191.

星川清親（1972）米の胚乳組織の構造とその発達，生物科学，23：66-76.

堀江　武（2001）8 章　食糧・環境の近未来と作物生産技術の基本的な発展方向，渡部忠世編，日本農業への提言，農文協，pp.231-285.

環境省（2008）気候変動への賢い適応－地球温暖化影響・適応研究委員会報告書－，地球温暖化影響適応研究委員会，pp.56-57.

Kim, S. S., S. E. Lee, O. W. Kim and D. C. Kim. (2000) Physicochemical characteristics of chalky kernels and their effects on sensory quality of cooked rice, Cereal Chem. 77: 376-379.

小葉田亨・植向直哉・稲村達也・加賀田恒（2004）子実への同化産物供給不足による高温下の乳白米発生，日作紀，73：315-322.

Kobayashi, A., J. Sonoda, K. Sugimoto, M. Kondo, N. Iwasawa, T. Hayashi, K. Tomita, M. Yano, and T. Shimizu (2013) Detection and verification of QTLs associated with heat-induced quality decline of rice (*Oryza sativa* L.) using recombinant inbred lines and near-isogenic lines. Breeding Science, 63: 339-346. doi:10.1270/jsbbs.63.339.

Li, D., T. Nanseki, Y. Matsue, Y. Chomei, and S. Yokota (2015a) Empirical analysis on determinants of paddy yield measured by smart combine: a case study of large-scale farm in the Kanto Region of Japan, Proceeding of the annual symposium of the Japanese Society of Agricultural Informatics (JSAI): 34-35.

Li, D., T. Nanseki, Y. Matsue, Y. Chomei, and S. Yokota (2015b) Impact assessment of the varieties and cultivation methods on paddy yield: evidence from a large-scale farm in the Kanto Region of Japan, J. Fac. Agr., Kyushu Univ., Japan, Vol.60, No.2: 529-534.

Li, D., T. Nanseki, Y. Matsue, Y. Chomei, and S. Yokota. (2016a) Variation and determinants of rice yields among individual paddy fields: case study of a large-scale farm in the Kanto Region of Japan, J. Fac. Agr., Kyushu Univ., Japan, Vol.61, No.1（印刷中）.

Li, D., T. Nanseki, Y. Matsue, Y. Chomei, and S. Yokota (2016b) Determinants of paddy yield of

individual fields measured by it combine: empirical analysis from the perspective of large-scale farm management in Japan, Agricultural Information Research（印刷中）.
Masutomi, Y., Arakawa, M., Minoda, T., Yonekura, T., and T. Shimada (2015) Critical air temperature and sensitivity of the incidence of chalky rice kernels for the rice cultivar “Sai-no-kagayaki”, Agricultural and Forest Meteorology, 203: 11-16.
松江勇次・水田一枝・古野久美・吉田智彦（1991）北部九州産米の食味に関する研究，第2報　収穫時期が米の食味および理化学的特性に及ぼす影響，日作紀，60:497-503.
松江勇次・尾形武文・佐藤大和・浜地勇次（2003）登熟期間中の気温と米の食味および理化学的特性との関係，日作紀，72（別1）：272-273.
松江勇次（2012）作物生産からみた米の食味学，養賢堂，p.141.
Matsui, T., ,K. Kobayasi, H. Kagata, and T. Horie (2005) Correlation between Viability of Pollination and Length of Basal Dehiscence of the Theca in Rice under a Hot-and-Humid Condition, Plant Production Science, 8: 109-114.
森田　敏（2005）水稲の登熟期の高温によって発生する白未熟粒充実不足および粒重低下，農業技術，60：6-10.
Morita, S., O. Kusuda, J. Yonemaru, A. Fukushima, and H. Nakano (2005a) Effects of topdressing on grain shape and grain damage under high temperature during ripening of rice. Rice is life: scientific perspectives for the 21st century (Proceedings of the World Rice Research Conference, Tsukuba, Japan), 560-562.
Morita, S., J. Yonemaru and J. Takanashi (2005b) Grain growth and endosperm cell size under high night temperatures in rice (*Oryza sativa* L.), Ann. Bot., 95: 695-701.
森田　敏（2008）イネの高温登熟障害の克服に向けて，日作紀，77：1-12.
森田　敏（2011）イネの高温障害と対策－登熟不良の仕組みと防ぎ方，農文協，東京，pp.148.
森田　敏・宮脇祥一郎・中野　洋・和田博史・羽方　誠・田中　良（2015）高温による基部未熟粒の発生を軽減する「気象対応型追肥法」の最適追肥量の決定手法，第239回日本作物学会講演要旨集：145.
長野間宏（1998）稲作技術の展開方向と土壌物理的諸問題，土壌の物理性，79：3-9.
長戸一雄・小林喜男（1959）米の澱粉細胞組織の発育について，日作紀 27：204-206.
南石晃明（2011）情報通信技術ICTと農業，農業と経済編集委員会監修，キーワードで読みとく現代農業と食料・環境，昭和堂，京都，pp.154-155.
日本作物学会（2002）作物学辞典，朝倉書店，東京，pp.126.
農林水産省総合食料局（2011）平成22年産米の検査結果（確定値）．平成23年11月21日公表．<http://www.maff.go.jp/j/seisan/syoryu/kensa/kome/pdf/22km2310.pdf>，2015年9月30日参照.
尾形武文・松江勇次（1997）北部九州における水稲湛水直播栽培に関する研究，第3報　湛水直播栽培における米の食味と理化学的特性，日作紀，66：214-220.
尾形武文・松江勇次（1998）北部九州における水稲湛水直播栽培に関する研究，－苗立ち密度および播種様式が水稲の生育，収量および米の食味特性に及ぼす影響－，日作紀，67：485-491.
大野宏之（2014）メッシュ農業気象データ利用マニュアル，中央農研研究資料，9：1-77.

住田弘一（2001）第3章　水田地域輪作の圃場生産力，倉本器征・住田弘一・木村勝一・持田秀之著，水田輪作技術と地域営農，東北農業研究叢書，4：67-106.

澁澤栄編（2006）精密農業，朝倉書店，pp.1-197.

高谷好一（1990）コメをどう捉えるのか．日本放送出版協会，東京，pp.1-226.

Tashiro, T. and I. F. Wardlaw (1991) The effect of high temperature on kernel dimensions and the type and occurrence of kernel damage in rice, Aust. J. Agric. Res, 42: 485-496.

Tsukaguchi T, and Y. Iida (2008) Effects of assimilate supply and high temperature during grain-filling period on the occurrence of various types of chalky kernels in rice plants (*Oryza sative* L.), Plant Production Science, 11: 203-210.

津野幸人（1973）イネの科学，多収技術の見方考え方，農文協，pp.1-122.

上林美保子・熊谷幸博・佐藤友彦・馬場広昭・笹原健夫（1983）水稲の穂の構造と機能に関する研究，第5報　栽植密度・肥料水準をかえた場合の穂型の変動，日作紀，52：266-282.

若松謙一・佐々木修・上薗一郎・田中明男（2007）暖地水稲の登熟期間の高温が玄米品質に及ぼす影響，日作紀，76：71-78.

若松謙一・佐々木修・上薗一郎・田中明男（2008）水稲登熟期の高温条件下における背白米の発生に及ぼす窒素施肥量の影響，日作紀，77：424-433.

渡部忠世編（2001）日本農業への提言，文化と技術の視点から，農文協，pp.1-339.

安庭　誠・湯田保彦・江畑正之（1979）西南暖地における早期水稲の品質に関する研究．第5報　穂揃期窒素追肥が背白粒の発現に及ぼす影響，日作紀，48（別2）：55-56.

第8章　省力化・低コスト稲作技術

1. はじめに

「攻めの農林水産業」を実現するための革新的技術開発のなかで，大規模稲作経営においては，さらなる省力・低コストを可能にする生産技術の確立が，我が国の農業政策上の急務の一つになっている．稲作経営においては，規模拡大の態様は地域の地理的条件によって異なり，導入可能な技術体系や経営規模に応じて適した技術体系も変わることが予想される．このため，大規模稲作経営における省力化・低コスト生産技術を確立し，普及を図っていくためには地域別にモデル的な技術体系を確立して，地域での省力および生産コスト低減等の効果を実証する必要がある．

こうした背景に応えるために，本章では「攻めの稲作経営」を実現させる生産技術体系開発の一環として，大規模稲作経営における省力化・低コスト化生産技術を確立し，普及を図っていくことを目的として，公立試験研究機関と農業生産法人が共同して開発・実証した2つの省力化・低コスト稲作技術を紹介する．一つは大幅な育苗箱数の省略を可能して低コスト栽培ができる「高密度育苗による水稲低コスト栽培技術」，二つは省力的な施肥が可能な「流し込み施肥による水稲省力的施肥技術」である．

（松江勇次）

2. 高密度育苗による水稲低コスト栽培技術
～10a当たり5～6箱の育苗箱数での田植えが可能に～

水稲移植栽培において育苗箱に種子籾を高密度に播種する技術は，乳苗をはじめとしてこれまでに多くの研究が行われている（中谷 1987，星川ら 1990）が，その播種密度は乾籾200～250gであり，また，現行の播種機や田植機の仕様の制約から，これを上回る300gの高密度で播種した苗を機械移植する技術は実用化されていない．

筆者らはこれまでに，農事組合法人アグリスターオナガ，株式会社ぶった農産，ヤンマー株式会社との共同研究により，水稲育苗箱に乾籾 250〜300g の高密度に播種し 2 週間育苗した苗を 1 株当たり 3〜4 本で移植することで，単位面積当たりに使用する育苗箱数の削減や苗管理・運搬労力の省力化，移植作業の効率化が可能となる高密度播種した稚苗の移植栽培について，収量および玄米品質が慣行移植栽培と同等であることを実証した（澤本ら 2014，2015）．本節では，石川県農林総合研究センターでの 2014 年の試験結果をもとに，その栽培技術の概要を報告する．

1） 播種および育苗

移植までの育苗管理について，高密度に播種することを除き，種子消毒から加温出芽，ビニルハウスでの灌水，温度管理は慣行法のとおりであり，使用する育苗箱，加工培土，加温出芽器，ビニルハウスなど資機材および施設は通常使用しているもので行った．

品種は「コシヒカリ」を用い，高密度区として育苗箱 1 箱当たり乾籾 250g 及び 300g 播種区，慣行区として 100g 播種区を設けた（図 8-1 に播種した様子を示した．300g 播種区は種籾が相互に重なる状態であった）．播種期は，標準植 5 月上旬，晩植 5 月下旬の移植期に合わせ，高密度区は移植 2 週前，慣行区は移植 3 週前とした．播種は，育苗箱に底から 2.2cm の高さになるよう加工培土を充填して催芽籾を均一に機械播種し，籾が露出しないように床土と同じ加工培土で覆土した．育苗箱を積重ねた台車を蒸気式出芽器に入れ，30℃で加温出芽後，ビニルハウスに並べて育苗した．ビニルハウス置床後は寒冷紗被覆で

300g 播種

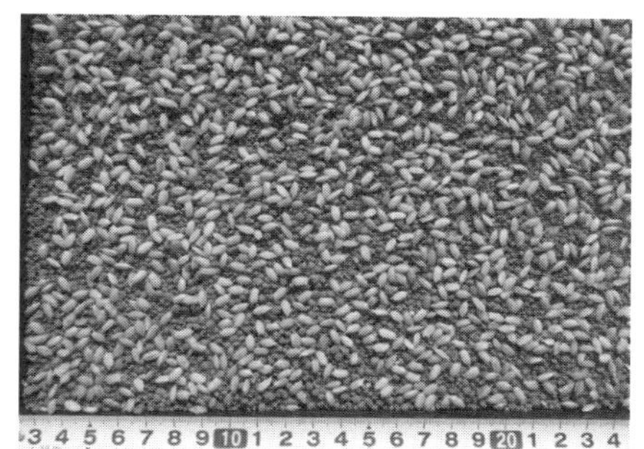

100g 播種

図 8-1　播種量の比較

1～2 日緑化した後，被覆を除去し硬化管理を行った．

播種後 4 週までの苗の生長を観察した．播種後の苗齢（不完全葉を含まない）について，標準植，晩植ともに播種後 1 週間で 1.2～1.4 葉，2 週間で 2.0～2.2 葉であり，播種密度間で大差ないが，3 週間以降は慣行区が直線的に葉数が増加した一方，高密度区は展開が緩慢となった．播種後の草丈について，標準植では播種密度の中では 250g 播種区が播種後 1 週間，2 週間に最も長く，300g 播種区は調査期間の播種後 4 週間を通じて最も短く経過した．晩植では播種後 1 週間で全ての播種量区で差がないが，2 週間以降に 250g 播種区，300g 播種区が慣行 100g 播種区より短く経過した．草丈の伸長は標準植，晩植全ての区において播種後 1 週間から 2 週間にかけて大きく，1 週間の 5～6cm が 2 週間には約 10cm 以上となるが，その後の伸長は緩やかであった．茎葉乾物重は，標準植，晩植ともに高密度播の両区が慣行 100g 播種区より増加が鈍かった．なお，育苗期間を通じて，ムレ苗などの生理障害や細菌性病害やカビなどの病害の発生は認められなかった．

2）移植時の苗質および移植精度

移植に用いた苗は，高密度区が播種後 2 週間，慣行区が播種後 3 週間のものであり，標準植，晩植すべての高密度区の苗齢は 2.0 で，慣行区より幼苗であった．草丈は高密度区が 9.5～11.6cm で，慣行区よりも短いものの移植作業には問題のない長さが得られた．なお，晩植の草丈は同じ播種量区の標準植に比較して 3～22%大きかった．苗の充実度を示す乾物重/草丈比は，高密度区が慣行区より小さかった．マット強度は田植機への苗積載作業の難易に影響を及ぼすが，地上部をつまんで持ち上げても苗は壊れず，十分な強度を有していた．

移植作業は，高密度に密生した苗から 1 株当たり 3～4 本で掻き取り植付けできるように高精度な移植システムを備えた高密度播種苗用に改良した田植機を使用した．1 株当たり植付本数は 3.4～3.5 本と精密な移植ができ，その結果，10a 当たりの移植に使用した育苗箱数は 250g 播種区で 6.0～6.5 箱，300g 播種区で 4.7～6.0 箱となり，期待した箱数である 10a 当たり 5～6 箱が実証できた．また，高密度区の欠株率は 0.9～6.3%と高くない状況であり，連続欠株がなかったことから，減収の影響はないと考えられる（表 8-1）．

3）本田生育と収量品質

本田の生育について，茎数は標準植 250g 播種区の分げつ期（移植後 5 週）に

表 8-1　移植時の苗質と植付け状況

移植時期	播種密度 (乾籾 g/箱)	移植時の苗質			1 株当たり植付本数	移植時欠株率	10a 当たり使用育苗箱数
		葉齢	草丈 (cm)	茎葉乾物重/草丈比 (mg/cm)	(本)	(%)	(箱)
標準植 5 月 2 日	100	3.1	12.1	1.28	3.3	0.7	14.2
	250	2.0	10.9	0.78	3.5	6.3	6.0
	300	2.0	9.5	0.81	3.4	5.7	4.7
晩植 5 月 23 日	100	2.7	14.3	1.33	3.5	1.7	12.2
	250	2.0	11.2	0.81	3.4	0.9	6.5
	300	2.0	11.6	0.72	3.4	3.4	6.0

100g は播種後 3 週，250g 及び 300g は播種後 2 週．苗質調査は各 30 個体を調査．乾物重は各 100 個体を調査．葉齢は不完全葉を数えない．植付本数，欠株率は，移植直後に圃場に植付けられた 80 株（8 条×10 株）×2 か所を調査した．

有意に少なかった以外は，各調査時期において各移植時期の播種密度間に有意差は無かった．また，晩植は標準植に比べて分げつ期及び最高分げつ期の茎数が多い傾向であった（図 8-2）．

出穂期について，高密度区は慣行区に比べて標準植が同日，晩植が 2 日遅くなった．出穂期の遅れは，移植時の慣行区との葉齢差（標準植 1.1 葉，晩植 0.7 葉）が影響していると考えられる．成熟期は，高密度区が慣行区に比べて遅くなり，その差は標準植で 1 日，晩植で 3 日であった．倒伏程度について，高密度区と慣行区は同程度で，播種密度によっての差は認めらなかった．

収量について，高密度区と慣行区の間に有意差は無かった．高密度区の精玄米重は 10a 当たり 466～543kg であり当地域の平均的な収量水準であった．また，同じ高密度区の標準植と晩植の収量を比較すると，晩植が 9～13％多かった（表 8-2）．

収量構成要素について，各移植時期において，高密度区と慣行区を比較して m^2 当たり穂数，1 穂籾数および m^2 当たり籾数に有意差は無かった．なお，同じ高密度区の標準植と晩植の m^2 当たり穂数を比較すると，晩植が 22～24％多かった．2014 年は石川県全体に 5 月上旬移植コシヒカリにおいて穂数が平年より少なくなっており，本試験においても同様な生育となったことが推察された．石川県におけるコシヒカリの目標 m^2 当たり籾数 28～29 千粒と比較すると，標準植が 25.2～27.6 千粒とやや少なく，晩植では 29.7～32.3 千粒でやや多い水準となった．登熟歩合は，標準植 300g 播種区で慣行に比べて有意に低く，他は有

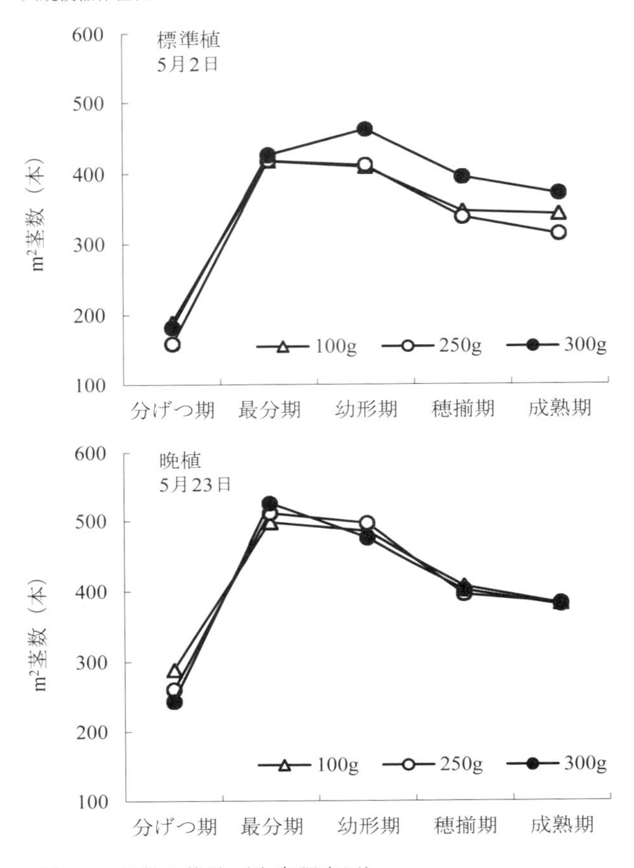

図 8-2　茎数の推移（生育調査区）

意差が無かった. 千粒重は, 晩植 300g 播種区で慣行に比べて有意に大きかった.

玄米品質について, 整粒歩合は, 晩植 250g 播種区が慣行区に比べて有意に高かった. 乳白粒率は高密度区が慣行区より有意に低く, また, 晩植が標準植より低い傾向にあった. これは 2014 年の石川県産コシヒカリ全体の傾向であり, 標準植の登熟期における寡日照が乳白粒率増加に影響したことが考えられる. 玄米タンパク含有率は, 高密度区は慣行区と差が無かった（表 8-2）.

4）技術活用の留意点

これまでの結果から, 育苗箱 1 箱当たり乾籾 250g～300g の高密度に播種して移植に使用する苗は, 育苗日数 15～20 日の苗齢 2.0～2.3, 苗丈 10～15cm を目

表 8-2　収量および玄米品質

移植時期	播種密度（乾籾 g/箱）	精玄米重（kg/10a）	整粒（%）	乳白粒（%）	タンパク質（%）
標準植	100	502	63.0	14.4	6.4
5 月 2 日	250	500	67.3	8.0*	6.3
	300	466	68.0	7.8*	6.4
晩植	100	548	71.2	6.6	6.1
5 月 23 日	250	543	77.5*	2.7*	6.0
	300	526	74.4	2.6*	6.0

精玄米重は坪刈による．1.85mm 網目で選別，水分 15.0%換算．整粒歩合および乳白粒はケット RN310, タンパク質含有率はケット AN820 で測定．表中の*は 5%水準で各移植時期の慣行 100g 播種区との間に有意差があることを示す（Dunnett 法による）．

標として育成することが適当である．また，移植に当たっては，高密度播種苗を精密に掻き取り移植できる専用の田植機を使用し，植付本数が 4 本程度になること確認したうえで作業を行うことで，育苗箱数の削減と収量の安定化が可能となる．

なお，当該技術の地域適応性については，現在のところ慣行の稚苗移植栽培を行っているところでの導入が可能と考えているが，2015 年に石川県内及び国内各地で実施している 30 か所を超える実証地での試験結果を踏まえ詳細に検討することとしており，別途報告を行う予定である．

5）今後の展望

高密度育苗による移植栽培技術は，現行の稚苗に比べて育苗期間が短く，10 アールに使用する育苗箱数も 3.3m^2 当たり 50 株の栽植密度で 5～7 箱と少なくてすむ．コスト面を考えると，これまで育苗箱当たり乾籾 100g を播種していた経営体が 3 倍量の 300g 播種の高密度育苗栽培を導入した場合，育苗箱や育苗培土などの資材量が 1/3 で済み，種子予措～移植作業に使用する播種機やビニルハウス等の機械施設の減価償却費を込みにした育苗に要するコストは 1/2 程度となることが試算で得られている（表 8-3）．また，現在の稲作作業で最も重労働と考えられる育苗箱に関わる作業，すなわち播種，出芽に関わる台車への積載や育苗ハウスへの置床，育苗管理，田植時の苗運搬や田植機への積載などの作業強度が軽減され，作業時間も大幅に少なくなる．

このように当該技術は稲作の省力，低コスト化に大きな効果があり，今後ま

表 8-3　高密度育苗における種子予措から移植作業までの費用

	作業にかかる労働費（円/10a）	資材費（円/10a）	減価償却費（円/10a）	計（円/10a）	玄米 1kg 当たりの費用（円）
慣行稚苗	1,728	3,026	4,650	9,404	18.8
高密度育苗	835	1,694	2,452	4,981	10.0
削減				▲ 4,423	▲ 8.8

石川農研による試算結果である．10a 当たり玄米収量 500kg とした．管理作業は石川県慣行法に準じ，種子消毒は化学農薬，加温出芽器を使用，ビニルハウスで育苗管理を行うものとした．必要な資材及び機械器具を計上したが，田植機は含まない．労働単価は 1,500 円/時間とした．

すます規模拡大が進むと予想される大規模稲作経営体をはじめ，稲作以外の品目や加工販売を行う複合経営においても営農改善の有力な手段となることが期待される．

（澤本和徳）

3. 流し込み施肥による水稲省力的施肥技術

作業分散のため，栽培品種を多様化する大規模水稲経営体において，安定的な収量性を確保するためには生育ステージに合わせて追肥することが重要である．しかし，夏場の追肥作業は極めて重労働であるため，省力化を図りながら低コストで米生産ができる栽培技術が求められている．茨城県内では水稲の省力的な施肥技術として，肥効調節型肥料による全量基肥施肥が広く普及しているが，関東地域での肥効調節型肥料の普及状況（H18）は 35.8%にとどまる．肥効調節型肥料の普及上の課題として，①肥料価格が高い，②気象条件により肥効が不安定，③生産物の品質の問題等があげられている．特に，水稲単作の大規模経営体においては，多品種かつ植付時期の幅が広く，茨城県において「コシヒカリ」の一般的な移植時期とされている 5 月上旬～中旬の適期から，やむを得ず移植時期が大幅にずれ込むこともある．このため，適期移植を前提として開発される肥効調節型肥料が，適期を大幅にはずれた場合においても同様に水稲の生育と溶出パターンが一致するのか具体的な知見に乏しい．また，上述のように大規模経営体では，一般的に複数品種を導入して作期分散を図るが，肥効調節型肥料を用いる場合は，品種ごとに推奨される肥料銘柄を準備しておく必要があるため在庫管理や取引上の制約を受ける．そのため，茨城県龍ケ崎市で約125ha（H27）の水稲を経営する（有）横田農場（以下，Y農場とする）では，肥効調節型肥料を用いず一般的な速効性肥料による分施肥体系を主体としている．Y農場では，作付前に年間を通して使用する肥料資材の必要量を試算した上で事前に複数の業者から見積もりを徴収し，最も安価な価格を提示した業者から肥料を一括購入する．つまり，購入する肥料銘柄を最小限に絞ることで，大口取引のメリットを最大化させて資材費削減につなげているのである．一方で，分施肥体系は労力面での課題が残る．基肥はブロードキャスター等の機械導入により省力化が可能であるが，追肥においては人力作業に頼る以外方法がないのが現状である．実際にY農場では，一人のオペレーターが動力散布機を背負って人力によりほぼすべての圃場の追肥を行っている（図 8-3）．追肥時期は特に暑い夏場でもあり，重い作業機を背負った追肥作業は身体的に非常に負担がかかるため，Y農場では一部の圃場で水口からの流し込み施肥技術を導入している．

図 8-3　背負式動力散布機を背負っての追肥作業

流し込み施肥技術は，水田の水口から灌漑用水と一緒に液肥や溶解性の高い顆粒状肥料を流し入れる施肥法（市川ら 1995，久保田 1998）で，作業者は水田の中に入らずに施肥作業が可能となるメリットがあるが，一般的に普及しているとは言い難い．この理由として，現行の流し込み施肥にはいくつかの課題があることがY農場への聞き取りにより明らかとなった．一点目は，市販肥料のコストの問題である．流し込み専用の液肥や粒状肥料が肥料メーカー各社より市販化されているが，一般的に広く普及する粒状肥料と比べると専用肥料となるため価格が割高である．二点目は，液肥の調製と運搬の問題である．事前に硫安等を水に溶かして自前で液肥を調製することも可能であるが，肥料成分の他に溶解水の重量が加わるため，水田面積が増えると倉庫から圃場へ運搬する資材の量が多くなり運搬時の労力がかかる．そこで上記の課題を解決する手段として，粒状肥料のみ圃場へ運搬し，圃場の水口からバケツで水を汲み入れることにより各圃場で直接液肥を作り，同時に圃場へ施用できる装置の開発に向けて検討を行った．

1）新たな流し込み施肥装置の開発と現地実証

いくつかの試行錯誤の末，茨城県農業総合センター農業研究所と Y 農場は，圃場で簡単に液肥が作れる新たな流し込み施肥装置の試作機を開発した（図 8-4 に 2014 年試作機の外観を示す．以下「試作機」）．試作機は，灌漑水中のゴミ除去フィルター，肥料を入れる受け網，肥料と灌漑水を混合し液肥を製造する容器（第 1 層），第 1 層から流出した肥料溶液を一定量貯留させる水深定量容器（第 2 層），それらを畦畔等に設置するための長さ調節可能な 4 本の脚部から構成されている．重量は約 25kg で，軽トラック等により運搬可能である．試作機の主な特徴は，①一般的に入手できる安価な尿素等の粒状肥料を用い，圃場で直接流し込むための液肥が作れること，②装置から圃場へ滴下する流量の調節が可能で，一度調節した滴下流量は長時間経過してもほぼ一定であることの 2 点である．2014 年に農業研究所内の水田（水戸市，30a）の水口付近の畦畔際に試作機を設置し，流し込み施肥試験を実施した．尿素 20kg（窒素換算で 9.2kg）を試作機上層に投入後，上部から約 55L の灌漑水をバケツで汲み入れ，撹拌せずに自然溶解させ尿素液としたのち，尿素液の滴下流量を目標 4.0ml/秒に設定し，一定時間経過毎に滴下流量を測定した（図 8-5）．試作機から流出する尿素液の滴下流量は 4.0～4.6ml/秒（平均 4.3ml/秒，CV：4.3%）となり，時間が経過してもほぼ一定であった．また，同試作機を用いた現地実証試験（龍ケ崎市，2014 年）では，品種を変えて，計 3 回の流し込み施肥を実施した．試作機による尿素の流し込み施肥区（以下,「流入施肥区」とする）の他，現地慣行で行われている背負式動力散布機による硫安追肥区（以下,「対照区」とする）を比較として設定し，両試験区の施肥窒素水準を同一にして試験したところ，施肥日

図 8-4　試作した流し込み施肥装置

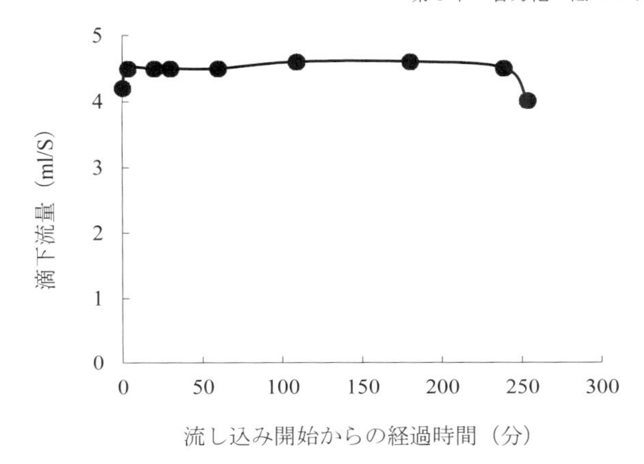

図 8-5　試作機から流出する滴下流量の推移

表 8-4　玄米坪刈収量・玄米タンパク質含有率・整粒歩合

試験回数(試験月日)	試験区	試験面積(a)	窒素量(kg/10a)	坪刈区数(区)	坪刈収量(kg/10a)	玄米タンパク質含有率(%)	整粒歩合(%)
1 回目(6 月 26 日)	流入施肥区	10	3	10	644	6.2	85.3
	対照区	10		10	626	6.2	81.6
				test	ns	ns	**
2 回目(7 月 16 日)	流入施肥区	32	2	9	552	6.1	75.5
	対照区	42		9	542	6.3	76.1
				test	ns	ns	ns
3 回目(7 月 30 日)	流入施肥区	30	3.5	9	553	6.6	76.8
	対照区	30		9	580	6.7	75.9
				test	ns	ns	ns

注 1）茨城県龍ケ崎市における現地実証試験結果（2014）.
注 2）流入施肥区は尿素による流し込み，対照区は背負式動力散布機による硫安追肥を行った.
注 3）品種は，1 回目「一番星」，2 回目「コシヒカリ」，3 回目「あきだわら」.
注 4）**は 1%水準で有意差あり，ns は有意差なしを示す（t 検定）.
注 5）玄米タンパク質含有率は，サタケ社 RCTA11A を用いて測定した（水分 15%換算）.
注 6）整粒歩合は，サタケ社穀粒判別器 RGQI10B を用いて測定した.

から約 1 週間経過後の葉色のバラつきは対照区とほぼ変わりがないことを確認した（図表略）．また，成熟期に行った坪刈調査では，収量（精玄米重），玄米タンパク質含有率および整粒歩合は，流入施肥区と対照区で同等であった（表8-4）．さらに追肥作業の省力性を評価するため，30a 規模の圃場で追肥にかかる作業時間を調査した結果，流入施肥区は対照区の約半分程度の作業時間で追肥が可能であった（図表略）．

2）流し込み施肥のポイント

以上のように，流し込み施肥は省力的な施肥作業を可能とするが，いくつかのポイントを押さえなければ失敗につながる．試作機を用いた流し込み施肥のポイントについては，従来法と共通する部分もあるが，大まかに整理すると以下の 4 点である．

(1) 流し込みを行う圃場は，通常よりも特に田面を平らに仕上げる必要がある．流し込みは，灌漑水に溶かした肥料成分を圃場内にまんべんなく拡散させて施肥する技術のため，圃場内に高低差が生じると肥料を含んだ灌漑水が部分的に行き渡らず，また逆に部分的に多く滞留し，施肥ムラの原因になる．レーザーレベラ等の装備があるならば事前に圃場を平らに整地しておくことが重要である．減水深も重要で，漏水田での流し込み施肥は適さない．

(2) 流し込み開始時に田面の水深が深すぎると，流し込んだ肥料の拡散性が悪くなり，施肥ムラを生じる原因になるため，流し込み開始時はできれば田面に水がほぼない状態（ひたひた状態）まで落水して流し込みを行うようにする．逆に中干し直後のように，乾き過ぎて田面に亀裂を生じているような状態では，亀裂に水が流れ込み施肥ムラの原因となるため，中干し直後に行う場合は一度圃場全体に水を溜めて亀裂をしっかりと水で満たしてから落水し，ひたひた状態で流し込みを行う必要がある．

(3) 流し込みを行う対象圃場では，灌漑水の流量がしっかりと確保されていることが重要である．今回開発した試作機は，田面水を排水させた状態で水尻を閉じて灌漑水とともに肥料溶液を少量ずつ長時間かけて流し込むことを特徴としているが，丸一日かけて最低 4～5cm 程度の水深が確保できない圃場には適していない．圃場に複数の水口があれば，水口の数だけバルブを開放して入水しても良いが，その場合，開放する水口の数だけ試作機の設置が必要である．あらかじめ対象圃場で 1 時間当たりに上昇する水深を測定しておき，流し込み終了時に目標とすべき水深となる施肥時間を把握しておくことが望ましい．目標の施肥時間が決まったら，その時間内に流し込みが完了するように試作機の滴下流量を調整する．流し込み完了時の水深が深くなりすぎると畦畔を水が乗り越えてしまうので，オーバーフローをしないよう流し込み時間に気を付ける．さらに近年では，節電のためポンプの稼働日が制限される場合があるため，事前に流し込み施肥を行う日のポンプ稼働状況を確認しておく必要がある．

（4）流し込み終了後は，水口をしっかりと止めることが重要である．流し込みが終了して肥料がないまま灌漑水のみ流し続けていると，その部分が薄まり施肥ムラを生じる原因となる．

以上のポイントをしっかり押さえれば，装置の故障や灌漑水の入水停止，突然の豪雨等，よほど大きなトラブルがない限り，流し込み施肥によって水稲の生育ムラが拡大するようなことはないはずである．なお，上述のポイントはパイプライン設備の整った水田での利用を想定したが，上記の条件が満たせるならば開水路でも同様に使用できる．しかし，肥料の拡散性については水管理の影響を受けやすいので，初めて流し込みを行う場合は入排水の管理が容易なパイプライン設備のある圃場の方が取り組み易い．

3）今後の課題と展望

流し込み施肥技術は古くからある水稲の施肥技術の一つであるが，農作業の省力効果や軽労効果が期待されているものの，全国的に広く普及するまでには至っていない．要因の一つとして水田基盤の問題が大きいと思われる．10a や 20a 規模の小区画では圃場の中に入らなくても畦畔や農道から肥料散布が可能であるため流し込み施肥の導入メリットは小さいが，小区画圃場が連坦化され，あるいは基盤整備により 1ha 以上の大区画圃場が整備された場合は，流し込み施肥の導入により追肥作業の大幅な労力削減が期待できる．また，灌漑設備の有無も重要である．パイプライン設備がすでに整っており，水管理がし易い地域では流し込み施肥の導入が比較的容易であるが，水量が乏しく水管理が難しい地域での導入は困難である．今後，基盤整備が進むとともに，地域の基幹的な担い手に農地が集積され大区画水田が全国各地に広がった際には，流し込み施肥技術の重要性がますます高まるであろう．

流し込み施肥技術の今後の展開方向としては，施肥の自動化である．前述のように，流し込み施肥技術は，圃場の水管理との関連性が高いので，開始前の湛水状態から自動で流し込み施肥に適した水深となるまで田面水が排水されたのち，流し込み後，施肥の完了とともに灌漑水の流入が停止される一連の自動入排水制御システムが構築されれば,施肥作業のさらなる省力化が期待できる.農匠ナビ1000プロジェクトでは,圃場1枚1枚の水位や水温等が計測できる水田圃場環境センサーネットワークが開発されたが，これらのセンサーネットワークと流し込み施肥技術との併用により，施肥の自動化も将来的には技術的に可能となるであろう．今後，流し込み施肥技術が，生産者や研究機関，各種メーカー等により新たな技術や知見を加えて研究開発されることで技術の完成度を高め，さらなる可能性を持った水稲省力栽培技術の一つとして応用・発展されることを期待する.

4）流し込み施肥の技術評価

流し込み施肥の技術評価については，大きく分けて2つの視点で考える必要がある．一つは，従来から言われている追肥作業の軽労化・省力化メリットである．これについては，その経済的なメリットを数字で端的に表すことは困難であるが，農道で追肥作業が完結できる流し込み施肥法は，足場の悪い田んぼの中に入って作業する慣行の追肥法と比べてはるかに楽であり，その効果は明白である．もう一つは，本プロジェクトで明らかとなった直播栽培における資材費削減のメリットである．従来，乾田直播栽培では省力化の観点から播種と同時に肥効調節型肥料，いわゆる一発肥料を用いることが一般的であった．茨城県においても「水稲・麦・大豆の不耕起播種栽培マニュアル（2012）」の中で，水稲の乾田直播栽培の場合，溶出パターンの異なる複数の肥料をブレンドした肥効調節型肥料を播種同時に施用することを推奨している．しかしながら，肥効調節型肥料は便利である反面，高価であるため，資材費の高コスト化という課題が存在していた．今回，本プロジェクトで行った新たな試みとして，乾田直播栽培の播種時に肥料を施用せず種子のみ播種し，苗立期以降に生育ステージに合わせて安価な尿素を用いた流し込み追肥を計4回行う施肥体系の実証を行い，肥効調節型肥料を播種同時に施用した慣行施肥体系と比較したところ，収量は慣行体系と同水準以上を確保しながら，肥料散布にかかる資材費及び労働費が大幅に削減できることがY農場が行った試算結果により明らかとなった（表8-5）．このことは，今後圃場の大区画化が一層進むであろう平場の水田地帯において，直播による省力的な播種作業と流し込みによる省力的かつ低コストな施肥作業が融合された新たな栽培管理技術として期待される.

表 8-5　乾田直播栽培における施肥にかかる労働費および肥料費

栽培体系	施肥作業にかかる労働費(円/10a)	肥料費(円/10a)	計(円/10a)	H27 収量粗玄米(kg/10a)	粗玄米 1kg 当たりの費用(kg/10a)
乾田直播(LP コート)	221	7,422	7,644	581	13
乾田直播(尿素流し込み)	358	1,930	2,288	592	3.9
削減			▲5,356		▲9.3

注 1）Y 農場（茨城県龍ケ崎市）による試算結果（H27）.
注 2）品種は「あきだわら」. 乾直の播種日は 4 月 25 日.
注 3）LP コート肥料は播種同時施肥，尿素流し込みは生育期間中に計 4 回施肥を行った.
注 4）施肥量はどちらも窒素換算で計 12kg/10a を施用した.
注 5）労働費単価は 1,500 円/時間，肥料費は LP コート 251.3 円/kg，尿素 75 円/kg とした.
注 6）上記試算には，機械費やその他経費は含まれていない.

（森　拓也）

4. おわりに

水稲の育苗にかかる労働時間の削減や労働強度の軽減，資材費の削減は，農業生産法人の経営改善を進めるうえで極めて重要である．本章で述べた高密度育苗は，育苗箱当たり乾籾 250～300g の高密度播種することにより，10a 当たり必要な育苗箱数は 5～6 箱で済むという大幅な削減が可能な技術である．この数値は慣行の 10a 当たり必要な育苗箱数に比べて約 75%も育苗箱数を削減できることを意味している．さらには，育苗箱の運搬時間の削減にもつながるものである．このように高密度育苗による育苗箱数の削減は，資材費・労務費等のコスト低減のほか，規模拡大時に育苗のための新たなハウス建設が必要なくなるなど，経営安定に資する効果は大きい.

また，新たな流し込み施肥装置の開発による流し込み施肥技術は，大規模稲作農家の稲作栽培での施肥作業の軽労化を目的としたものであるが，水田の水口からの灌漑水と一緒に液体肥料や専用流し込み肥料，あるいは肥料を溶かした肥料溶液を施用する，省力・低コスト施肥技術でもある.

簡単に液肥が作れる新たな流し込み施肥装置による施肥技術は，1 区画圃場内における肥効のバラツキもなく，慣行施肥法と同程度の収量と品質が確保できるという施肥管理の省力化技術である．本施肥技術による施肥作業時間の削減率は 1 区画面積と関係しており，1 区画面積 30a の場合でも約 50％も削減できる技術で，1 区画面積がさらに広くなれば削減率はもっと高くなることが期待される．

以上，これらの開発実証された 2 つの省力化・低コスト稲作技術は，開発した地域だけに留まることなく，全国各地域での大規模稲作経営における「攻めの稲作経営」を実現させるモデル省力化・低コスト生産技術として，先導的役割を果たしていくことになると確信している．

（松江勇次）

［引用文献］

星川清親・伊藤十四英・姫田正美（1990）「乳苗稲作の誕生」，富民協会，pp.1-157.
市川岳史・有坂通展・種田貞義・植木一久（1995）水口流入による穂肥施用技術，北陸作物学会報，30：38-39.
久保田勝（1998）水稲に対する流入施肥の現状と新しい流入施肥法（1），農及園，73：685-689.
久保田勝（1998）水稲に対する流入施肥の現状と新しい流入施肥法（2.），農及園，73：795-799.
中谷治夫（1987）水稲の“乳苗”移植栽培の実際と問題点，農業及び園芸，62：403-407.
澤本和徳・八木亜沙美・伊勢村浩司・佛田利弘・濱田栄治（2014）高密度播種が水稲稚苗の生育及び本田初期生育に及ぼす影響，高密度育苗が水稲の本田生育及び収量に及ぼす影響，日本作物学会紀事，83（別号 1）：272-275.
澤本和徳・伊勢村浩司・佛田利弘・濱田栄治・八木亜沙美・宇野史生（2015）高密度播種・短期育苗による水稲移植栽培法の開発，日本作物学会講演要旨集，239：11.

第9章　営農可視化システムFVSによる生産管理技術の革新

1. はじめに

農業技術を実際に活用して，意図する成果（例えば，高収量・高品質）を得るためには，具体的な手順，適用条件，さらには様々な工夫やコツが必要となることが多い．最適な農作業を実施するためには，農作物が育つ生育環境や農作物の生育状態を的確に把握することが求められるのである．

従来は，こうした環境情報や生体情報の実用的な計測技術も限られていた．また，日々の農作業内容の詳細な記録は煩雑なため，どのような環境や生育状態の下で，どのような農作業を行ったかの体系的な記録は残されていないことが多かった．このため，農業技術を効果的に実施するための優れた知識やコツは，熟練者の頭と体にノウハウや技能として存在することになり，初心者がその熟練技能を習得するには長期間を要していた．

それでも，家族労働力による農業経営においては，親子間での技能伝承が比較的行い易いため，従来の技能伝承の方法が大きな経営問題となることは稀であった．しかし，近年，雇用従事者が重要な農作業を担当する農業法人も増加しており，農業技術・技能伝承が大きな経営課題となっている（南石 2015）．特に，圃場数が数百に達するようになると，熟練農業者のノウハウや技能のみに依存して，農業技術を確実に実施し，高収量・高品質を維持することは，困難になっている．このため，大規模法人経営においては，ノウハウや技能の習得期間短縮化と，属人的なノウハウ・技能に過度に依存しない生産管理システムの再構築が大きな経営課題になっている．

農業ノウハウ・技能の習得期間を短縮化し，さらに，新たな農業技術・ノウハウ・技能を創出するためには，まず，これらの可視化技術が必要になる．本書では，こうした農業の「見える化」を営農可視化とよび，それを支援する情報システムを，営農可視化システムFVS（Farming Visualization System）という．図 9-1-1 は，営農可視化によって，ノウハウの一部は技術化することが可能であり，技能の一部はノウハウ化することが可能であることを概念的に示している．

例えば，水稲栽培において水管理は，収量や品質に大きな影響を及ぼす重要

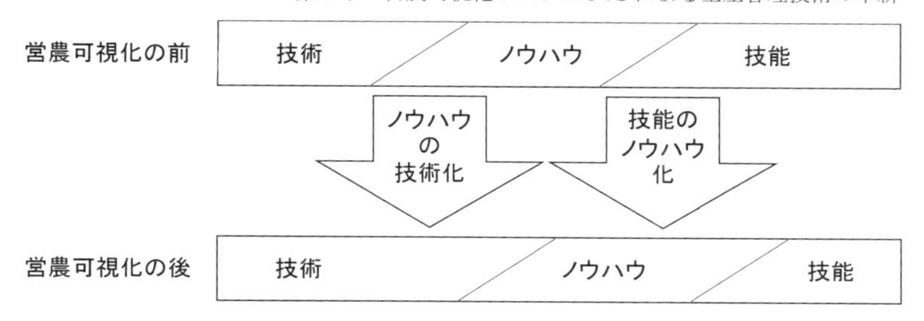

図9-1-1　営農可視化による技能・ノウハウ・技術の区分変化
出典：南石（2015，p.46）を一部修正．

な農作業であるが，現時点では，完全にマニュアル化することは困難であり，稲作熟練者のノウハウや技能に依存する部分が多いといわれている．しかし，仮に，水稲の生育状態，水田の水位・温度，気象条件，農作業（例えば，水管理の時期・内容等）といった稲作に関連する生体情報・環境情報・作業情報が大量に計測・蓄積できれば，これらの膨大なデータ間の関連性の可視化により，稲作熟練者のノウハウや技能に潜む法則性を解明できる可能性がある．あるいは，情報科学や経営科学の方法を活用してこれらの膨大なデータ間の関連性を可視化することにより，現在の生育状態，水田の水位・温度，気象条件を前提として，高収量・高品質を達成できる農作業（例えば，水管理の時期・内容）を探索・発見できる可能性がある．

また，農業機械操作等の技能は，言葉や数値のみでは表現することが困難であるが，複数の視点から作業映像を録画し解説を加えることで，技能の一部をノウハウ化することが可能になる．こうした解説付き作業映像を視聴することで，初心者が熟練者の技能を疑似体験することが可能になり，技能向上が促進される可能性がある．また，初心者の作業映像を熟練者と共に視聴しながら解説を加える方法もある．

表9-1-1は，農匠ナビ1000プロジェクトで用いた主なICT関連機器・システムを示している．作業情報（作業者，作業場所・圃場，作業時間・内容，作業映像，使用資材・機械，機械作動状況等）は，本章で述べるFVSスマホ内蔵のGPS・ICタグリーダ・カメラやFVS農作業レコーダ（カメラやGPSロガー）で収集することができる．また，第10章で述べるITコンバインでも農業機械作業の収集は可能である．

表 9-1-1　農匠ナビ 1000 プロジェクトで用いた主な ICT 関連機器・システム

機器・システム（関連する章）	センサ等	作業情報	環境情報	生体情報
FVS スマホ（第 9 章）	スマホ内蔵の GPS・IC タグリーダ・カメラ	作業者，作業場所（圃場），作業時間・内容，使用資材・機械等	（圃場の状態）	（作物の生育状態）
FVS 農作業レコーダ（第 9 章）	アクションカメラ，ウェアラブルカメラ，ビデオカメラ，農機モニタシステム，自動車用ドライブレコーダ，GPS ロガー	農作業者の視野映像や作業映像，農業機械の作動状況，圃場全景映像		
FVS 水田センサ（第 9 章）	気圧・水圧計，温度計，湿度計		圃場の水位，水温，気温，湿度等	
気象観測装置（第 7 章）	気温計，湿度計，日射計，光量子計，雨量計，風向・風速計		農場の気温，湿度，日射量，光量子量，雨量，風向・風速	
三次元（3D）計測器（第 5 章，第 6 章）	トータルステーション，レーザ計測器		圃場内の土壌凹凸・均平度	
土壌センサ（第 10 章）	自走式軽量型リアルタイム土壌センサ		圃場内の土壌成分分布（物理・化学特性）	
IT コンバイン（第 10 章）	収量計（投てき（衝撃）検知方式），GPS ロガー	コンバインの稼働状況・作業経路，圃場別作業時間・燃料消費量等		圃場別籾収量・籾水分含量 圃場内の籾収量分布
植生センサ（第 10 章）	無人ヘリ搭載太陽高光・反射光測定用センサ（フォトダイオード）			植生指数
葉色・葉緑素・葉身窒素センサ（第 10 章）	マルチコプタ搭載デジタルカメラ 葉緑素計（SPAD），葉身窒素測定器（アグリエキスパート）			葉色，葉緑素，葉身窒素
圃場カメラ（10 章）	アウトドア用固定カメラ（一定時間間隔で撮影）		（圃場の状態）	作物の生育状態
米品質・食味分析装置（第 7 章）	穀粒判別機，硬さ・粘り計，電機製物性（軟らかさ，歯ごたえ，粘り）測定器，食味計			米の外観品質（整粒・未熟・被害粒・死米・着色・胴割等，粒厚），硬さ・粘り・歯ごたえ，食味

環境情報のうち農場や個々の圃場の水位・水温・気温・湿度等は，本章で述べる FVS 水田センサや一般の気象観測装置で計測できる．また，圃場内の土壌

の均平度や物理・化学特性は第 5 章・第 6 章で言及した三次元（3D）計測器が実用化されている．なお，第 10 章で紹介している土壌センサも実用段階が近づいている．

第 10 章で述べるように，生体情報のうち圃場別籾収量については IT コンバインによる計測が実用化されている．葉緑素や葉身窒素の携帯型センサも実用化されており，植生指数や葉色についても小型飛行体による計測が可能になりつつある．ただし，水稲生育状況の把握には，人手による生育調査に頼らざるを得ない面が多く，生体センサで計測できる領域は限られている．生体情報のうち米の外観品質（整粒・未熟・被害粒・死米・着色・胴割・粒厚等），硬さ・粘り・歯ごたえ，食味等については，第 7 章で言及したように分析機器が実用化されている．

図 9-1-2 は，情報フローから見た「農匠ナビ 1000」プロジェクトのイメージを示している．稲作の農業作業情報，水田圃場の環境情報，水稲の生体情報を，

図 9-1-2　情報フローから見た「農匠ナビ 1000」プロジェクトのイメージ

表 9-1-1 に示した ICT 機器・システムを活用して圃場別に計測・収集し，これらのデータを FVS 等のクラウドシステムへ送信し，「稲作ビッグデータ」として蓄積・共有・可視化・解析する．さらに，これらのデータの集計・解析結果に基づいて，気象・市場変動リスクに対応した経営管理・生産管理・作業管理の支援を行うという流れである．

本章では，客観的データに基づく農業技術の励行・改善・向上と共に，農作業ノウハウや技能の可視化を目的として開発した営農可視化システム FVS の開発状況や機能，有効性や活用方法について述べる．FVS の活用により，稲作熟練者のノウハウ・技能と科学的データの両方に基礎をおく新たな稲作生産管理技術の革新が期待できる．第 2 節～第 4 節では，水田センサやスマートフォン等を活用した農作業情報や水田環境情報の収集・蓄積・可視化を対象にする．具体的には，第 2 節「水田センサシステムと融合した FVS クラウドシステムによる営農可視化」では，農作業情報や水田環境情報の可視化に有効な FVS クラウドシステムの最新機能について述べる．第 3 節「FVS 水田センサネットワークシステムの試作と現地予備試験」では，多数の水田圃場の水位・水温等の環境情報を無線通信によって効率的・低コストに計測収集するための水田センサネットワークシステムの現地試験について述べる．第 4 節「水圧式水田水位センサの試作と現地予備試験」では，水田水位センサの試作検証結果について述べる．

その後，第 5 節「FVS 作業映像コンテンツ作成手法」では，ウェアラブルカメラ，アクションカメラ，農機モニタシステムで録画した映像を統合し，農作業映像コンテンツを作成する手法について述べる．第 6 節「農作業映像コンテンツを活用した技術伝承の実証事例」では，こうした手法を実際の営農現場へ適用した農作業映像コンテンツ活用事例について述べる．

（南石晃明）

2. 水田センサネットワークと融合した FVS クラウドシステムによる営農可視化

大規模農業経営においては ICT を活用した営農可視化が経営発展に果たす役

割が大きくなっている（詳細は，本書第11章参照）．そこで，筆者らは，ICタグ（RFID），GPS，カメラなどを活用して農作業情報の収集と可視化を目指す営農可視化システム FVS クラウドシステムの開発実証を行っている．本節では，水田圃場環境センサネットワークシステムと融合した最新の営農可視化システム FVS クラウドシステムについて述べる．

1）営農可視化システム FVS クラウドシステムの概要

営農可視化システム FVS クラウドシステムは，当初，スマートフォン（以下，スマホ）を活用して様々な農作業情報を簡易に収集・蓄積・共有・可視化することを可能にするスマホアプリとクラウドシステムから構成されていた（南石ら　2012）．その後，現地実証試験で明らかになった現場ニーズを反映して，農匠ナビ1000プロジェクトでは，水田圃場の水位・水温等を計測可能な水田センサと融合させている（南石ら 2015）．こうした改良により，最新システムでは，圃場毎の水位や水温等の水田圃場環境情報を簡易に収集・蓄積・共有・可視化することを実現している．

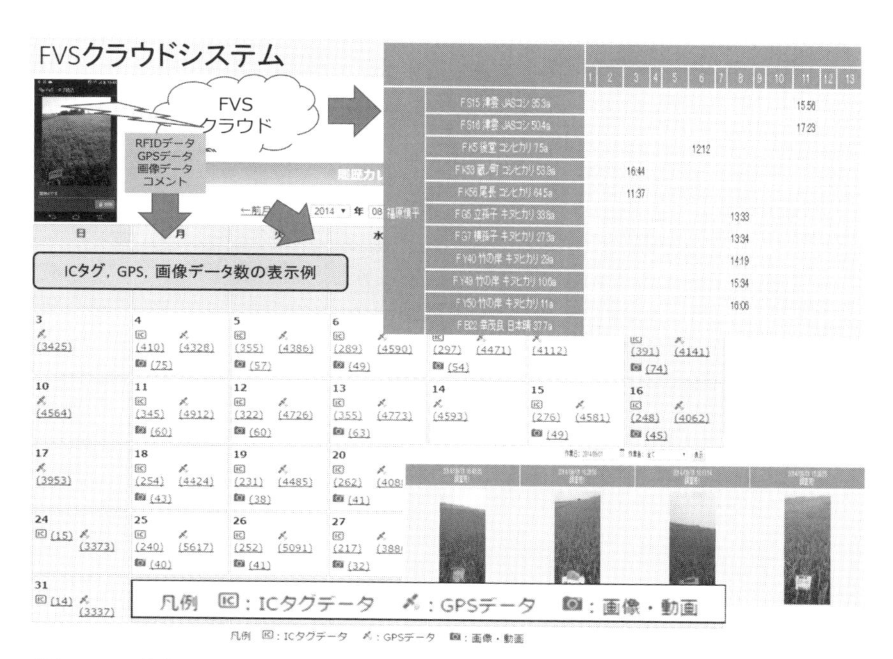

図 9-2-1　営農可視化システム FVS クラウドの作業履歴画面例

（1）スマートフォンを活用した農作業情報の収集と可視化

FVS クラウドシステムでは，スマホ活用により作業者毎の作業内容・位置・写真・コメント等の詳細な農作業情報を簡易に収集・蓄積・共有・可視化することが可能である（図 9-2-1）．FVS スマホアプリは，Android OS（NFC 機能有）で作動し，FeliCa 対応の IC タグを読み取ることで，ワンタッチで農作業の内容や作物の状態の情報と時刻を記録・収集できる点に特徴がある．また，FVS スマホアプリでは，内蔵カメラでの農作業や作物生育状態の写真撮影，内蔵 GPS で作業位置自動計測が可能であり，さらにコメント入力もできる．これらの情報は，Facebook 連携機能により，農作業中でも容易に確認でき，農業経営内の情報共有に有効であることが確認されている．

（2）水田センサによる水田環境情報の収集と可視化

最新の FVS クラウドシステム（図 9-2-2）では，水田センサ（水位・水温・気温・湿度・気圧・水圧）で計測・収集した水田圃場環境情報を地図，グラフ，帳票等で可視化・表示することが可能になっている．例えば，図 9-2-3 は水位データの地図表示（ヒートマップ）の例であり，広域に立地する多数圃場の水

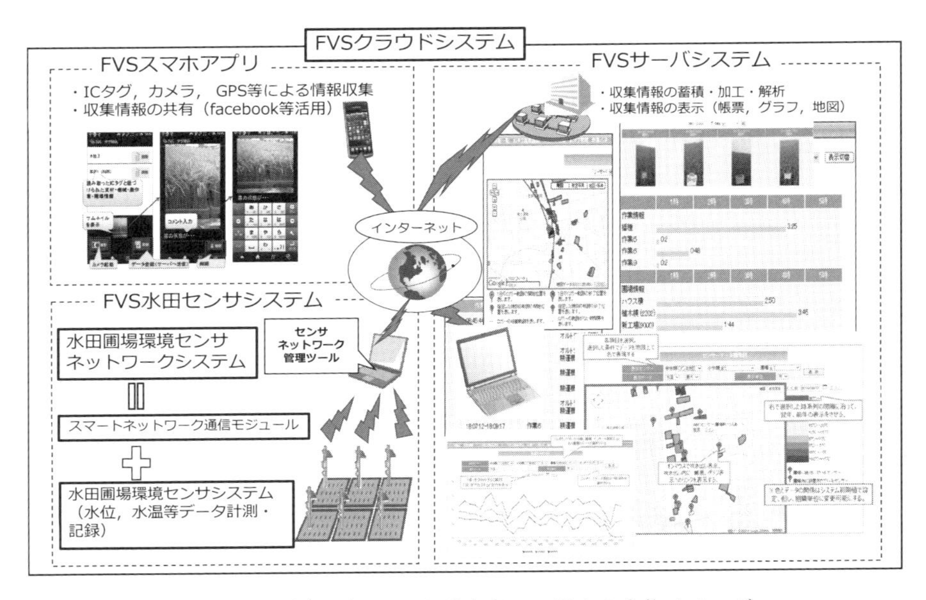

図 9-2-2　水田センサと融合した FVS クラウドシステムの全体イメージ

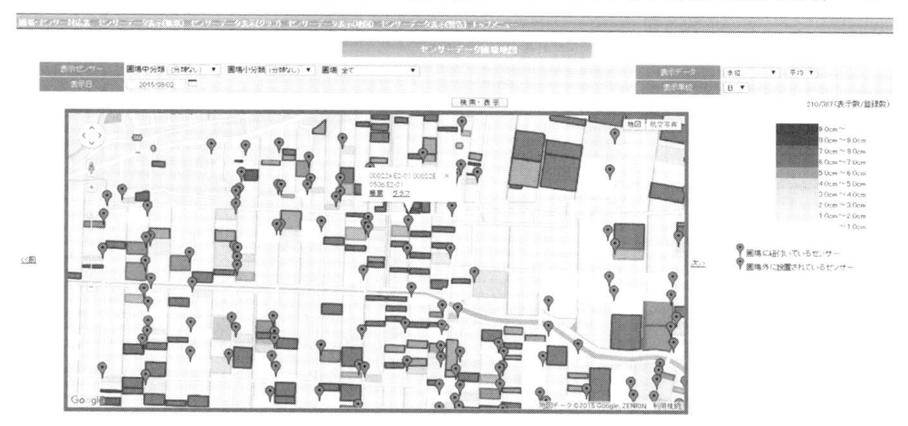

図 9-2-3　FVSクラウドによる水位地図表示（ヒートマップ）表示画面例

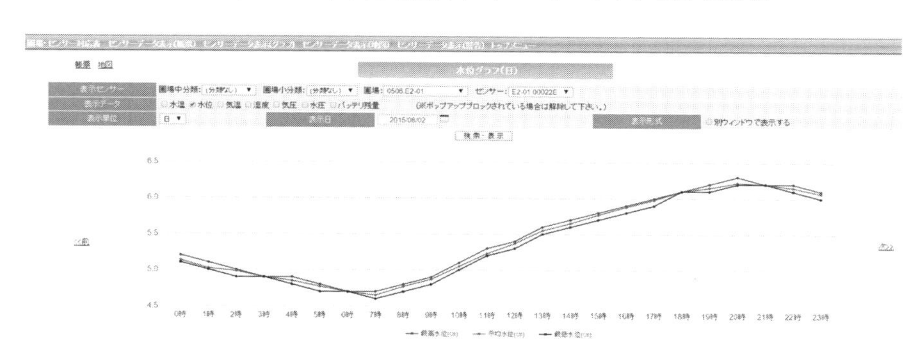

図 9-2-4　FVSクラウドによる水位グラフ表示画面例

位を一目で俯瞰することができる．また，特定圃場を選択することで，当該圃場の水位の時系列的な変化をグラフ（図 9-2-4）や帳票で表示することも容易にできる．勿論，多数圃場の水位の全体的な様子を帳票形式で表示することも可能である（図 9-2-5）．こうしたデータは，計測単位（10分），1時間，日，月など様々な時間単位で集計・表示可能になっている．

さらに，水田センサの計測値が予め指定した閾値に達した場合にメールを自動送信する警告機能も実現されている．自動送信されるメールでは，計測値のグラフ表示がリンクされており，水田センサ計測値の時系列的変化を圃場でも容易に確認できる．また，センサBOXに貼付したICタグ（FeliCa）をFVSスマホアプリで読取るだけで，計測値のグラフ表示を行うことができ，多数の圃

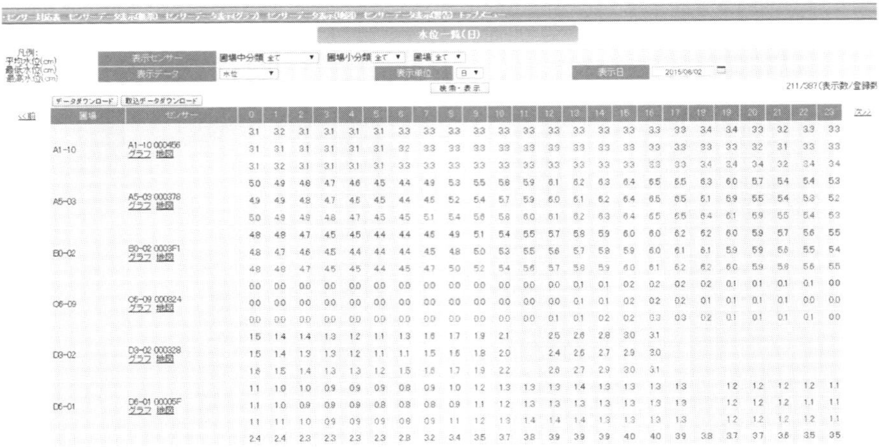

水位一覧(日)

凡例:
平均水位(cm)
最低水位(cm)
最高水位(cm)

表示センサー　圃場中分類 全て　圃場小分類 全て　圃場 全て
表示データ 水位　表示単位 日　表示日 2015/08/02
検索・表示
211/387(表示数/登録数)
データダウンロード　取込データダウンロード

圃場	センサー	0	1	2	3	4	5	6	7	8	9	10	11	12	13	14	15	16	17	18	19	20	21	22	23
		3.1	3.2	3.1	3.1	3.1	3.1	3.3	3.3	3.3	3.3	3.3	3.3	3.3	3.3	3.3	3.3	3.3	3.3	3.4	3.4	3.3	3.2	3.3	3.3
A1-10	A1-10 000456 グラフ 地図	3.1	3.1	3.1	3.1	3.1	3.1	3.2	3.3	3.3	3.3	3.3	3.3	3.3	3.3	3.3	3.3	3.3	3.3	3.3	3.3	3.2	3.1	3.3	3.3
		3.1	3.2	3.1	3.1	3.1	3.1	3.3	3.3	3.3	3.3	3.3	3.3	3.3	3.3	3.3	3.3	3.3	3.3	3.4	3.4	3.4	3.2	3.4	3.4
		5.0	4.9	4.8	4.7	4.6	4.5	4.4	4.9	5.3	5.5	5.8	5.9	6.1	6.2	6.3	6.4	6.5	6.5	6.3	6.0	5.7	5.4	5.4	5.3
A5-03	A5-03 000378 グラフ 地図	4.9	4.9	4.8	4.7	4.6	4.5	4.4	4.5	5.2	5.4	5.7	5.9	6.0	6.1	6.2	6.4	6.5	6.5	6.1	5.9	5.5	5.4	5.3	5.2
		5.0	4.9	4.9	4.8	4.7	4.5	4.5	5.1	5.4	5.6	5.8	6.0	6.1	6.2	6.3	6.4	6.5	6.5	6.4	6.1	5.9	5.5	5.4	5.3
		4.8	4.8	4.7	4.5	4.5	4.4	4.4	4.6	4.9	5.1	5.4	5.5	5.7	5.8	5.9	6.0	6.0	6.2	6.2	6.0	5.9	5.7	5.6	5.5
B0-02	B0-02 0003F1 グラフ 地図	4.8	4.7	4.6	4.5	4.4	4.4	4.4	4.5	4.8	5.0	5.3	5.5	5.6	5.7	5.8	5.9	6.0	6.1	6.1	5.9	5.9	5.6	5.5	5.4
		4.8	4.8	4.7	4.5	4.5	4.4	4.5	4.7	5.0	5.2	5.4	5.6	5.7	5.8	5.9	6.0	6.1	6.2	6.2	6.0	5.9	5.8	5.6	5.5
		0.0	0.0	0.0	0.0	0.0	0.0	0.0	0.0	0.0	0.0	0.0	0.0	0.0	0.1	0.1	0.2	0.2	0.2	0.2	0.1	0.1	0.1	0.1	0.0
C6-09	C6-09 000324 グラフ 地図	0.0	0.0	0.0	0.0	0.0	0.0	0.0	0.0	0.0	0.0	0.0	0.0	0.0	0.1	0.1	0.2	0.2	0.2	0.1	0.1	0.1	0.1	0.0	0.0
		0.0	0.0	0.0	0.0	0.0	0.0	0.0	0.0	0.0	0.0	0.0	0.0	0.1	0.1	0.2	0.2	0.3	0.3	0.2	0.1	0.1	0.1	0.1	0.0
		1.5	1.4	1.4	1.3	1.2	1.1	1.3	1.6	1.7	1.9	2.1		2.5	2.6	2.8	3.0	3.1							
D3-02	D3-02 000328 グラフ 地図	1.5	1.4	1.3	1.3	1.2	1.1	1.1	1.5	1.6	1.8	2.0		2.4	2.6	2.7	2.9	3.0							
		1.6	1.5	1.4	1.3	1.3	1.2	1.5	1.6	1.7	1.9	2.2		2.6	2.7	2.9	3.0	3.1							
		1.1	1.0	1.0	0.9	0.9	0.9	0.8	0.9	1.0	1.2	1.3	1.3	1.3	1.4	1.3	1.3	1.3	1.3		1.2	1.2	1.2	1.2	1.1
D6-01	D6-01 00005F グラフ 地図	1.1	1.0	0.9	0.9	0.9	0.8	0.8	0.8	0.9	1.1	1.2	1.3	1.3	1.3	1.3	1.3	1.3	1.3		1.2	1.2	1.2	1.1	1.1
		1.1	1.1	1.0	0.9	0.9	0.9	0.8	0.9	1.1	1.2	1.3	1.4	1.4	1.4	1.3	1.3	1.3	1.3		1.2	1.2	1.2	1.2	1.1
		2.4	2.4	2.3	2.3	2.3	2.3	2.8	3.2	3.4	3.5	3.7	3.8	3.9	3.9	3.9	4.0	4.0	3.9	3.8	3.7	3.7	3.6	3.5	3.5

図 9-2-5　FVS クラウドによる水位帳票表示画面例

場を管理する場合に有効な種々の機能が実現されている．

現地実証の結果，FVS 水田センサの活用により，水田見回りの作業時間が 5 割程度削減できる可能性も示唆され，大規模化に伴う水田見回りの作業時間・労働費増加対策に有効と考えられた．さらに，FVS 水田センサの活用により，従来困難であった広域的な多数圃場の水位･水温の計測･可視化が可能になり，客観的データに基づいて従来以上に周密な水管理を行うことで，収量や品質向上の可能性も示唆されるなど，今後，水田水管理の高度化・省力化への活用が期待されている．

2）FVS 水田センサネットワークシステムの特徴

農業分野においても様々なセンサネットワークシステムの研究開発が行われてきたが（例えば，平藤ら 2013），数百圃場規模で水位・水温等を計測・通信・可視化できる実用的な水田センサネットワークシステムは知られていない．そこで，農匠ナビ 1000 プロジェクトでは，1000 圃場規模の大規模現地実証に供試し得る実用的な水田用水位・水温センサシステムの FVS 仕様（表 9-2-1）を作成した．FVS 水田センサシステムの独自仕様と既存センサの性能を比較すると，FVS 仕様を満たす既存関連製品は存在しないことが確認できる．

FVS 仕様は，本章第 3 節および第 4 節で述べるシステム試作および現地予備試験に基づいて策定したものである．また，水田センサの実用性を最大限担保するため，関連メーカの協力も得て以下の手順で作成した．第1に既存の水位・水温センサシステムの仕様・価格等の調査を実施した．その結果に基づき，第2にプロジェクト内「設計競技（コンペ）方式」を採用し，プロジェクト内に複数の研究チームを立ち上げ，異なるアプローチ・方式によるセンサ部のプロトタイピングを同時並行して実施した．第3に各試作システムの現地予備試験を実施すると共に，第4に各試作システムの特徴・メリット・デメリットを比較検討し，最適な組合せによる要求仕様を確定した．第5に，要求仕様を最も満たす最適方式・部品を選定・調達し，組立て統合してFVS水田センサネットワークシステムを開発した．

最終的なFVS仕様においては，現場運用性を向上させるため，センサヘッド（水位・水温），センサシステム本体（センサ部，通信部），アンテナを一体型とせず，多様な圃場条件に対応して柔軟な設置ができるモジュール型プラットフォーム仕様とした．また，水稲栽培期間中の連続使用を可能にするなど現場運用性向上および機器障害対応のため，通信部およびセンサ部の独立性を確保し，それぞれ独立した電源（電池）から給電することとした．これにより，センサの多様な設置・計測環境への対応など現場運用性を向上させることができた．また，センサネットワーク通信規格の進展等にも柔軟な対応が可能となった．図9-2-6にFVS水田センサの設置例を示す．

図9-2-6　FVS水田センサの設置例

表 9-2-1　FVS 水田センサシステムの基本仕様と既存センサの性能比較

メーカー名		要求仕様
↓評価項目／型番→		-
①センサー計測項目		-
水位	測定	可能
	測定範囲	0-90cm
	分解能	1.0mm
	精度	0-300mm 時±5%以内 FS にて±5%以内
水温	測定	可能
	測定範囲	0-40℃
	分解能	0.1℃
	精度	FS にて±5%以内
温度	測定	可能
	測定範囲	-10-50℃
	分解能	0.1℃
	精度	FS にて±2.5%以内
湿度	測定	可能
	測定範囲	0-100%
	分解能	1%
	精度	FS にて±10%以内
大気圧	測定	可能
	測定範囲	500-1100hPa
	分解能	1hPa
	精度	±2hPa
②データ保存機能		-
水位・水温計測データ		1 時間毎計測値 12 ヶ月間記録
保存データ回収機能		PC（手動）で直接回収可能
③スマートセンサネットワーク対応機能		-
具備できるスマートセンサーネットワークモジュールのメッシュネット構築機能		360 地点以上のメッシュネットワーク構築機能を有するスマートネットワーク通信モジュールを筐体内部に接続可能
具備できるスマートセンサーネットワークモジュールの通信距離		300m 以上
④保守・保全・メンテナンス管理機能		-
現場表示機能		本体に水位，水温，時間，データ蓄積個数，自己診断，通信状況，電池アラームを表示させる機能を有する
センサー・通信モジュールのユニット交換機能による復旧手段		障害時にセンサーおよび通信モジュールをユニット毎に交換可能な復旧手段を有する
自己診断・遠隔動作確認機能		遠地から通信状態・電池残量・動作確認・時刻同期等の自己診断・遠隔作動確認機能を有する
⑤電池寿命・製品寿命		-
電池寿命		9 ヶ月以上
製品寿命	本体部	2 年間
	センサーヘッド（水温・水位）湛水期間	6 ヶ月
⑥防水防塵規格		IP55 以上

(1) センサ部

水位センサ本体については，プロジェクト内で水圧式（吉田ら 2015，本章第 4 節参照）およびフロート式（南石ら 2015，本章第 3 節参照）について試作お

B社		C社		D社	
△		×		×	
△	精度に難あり	○	可能	○	可能
△	2-30cm	△	0-60cm	○	0-400cm
－	－	－	－	○	<0.02kPa，0.14cm
○	±1cm	○	±1mm/℃	○	±0.075% FS，±0.3cm
○	可能	×	不可	○	可能
○	10-50℃	－	－	○	-20℃-50℃
－	－	－	－	○	0.1℃@20℃，0.2℃（-5～50℃），10bit
○	±1℃	－	-	○	±0.37℃@20℃，±0.5℃（-5～50℃）
×	不可	×	不可	×	不可
－	－	－	－	－	－
－	－	－	－	－	－
－	－	－	－	－	－
×	不可	×	不可	×	不可
－	－	－	－	－	－
－	－	－	－	－	－
－	－	－	－	－	－
×	不可	×	不可	×	不可
－	－	－	－	－	－
－	－	－	－	－	－
－	－	－	－	－	－
○		×		○	
○	1時間毎計測値 12ヶ月間記録	×	不可	○	1分間周期 最大21700点記録
○	MicroSDによるデータ回収	×	不可	○	専用接続部とPCをUSB接続し専用ソフトによるデータ回収
△		×	不可	×	不可
○	2.4GHz帯メッシュネット通信構築	－	－	－	－
×	80m （Xbee ZigBee内蔵済）	－	－	－	－
×		×		×	
△	電池残量は装置の表示で確認	×	不可	×	不可
－	－	－	－	－	－
－	－	－	－	－	－
－		△		△	
		○	省電力モード有効，記録間隔1分以上で約2年	○	5年
－	－	－	－	－	－
－	－	－	－	－	－

よび現地試験を実施した．その成果に基づくFVS仕様と既存機種との比較検討を行い，最終的には水圧式特注仕様を採用した．水位センサの要求仕様は，測定範囲0~90cm，分解能1.0mm，精度0-300mm時±5%以内，FSにて±5%以内

とした（表 9-2-1）.

水位の他，水温，温度，湿度，気圧，電池電圧，通信状況を少なくとも 1 時間 1 回計測する仕様とした．ただし，実際に試作製造したセンサでは 10 分間隔で計測するように性能向上を行った．水温センサの要求仕様は，測定範囲 0～40℃，分解能 0.1℃，精度 FS にて±5%以内とした．

また，センサ単体利用を可能にし，通信障害等への対策として，センサ本体に水位等計測データや電池残量データの保存機能(データ保存機能)をもたせ，センサ本体に保存されたデータは専用ソフトによりを回収可能（データ回収機能）な仕様とした．さらに，計測データを圃場で常時確認できるようにセンサ本体に液晶画面を備える仕様（データ現場表示機能）とした．本仕様に基づく水田センサ本体の製造は，フィールドサーバ等の農業用センサの製造・販売実績のある（株）イーラボ・エクスペリエンスに発注した．

（2）通信部

通信部については，現地実証農場 4 社の現状に基づき 360 地点（圃場）以上，通信距離 300m 以上のメッシュネットワーク構築機能を有するスマートネットワーク通信モジュールを筐体内部に接続可能であることとした（表 9-2-1）．具体的には，センサネットワーク通信モジュールについては大規模実証に供試しうる既存機種が見当らないため，プロジェクト内で複数の機種を用いた現地予備試験および比較検討を行った（南石ら 2015a，本章第 3 節参照）．その成果に基づいて，通信モジュールには，スマートネットワーク技術 WisReed による試作段階の通信モジュール EPCOT を選定し，富士通エレクトロニクス（株）に製造を一般販売に先立って発注した．

3）まとめ

本節では，水田センサネットワークと融合した最新の FVS クラウドシステムの概要について述べた．FVS クラウドシステムは，従来のスマホによる農作業・作物生育情報に加えて，水田圃場の水位・水温等の圃場環境情報も収集・可視化が可能になった点に大きな特徴がある．また，FVS 仕様により開発した水田センサシステムは，現場運用性を向上させるため，水位・水温センサヘッド，センサシステム本体，アンテナを一体型とせず，多様な圃場条件に対応して柔軟な設置ができるモジュール型プラットフォーム仕様とした点に特徴がある．

また，プロジェクト内「設計競技（コンペ）方式」を採用し，本章第 3 節および第4節で述べるシステム試作および現地予備試験を同時並行で実施した．これにより，技術調査・試作・現地予備試験・独自仕様策定・部品調達・組立て・統合までの一連の工程を10カ月程度で完了することができた点は，プロジェクトマネジメント上の特徴といえる．こうしたプロジェクトマネジメント方式によって，図9-2-7に示すような多くのサブシステム・部品から構成されているFVSクラウドシステム最新版を短期間で試作できたといえる．

水田センサと融合した最新のFVSクラウドシステムは，2015年の水稲栽培期間中，農業生産法人4社の約1000圃場で現地実証試験を実施した．その結果，当初想定した機能・性能が概ね確認されると共に，営農現場におけるセンサの設置・運用および活用場面・方法について多くの貴重なノウハウや知見が蓄積された．

こうした研究成果に基づいて，普及型水田センサの商品化が協力企業によって進められており，今後の普及が期待される．ただし，現在，商品化が進んでいる普及型水田センサは，各センサにモバイル通信モジュール（携帯電話3G）を内蔵しており，現地基地局（GW）が不要である利点があるが，携帯電話通信網の利用経費が発生するため，広域の多数圃場の設置には不向きであるとい

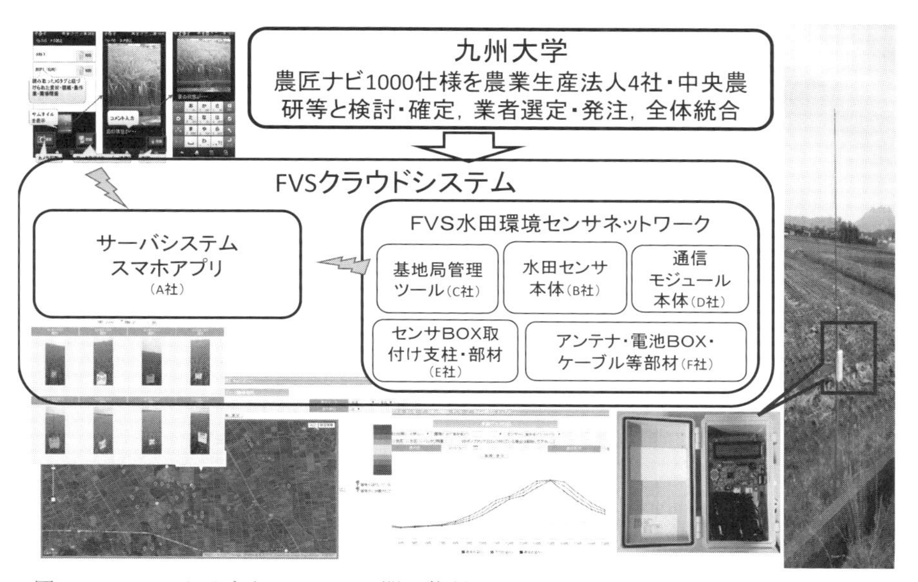

図9-2-7　FVSクラウドシステムの開発体制

う特徴がある.

近未来の広域の多数圃場への設置を想定すると，センサ間の無線通信費用が発生しないという利点を有するスマートネットワークによる水田センサの早期の実用化に期待がかかる．このため，大規模現地実証から明らかになった技術的課題の早期解決に取り組み，研究成果の実用化・商品化が加速している.

FVS クラウドシステムでは，スマートネットワークタイプの水田センサに加えて，モバイル通信タイプの水田センサとの接続試験も行っている．将来的には，農業経営者が，水田圃場の立地条件や活用場面によって，スマートネットワークタイプとモバイル通信タイプを取捨選択できることが望まれるが，それを実現する技術的課題は概ね解決されている．実用化に向けた今後の主な課題は，センサ等の低コスト化であるといえる.

（南石晃明・佐々木崇・長命洋佑）

3. FVS 水田センサネットワークシステムの試作と現地予備試験

農業分野においても Field Server（平藤ら 2013）等の多数のセンサセットワークの研究開発が行われてきたが，水田用に設計された実用的な水位・水温センサネットワークシステムは知られていない．そこで，本節では，南石ら（2015a）に基づいて，1000 圃場実証に向けた水田圃場環境センサネットワークシステムの試作および現地予備試験の結果について述べる.

1）供試センサシステムおよび現地試験方法

本現地予備試験に供試した試作センサシステムは，フロート式により水位・水温等の計測・記録を行うセンサ部と通信ネットワーク構築を行う通信部から構成される．センサ部は独自仕様によるものであり，既存の通信モジュールを接続可能な仕様とした．通信部は，メッシュネットワーク通信モジュール（Digi international Inc Xbee PRO ZBS2B）およびスマートネットワーク技術 WisReed による通信モジュール（富士通（株）EPCOT 試作品）を用いた．WisReed は，「基地局 1 台で 1,000 ノード以上の大規模アドホックネットワーク網を自律的に形成」でき，「従来に比べて必要な基地局数を大幅に削減する事が可能」とされている（http://www.fujitsu.com/jp/solutions/business-technology/intelligent-society

/sensor-network/solutions/smartnetwork/). なお，試作システムと比較検討する対象機種として農業分野で広く利用されておりスター型ネットワーク構築可能な温度データロガー（(株) ティアンドデイ，「おんどとり」RTR-502L +TR-5220）も供試した．

試作システムの現地予備試験は，農業生産法人AGL（株）の水田圃場（熊本）にて2014年8月～9月に実施した．まずXbee版センサシステムの作動試験を実施し，その後，通信モジュールを交換しWisReed通信モジュール試作版センサシステムの作動試験を実施した．現地試験ではセンサシステム設置台数を増加させながら，設置圃場やアンテナ高（地上1m，2m，4m）等の条件を変えて作動状況や基地局PCとの通信状況を観測した．

2）結果および考察

（1）センサ部の構造とデータ測定精度

センサシステムのうちセンサ部は，ワンボードマイコン（Arduino Uno R3，ワイヤレスSDシールド），温度センサ（SEMITEC（株）サーミスタ，2個），水位センサ（シャープ（株）赤外線測距モジュール），フロート（特注品），モバイル電源（Panasonic（株）USBモバイルバッテリー），筐体（特注品）等から構成される（図9-3-1）．フロート部温度センサにより水面温度を計測できる

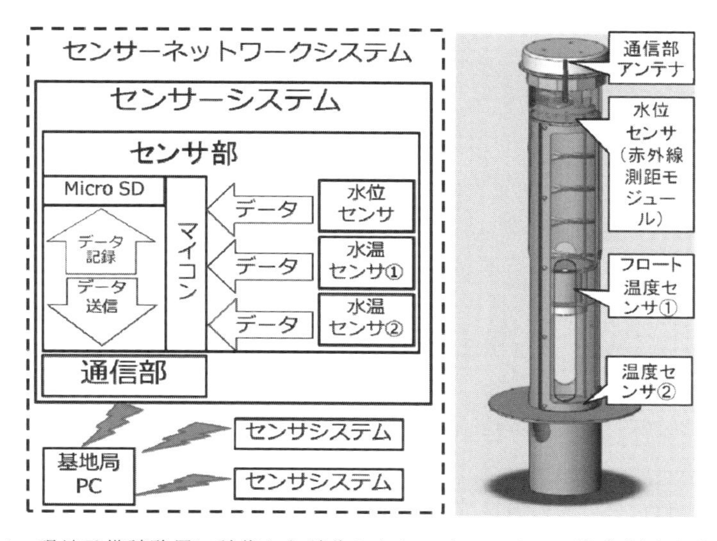

図9-3-1　現地予備試験用に試作した試作したセンサシステムの構成（左）と外観（右）

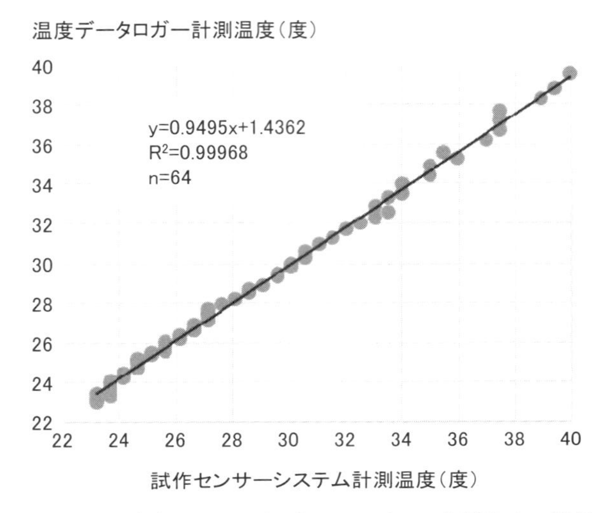

図 9-3-2　試作システムとデータロガーの計測温度の関係

点に特徴がある．

水温データ計測を 10 分間隔で行う設定でセンサ部の現地試験を行った結果，試作センサシステムと市販温度データロガーの計測値の重相関係数は 0.99～1.00（n=35～64，4 データセット）であり，両者の間には極めて高い相関があった（図 9-3-2）．両水温計測値の差異は±1℃以下と推測された．また，水位の重相関係数は 0.99 であり，両者の間には極めて高い相関があった．両水位計測値の差異は±1cm 程度と推測された．

図 9-3-3　現地予備試験におけるセンサシステム（左）と基地局アンテナ（右）の設置例

（2）ネットワーク構築の状況と評価

図 9-3-3 は，ネットワーク構築の状況と評価のための現地通信試験でのセンサシステム設置例と基地局アンテナを示している．図 9-3-4 はセンサシステム設置地図を例示している．WisReed 通信モジュール試作版用センサシステム試

図 9-3-4　現地予備試験におけるセンサシステム設置地図（例示）

験では 39 台を設置し，概ね当初想定した性能を確認した．なお，39 台設置直後には 6 台が通信未確認であったが，その後の検証により，3 台は電源入れ忘れ・電池消耗，2 台は家屋や林等の障害物による通信障害（図 9-3-5），1 台はアンテナケーブル不具合と考えられた．これらの不具合解消により，現地予備試験を実施した．その結果，対象圃場は阿蘇山麓の傾斜地に立地しており，アンテナを地上 2～4m に設置しないと通信障害が生じることが明らかになった．またアンテナが見通せる場合には，通信モジュール間で最大 1000～1500m 程度の距離の通信が可能であることを確認した．

図 9-3-5　現地予備試験で通信障害が生じた設置例
注：樹木が通信障害の原因と考えられた．

Xbee 版センサシステム通信試験では，アンテナ高 4m では通信モジュール間で最大 100～200m 程度の通信を確認したが，センサ台数が数十台までしか実用的でないと考えられた．また，市販温度データロガーでは，PC 側アンテナ高を 4～7.5m にすることで最大 600～900m 程度の通信を確認した．しかし，通信機能の性能上，それ以上の距離では AC100V 電源を要する専用中継器が必要になるため，広域の多数圃場を対象としたネットワーク構築には不向きであると考えられた．

以上の現地予備実証試験結果から，供試システムの中では，WisReed 通信モジュールを内蔵した試作センサシステムの優位性・実用性が最も優れていることが確認された．ただし，センサおよび通信モジュールの電力消費が想定以上に大きいことも明らかになった．また，実際の現地圃場環境で安定したデータ通信状態を確保するためには，アンテナを高く設置することが通信障害の解消に最も大きく貢献することも確認された．こうした基礎的知見に基づいて，本章第 2 節で述べた 1000 圃場現地実証用センサシステムの設計・製造を行った．

3）まとめ

本節では，フロート式による水位・水温センサ部とスマートネットワーク技術 WisReed による通信部を組合せたセンサシステムを試作し現地試験を実施した．その結果，試験圃場においては，アンテナ高を 2～4m にすることで最大 1000～1500m 程度の通信が可能であり，実用的なセンサネットワークシステム構築が可能であることが明らかになった．

（南石晃明・金光直孝・佐々木崇・髙﨑克也）

4．水圧式水田水位センサの試作と現地予備試験

本節では，水稲生育管理においてかなりの作業労働時間を要している水管理作業の省力化を目指して試作した水圧式水田水位センサとその現地予備試験結果について述べる．なお，筆者らは，作物生産を取り巻く数値化可能なデータ（農作業・作物生育・生産環境データ）を統一的に取り扱うことのできるデータベースやアクセス API を構築し，作業計画・管理支援システム（PMS）（吉田ら 2009）での統合管理を目指している．水田センサで収集されたデータも PMS 上への統合と可視化を進めている．これにより，圃場見回り作業に要する時間や労力を削減する効果が期待できる．

吉田ら（2014）では，予備的研究として，市販のテープ式圧力センサ部品（Milone Technologies 社製 eTape 8inch タイプ）を利用した簡易な水田水位センサを試作し，水田水位の連続データ収集・蓄積・統合を行っていた．関連メー

カの協力を得て，この水位計測を経営圃場に全面的に導入できるような低コスト水位センサの製品化を目指した試作と動作検証を行い，本章第 2 節で述べた 1000 圃場実証版の水位センサの基本仕様を確定した．

1）多圃場導入を目指した低コスト水田水位センサの試作

試作した水位センサは，単三乾電池 3 本（約 4.5V）を電源として用い，2 個の MEMS（メムス：Micro Electro Mechanical Systems 微小電気機械システム）圧力センサを使用し，水圧と大気圧との差圧を計測することで水位を計測する（図 9-4-1）．第 1 の圧力センサはセンサ本体に内蔵されており，第 2 の圧力センサは水圧検出部に内蔵されている．水圧検出部は目的の水位計測基準点（通常，水田の土壌表面）に設置する．これにより，水田が湛水状態になると，2 個の圧力センサ間に圧力差が生じ，この差圧から水位を推定する．なお，水位センサの初期設定（差圧＝水位 0 とみなす）を設置現地で行うことで，設置圃場の標高や気象（気圧）の変化による計測誤差を最小化できる．

2）試作水田水位センサの現地予備試験と動作検証

既往の試作センサ（以下の記述では「水位 1～4」）や市販センサ（同「水位 0」）を比較対象とし，本研究 1 年目（2014 年）で試作したセンサ（同「プロト 1～3」）の現地予備試験（実圃場）を行い，耐久性検証を兼ねた動作検証を行った（図 9-4-2，表 9-4-1）．その結果，地点 A に設置した市販センサ（水位 0）とプロト 1 の比較結果（図 9-4-3）から計測精度（水位分解能）は十分であったが，センサ設置時の水圧検出部（センサヘッド）の設置位置ずれがそのまま水深計測値のオフセット誤差として現れた．このため設置時の取り扱い性（設置のしやす

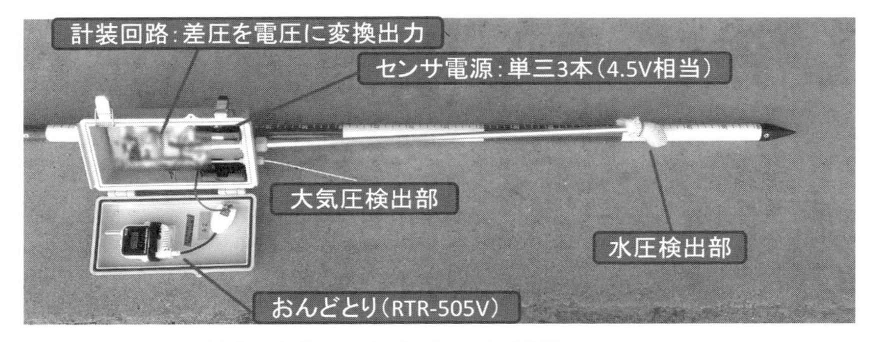

図 9-4-1　メーカ試作の水位センサプロトタイプ外観

表 9-4-1　I 県 R 市 Y 農場管理水田圃場 5 地点（A～E）での計測項目

地点	機材[1)]	計測項目	計測間隔 (min)
A	Open-FS	温湿度・土壌水分・地温・日照・水位 0	30
	おんどとり	温湿度・地温・水温・プロト 1	60
B	おんどとり	地温・水温・水位 4	60
C	おんどとり	水位 1	60
D	おんどとり	水位 2・プロト 2	60
E	おんどとり	水位 3・プロト 3	60

注 1）Open-FS は AC 電源接続による間欠稼働，おんどとりはバッテリ電源
　2)「おんどとり Web」は T&D が提供するデータ収集サービス（無償利用

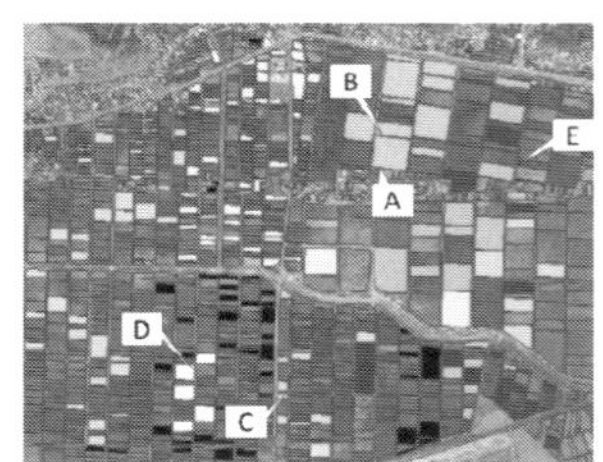

図 9-4-2　左から：設置・計測地点（A～E），設置状況例（地点 A および D）
I 県 R 市 Y 農場管理水田圃場での動作検証状況.

さ）については，たとえば既往試作品（水位 1～3）と同様のセンサハウジングを付加することが必要と考えられた．また，プロト 1～3 はセンサヘッド部の防水処理（水田の電解水に対する防水素材の化学的耐久性および防水施工方法）が結果として不十分で，設置後 2 週間～2 ヵ月程度でセンサヘッド部基板への浸水・腐食・絶縁不良を生じ，供試した 3 台とも計測不能となった.

以上の結果を踏まえた改良点を，本研究 2 年目（2015 年度）の 1000 圃場現地実証用水位センサ設計に反映し，その後の水田センサの製造・導入・検証の基礎とした.

（吉田智一）

5. FVS 農作業映像データ収集・統合手法の分類と特徴

農業経営の維持発展において，農業技術・技能伝承が重要な農業経営課題に

計測期間（年月）	データ収集 接続	収集先 2)	備考
2112.8～	オンライン	Twitter	水位は 2013.6～
2012.6～	オンライン	おんどとり Web	
2012.6～	オンライン	おんどとり Web	水位は 2014.6～
2013.6～	オフライン	ハンディロガー	水位は 2014.6～
2014.6～	オフライン	ハンディロガー	水稲生育調査圃場
2014.7～	オフライン	ハンディロガー	

による常時稼働.
の範囲で使用).

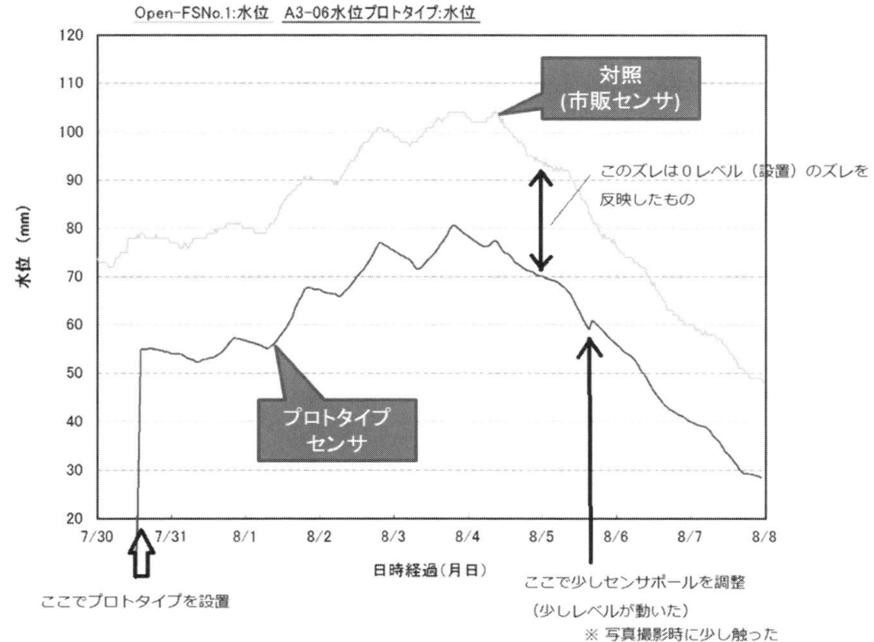

図 9-4-3　試作水位センサの計測特性検証結果例

なってきている（南石 2011）. しかし，農業技術・技能伝承支援を明確に意図した農作業データの連続収集・可視化支援システムの研究は従来見られない. そこで，筆者らは，農作業の内容（対象の資材・機械等），場所，作業状況（映像）などの多様な農作業データを連続収集し，これらを統合化・可視化する営農可視化システム FVS-PC Viewer の試作・開発を進めてきた（南石ら 2011）.

これらの研究成果に基づき，宮住ら（2014）は，大規模稲作経営（茨城県）を対象に FVS PC-Viewer の現地実証を行い，田植機操作における熟練者と初心者の作業速度や作業精度確認頻度に統計的有意差があることを明らかにしている．南石ら（2015）では，大規模稲作経営（滋賀県）の田植や代かき作業を対象に FVS PC-Viewer の現地実証を行い，熟練者の機械操作映像を初心者や中級者が視聴・擬似体験することで，初心者や中級者の作業ノウハウ習得が促進され，農業技術・技能伝承に有用であるとの結果が得られている．例えば，初心者からは,「教えてもらう時間を十分に確保できない中で作業の方法やノウハウを学べるという意味で役に立つ」, 中級者からは「自分の映像と熟練者の映像を比較すると自分のダメな点がよくわかる」といった意見があった．また，佛田ら（2015）では，農業の「匠の技」を継承支援する「暗黙知継承支援手法」を提案すると共に, 水稲栽培を対象とした「多視点映像コンテンツ」等を試作し, 視聴後のインタビュー調査から，技能継承に有効であるとの結論を得ている．さらに，松倉ら（2015）では，農業機械操作技能の向上により，現有労働力・機械装備で規模拡大が可能になり水稲生産コストが 2～3 割程度低減できる可能性をシミュレーション分析により示している．

こうした研究成果は，農作業映像の活用により農機具等の技能伝承が促進され，生産コスト低減に貢献することを示唆している．また，農機事故防止など安全対策に有効であるとの意見もある．そこで，農匠ナビ 1000 プロジェクトでは，実際の営農現場における農作業映像録画・活用システムの実用化を目指して，複数方式・タイプの農作業レコーダの試作，作業映像録画・活用方法の整理・体系化, および農業生産法人 4 社の約 1000 圃場での現地実証試験を行った．本節では，FVS 農作業レコーダ（農機ドライブレコーダ）による FVS 農作業映像データ収集・統合手法の分類と特徴について述べる．

農匠ナビ 1000 プロジェクト現地実証に活用している農機用 FVS 農作業映像コンテンツレコーダは, ①市販のアウトドア用の小型カメラや GPS ロガーを活用するアウトドアカメラ活用型，②自動車用ドライブレコーダ活用型，③農機用モニタシステムや GPS モジュールを活用する農機モニタシステム活用型, ④独自仕様によりカメラや GPS モジュールを統合する独自仕様型に大別できる（表 9-5-1）.

表9-5-1　農作業映像コンテンツレコーダの概要および特性比較

タイプ	概要	メリット	デメリット
アウトドアカメラ活用型	アウトドア用の小型カメラやGPSロガーを組み合わせて活用 GPS内蔵カメラ，ウェアラブルカメラ等も有る	高画質，高音質録音 安価．装着性良好（視野映像） 操作性良好（スマホ等で制御可能，最大4台のカメラを制御可能な専用モニタも有る）	バッテリー容量により連続録画時間は2時間程度
自動車用ドライブレコーダ活用型	自動車用のドライブレコーダをそのまま使用 GPS内蔵機種も有る	種類も多く安価，操作性良好 農機バッテリから給電可能な機種もあり長期間（終日）録画可能	カメラは車内設置用であり，防水機能が無いため車外設置が困難
農機モニタシステム活用型	農機用バックモニタシステムに専用カメラ（最大4台）増設し録画装置接続	農機モニタシステムをベースにしており，操作性良好で，農機バッテリから給電するため長期間（終日）録画可能	低画質・録音不可 高価
独自仕様クラウド型（本システム）	マイコン，通信モジュール，準天頂GPS，WEBカメラ等を組合せて独自仕様による試作	作業映像およびGPSデータをクラウドサーバに自動転送することでデータ回収作業が不要	通信速度制約のため低画質．量産品でないため高価．通信環境によっては作動が不安定

アウトドアカメラ活用型は，いわゆるウェアラブルカメラやアクションカメラ等の市販のアウトドア用のカメラ（GPS内蔵も有り）やGPSロガー等を活用するタイプであり，営農現場の用途に応じて組み合わせて現地実証している．高画質・高音質録音でありながら安価であり，さらに装着性良好（コンパクト）で操作性良好（スマホ等で制御可能，最大4台のカメラを制御可能な専用モニタ機種も有り）である点が利点である．しかし，農作業データ計測用としてのデメリットは，バッテリ容量により連続録画時間が2時間程度である点が課題である．

図9-5-1上段は，アクションカメラを，トラクタのキャビン屋根（左），ステップ（中），キャビンに設置（右）した例である．また，図9-5-1下段は，ウェアラブルカメラの装着例（左図）と作業者の視野映像例（右図）である．ウェアラブルカメラやアクションカメラで撮影した映像データやGPSデータは，

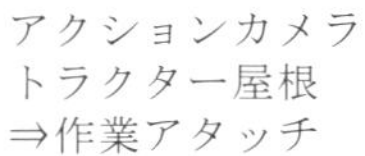

図 9-5-1　アウトドアカメラ活用型の設置例
出典：(株) ぶった農産提供

図 9-5-2　FVS PC-Viewer で作成した農作業映像コンテンツ例
出典：(株) ぶった農産提供

FVS PC-Viewer に読み込むことで自動的に時間同期・統合できるため，農作業映像コンテンツを簡単に作成できる（図 9-5-2）.

市販の自動車用ドライブレコーダは安価で操作性も良好なメリットがあるが，カメラは室内設置が想定されており，車外カメラ設置が困難な点が課題といえる．これに対して，農機モニタシステム活用型では，農機用バックモニタシステムを活用し，専用カメラを4台まで増設すると共に録画装置を接続した試作システムをヤンマー（株）と共同で試作・現地実証している（10章参照，伊勢村ら 2015）．農機用モニタシステムをベースにしており操作性良好で，農機バッテリから給電するため長期間録画が可能（終日録画等）である点が利点である．ただし，農作業映像録画用として使用する場合，比較的高価であるにも関わらず低画質で録音不可である点が課題と言える．なお，自動車用ドライブレコーダや農機モニタシステム活用型ドライブレコーダの設置例や映像例は次節で示す．

上記タイプのシステムは，何れも市販品を活用しているが，日々のデータ回収を手作業で行う必要があり，運用上の課題となっている．そこで，データ回収を全自動で行う独自仕様のクラウド型ドライブレコーダの試作も行っている．具体的には，マイコンボード，準天頂対応 GPS，WEB カメラ，通信モジュール等を組み合わせて，作業映像およびGPSデータをクラウドサーバに自動転送する仕様となっている．本クラウド型は，WiMAXや無線LAN等によって作業映像およびGPSデータをクライドサーバに自動転送可能であり，手作業によるデータ回収作業が不要であるという利点がある．ただし，現状では，クラウドシステムへの通信速度制約のため，農機作業中の録画映像データのリアルタイム転送を行う場合には，低画質録画とならざるを得ない点，通信環境によっては作動が不安定になる点，試作品であり高価になる点等の技術的課題が残されている．

（南石晃明・長命洋佑）

6. 農作業映像コンテンツを活用した技術・技能伝承の実証事例

これまでの農業技術・ノウハウ・技能は，先祖代々その家において親から子へと口頭伝承や作業姿を見て学ぶことで受け継がれてきた．また，地域農業をみても，気候や地理的条件，土壌の違いなどから，農業の技術ノウハウ・技能は，それぞれの地域で継承される傾向があった．

しかし，現代社会においては農業を職業選択の一つとして捉える時代に来ており，非農家出身の農業従事者や農業経験の浅い従事者が農業の大きな担い手になってきている．そのため，これまでの技術・技能伝承方法では，時間やコストがかかり，農業従事者の就業継続や所得が低い水準に留まっている一つの要因となっていると考えられる．この状況を打開するために，技術・技能の異なる農作業者（熟練・中堅・若手等）の農作業映像コンテンツを作成し，若手や中堅へ技術伝承のツールとして活用することが有効と考えられる．

本節では，農作業映像コンテンツを活用した技術・技能伝承の実証事例として，ぶった農産における取り組みについて述べる．本節の農作業映像コンテンツは，農機具に設置したドライブレコーダ，作業圃場周囲の全景を撮影した固定カメラ，作業者が装着したウェアラブルカメラ等で撮影した農作業映像が主な素材となっている．こうした農作業映像コンテンツにより，作業者の操作方法や目線，作業の仕上がりと農機具の操作状況等を記録した．この映像コンテンツを若手・中堅社員に視聴してもらい，熟練社員と自身の違いの把握やその後の作業への効果をヒアリングし，映像コンテンツを活用することが技術伝承に効果があることが現地実証試験から明らかになった．

1）農作業映像コンテンツを用いた技術・技能伝承

以下で紹介する映像コンテンツは，農業経験が30年，17年，4年の3名の稲収穫オペレーターを対象として撮影をした．撮影映像は農機設置カメラ映像，作業者視野カメラ映像，圃場全景カメラ映像の3種類に大別できる．

第1に農機設置カメラ映像は，オペレーターの操作動作とコンバイン刈取り部などの映像である．図9-6-1左は，稲の刈高映像を撮影するために，農機モニタシステム活用型FVSドライブレコーダのカメラをコンバインの右端デバイダに設置した例である．図9-6-2は，コンバインのデバイダ，オーガ先端，バックモニタ，キャビン内に設置した4台のカメラ映像である．なお，参考までに，市販の自動車用ドライブレコーダによる撮影映像例を図9-6-3に示す．第2に，作業者視野カメラ映像は，オペレーターにウェアラブルカメラを装着させての作業者目線に近い映像（図9-6-1右）である．これにより，作業者がどこに注意を払っているかを把握することができる．第3は圃場全景カメラ映像である．今回は，作業圃場周囲と圃場全体を俯瞰できる固定カメラを設置し

農機モニタシステムカメラ
設置：右端デバイダ
対象：刈高さ

ウェアラブルカメラ
設置：作業者頭部
対象：作業者視線

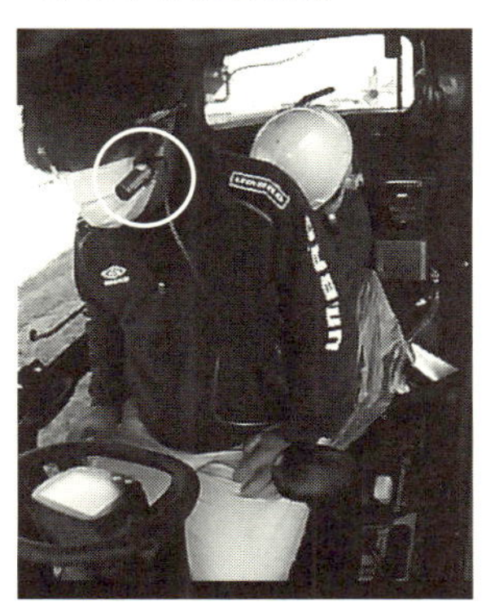

図 9-6-1　農機モニタシステムカメラ設置例およびウェアラブルカメラ装着例

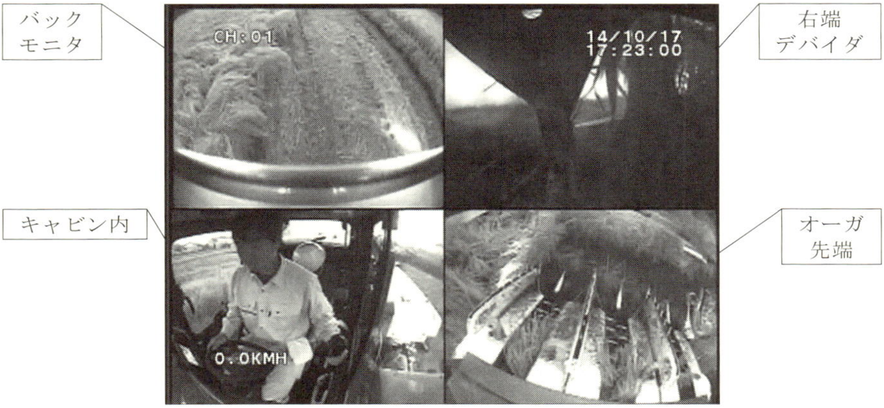

バックモニタ
右端デバイダ
キャビン内
オーガ先端

CH:01
14/10/17
17:23:00
0.0KMH

図 9-6-2　FVS 農機ドライブレコーダを用いたコンバイン収穫作業映像（4 画像）例

てコンバインの動きと作業仕上がりの映像を撮影している．この映像を活用することで，隅刈取り時や籾排出時のコンバインの動きを俯瞰することができる（図 9-6-4）．こうした撮影箇所の選定は従事者が知りたいと思われることだけではなく，オペレーターが無意識に行っていることも，コンテンツに盛り込まれるように工夫している．これはコンテンツを活用する従事者のレベルによって，従事する業務や注意・意識する箇所が異なると考えたためである．

図 9-6-3　自動車用ドライブレコーダを用いたコンバイン収穫作業映像例

図 9-6-4　圃場全景固定カメラ映像を用いた農作業映像コンテンツ画面例

新入社員はまず補助作業に従事するが，コンバイン作業について知識・経験が少ないこともあり，コンバインの動きを十分に把握しなければ効率性や安全性が低下してしまう．そこで作業圃場周囲を俯瞰できる固定カメラ映像で，自らが作業を行う際に，どの順番で行えば効率的かを熟練社員と共に確認した．またウェアラブルカメラ映像によりオペレーターの死角や作業時の視界を把握でき，安全に作業できる範囲を理解することに役立てた．ヒアリングした結果，言葉での説明や写真だけでは伝わらない動きが，映像コンテンツを活用することで理解が進み，残り穂の刈取りや籾の排出などを安全に行うためのイメージを持つことができたとのことであった．

今回対象とした若手は3年程度オペレーターを経験している従業員である．作業は一通りできるが，熟練・中堅社員とは作業速度と対応力に欠けるとの自己認識であった．そのため，熟練・中堅社員の目線が何を捉えているのかを把握するため，ウェアラブル映像に関心を持った．農作業映像コンテンツの活用により，熟練・中堅社員は刈取り部だけではなく，こぎ胴へ入っていく部分もよく見ていることを認識したという．今までは操作に一所懸命になり，こぎ胴に対して負荷をかけてしまうこと（オーバーロード現象）があり，最悪の時には詰まらせてしまうことがあった．詰まりの排除や，不具合への対応が必要となり，これに多くの時間を費やしていることが最も効率を下げていると，映像を見て認識したとのことである．これにより倒伏がひどい圃場や柔らかい圃場などではコンバインへの負荷をかけず，コンバインを止めないことを意識することで，作業の効率性向上だけでなく，精神的にも楽になったとの感想が得られた．また若手自身が自らの失敗をした映像を見ることで，原因とそれを今後起こさないための対応を客観的に把握することができたとの感想が得られた．

今回対象とした中堅社員は17年程度オペレーターを経験している従業員である．この中堅社員の場合は，後輩に教える教材として農作業映像コンテンツを主に活用した．以前は，図や写真などで教育をしていたが，後輩にイメージを持たせることが難しく，現場で再度説明を行うということが度々あったという．またコンバインにおいて稲のこぎ胴への送り込みは人身事故が多く，安全な作業範囲を説明する際に農作業映像コンテンツで説明することで，実機を用いて説明するよりも安全で同等の効果が得られたとして，教育ツールとして有効であると強く感じたとの感想であった．

2）農作業映像コンテンツ活用の効果と実用化上の課題

農匠ナビ1000現地実証試験では，映像コンテンツが持つ技術・技能伝承への効果を高めるため，ウェアラブルカメラや自動車用ドライブレコーダで撮影した様々な農作業映像データを編集・統合し，多画面映像コンテンツを作成した．多画面映像コンテンツを作成する方法としては，映像編集専門家に依頼する方法と，FVS PC-Viewerを用いて自社で行う方法がある．本節で述べた実証試験では当初，映像専門家の編集した多画面映像コンテンツを用いたが，その後，FVS PC-Viewerを用いて自社で類似の多画面映像コンテンツを作成した．後者の多画面映像コンテンツでも，前者と同様の効果が期待できる．

多画面映像コンテンツでは，異なる視点の映像を見比べたり，再生位置を確認したりすることが不要となり，視聴時間と煩雑さが大幅に軽減された．映像を視聴した若手社員は，多画面であることで1つの動作の影響や関連性を否応なくとも意識させられたとの感想であった．このように多画面映像コンテンツは無意識を意識化させることができ，技術・技能伝承に大きな効果があると考える．

今回の映像録画に使用したウェアラブルカメラや自動車用ドライブレコーダ自体は，比較的安価（1～5万円程度）である．以前に比べて高画質な映像が安価に手に入る時代になっており，一定規模の農業法人であれば，簡易的な映像コンテンツを自社教材として作成することで投資した何倍もの価値が生まれると思われた．また，通常のデジタルカメラ，ウェアラブルカメラ，自動車用ドライブレコーダ等で撮影した様々な映像は，営農可視化システム FVS PC-Viewer で容易に同期統合することができる．このため，映像編集専門家に依頼することなく，農業法人が自前で多画面農作業映像コンテンツ作成することも十分に可能な環境が整ってきている．

ところで，農作業中にウェアラブルカメラの操作を行うのは煩雑であるとの意見もあり，またコンバインキャビン内のカメラ映像撮影は監視されているようだと感じる従業員もいた．しかし，多画面映像コンテンツは，責任者と担当者のコミュニケーションや業務見直しのツールとしても活用できるため，その必要性と効果の説明を行えば，十分に理解が得られると思われる．

また，本節では稲刈りに活用した事例を紹介したが，他のこだわりの作業などを映像コンテンツにすることで，教育コンテンツとしてだけでなく，販促ツールとしても活用できるのではと考えている．このように映像コンテンツを活用することで，技術・技能伝承が促進され，農作業の安全性，効率性，ひいては経済性をも高める効果があると，経営者及び若手中堅社員が強く感じた現地実証試験であった．

3）まとめ

本節では，ぶった農産における現地実証によって，農作業映像コンテンツ活用は，新人社員から，若手社員，中堅社員まで幅広い社員の農業技術・技能の伝承や向上に有効であることが示された．また，こうした取り組みは，農業経営における人材育成に有効であり，経営改善への効果も期待できると考えられた．

新入社員にとっては作業全体の概要を疑似体験・把握できることから，担当作業の効率や安全性の向上に役立つと考えられた．また，若手社員にとっては，中堅社員や熟練者の作業映像を視聴・擬似体験することで，自分の作業の問題点を自覚し改善の契機をえることができた．さらに，中堅社員にとっては，後輩社員に作業実施や安全確保のポイントを説明する際の教育コンテンツとして有効であると考えられた．

農業には習得すべき作業項目や要点が多く，天候にも大きく左右されるため，技術・技能を伝える際に文章にすることはもとより，口で伝えることすら困難な場合が多くある．そのため，これまでの技術・技能伝承は親から子へと共体験によって作業を見せ，長時間かけて体得させていくというものであった．こうした従来の伝承方法は時間がかかるだけでなく，年に1回しか行わない作業などでは要点を押さえられずに，技術・技能習得に時間がかかってしまうケースもある．

農業を含めて産業が発展し持続していくために，最も重要な経営資源は人材ではなかろうか．そのため現代社会において，他の産業では入社前に選抜を行って優秀な人材を確保しようとし，入社後もOJTやOFFJTによって人材育成に注力するところも多い．しかし農業においては，従事者の中心が代々農家の家族であり，試験選抜や人材育成を行うには至っていないケースが殆どである．この人材育成が十分に行えていないことで優秀な人材が定着せず，生産効率が上がらず，利益率が高まらないという悪循環を招いていると考えられる．今回の実証は，映像コンテンツが技術伝承を助け，この悪循環を断ち切る一つの対策であることを示している．

（佛田利弘・沼田　新・南石晃明）

7. おわりに

第2節～第4節では，水田センサやスマートフォン等を活用した農作業情報や水田環境情報など数値データで表現できる営農情報を対象として，その体系的な収集・蓄積・可視化を可能にするFVSクラウドシステムの全体像や主要な機能について述べた．その後，第5節〜第6節では，農業機械操作等の言葉やデータでは表現し難い技能を対象として，農作業映像を活用した技能で伝承・向上を支援するFVSドライブレコーダの特徴と活用事例について述べた．

FVSクラウドシステムおよびFVSドライブレコーダは，概ね実用段階に達していると考えられる．また，さらなる改良に向けた技術的課題と解決方策も明らかになってきており，今後は，農匠ナビ1000大規模実証で蓄積された活用ノウハウも生かして，実用化・普及に向けた取り組みが期待される．

（南石晃明）

［引用文献］

佛田利弘・遠藤隆也・南石晃明（2015）匠の技継承・人材育成モデルと暗黙知継承支援技法，農業新時代の技術・技能伝承　ICTによる営農可視化と人材育成，農林統計出版，pp.165-182.
平藤雅之ら（2013）オープン・フィールドサーバ及びセンサクラウド・システムの開発，農業情報研究，22（1）：60-70.
伊勢村浩司・久本圭司・横田修一・佛田利弘・福原悠平・高崎克也・南石晃明（2015）ITコンバインによる水稲収量計測と作業映像記録の現地実証，農業情報学会2015年度年次大会シンポジウム・オーガナイズセッション・個別口頭発表講演要旨集：28-29.
松倉誠一・南石晃明・藤井吉隆・佐藤正衛・長命洋佑・宮住昌志（2015）大規模稲作経営における技術・技能向上および規模拡大のコスト低減効果－FAPS-DBを用いたシミュレーション分析－，農業情報研究，24（2）：35-45
宮住昌志・南石晃明・長命洋佑ら（2014）営農可視化システムFVSによる農作業技術・技能の定量的分析－田植え技術・技能の作業者間比較－，農業情報研究，23（4）：175-186.
南石晃明・藤井吉隆・江添俊明（2013）営農可視化システムFVS-PC Viewerの開発－農業技術・技能の伝承支援－，農業情報研究，22（4）：201-211.
南石晃明（2011）「農業におけるリスクと情報のマネジメント」，農林統計出版，pp.448.
南石晃明・渡邊勝吉・藤井吉隆ら（2012）営農可視化システムFVSの改良と現地実証，農業情報学会2012年度年次大会シンポジウム・オーガナイズセッション・個別口頭発表講演要旨集：45-46.
南石晃明・藤井吉隆［編著］（2015）農業新時代の技術・技能伝承－ICTによる営農可視化と人材育成－，農林統計出版，250pp.
南石晃明・金光直孝・佐々木崇・髙﨑克也・阿波賀信人・川井田康礼（2015a）水田圃場環境センサネットワークシステムの試作と現地試験，農業情報学会2015年度年次大会シンポジウム・オーガナイズセッション・個別口頭発表講演要旨集：16-17.
南石晃明・佐々木崇・長命洋佑・吉原貴洋・福原悠平・横田修一（2015b）水田圃場環境センサネットワークと融合した営農可視化システムFVSクラウドシステム，農業情報学会2015年度年次大会シンポジウム・オーガナイズセッション・個別口頭発表講演要旨集：22-23.
南石晃明・島村　博・佐々木崇・吉田智一（2015c）農匠ナビ1000実証用水田圃場環境センサシステムの特徴，農業情報学会2015年度年次大会シンポジウム・オーガナイズセッション・個別口頭発表講演要旨集，pp.20-21.
吉田智一・高橋英博・寺元郁博（2009）圃場地図ベース作業計画管理ソフトの開発，農業情報研究，18（4）：187-198.
吉田智一・南石晃明（2014）生産現場における環境計測データの統合利用と課題，農業情報学会2014年度年次大会講演要旨集：78-79.
吉田智一・島村　博・物部泰明・柳　修二・南石晃明（2015）多圃場への実用導入が可能な水田位センサ試作検討，農業情報学会2015年度年次大会シンポジウム・オーガナイズセッション・個別口頭発表講演要旨集：18-19.

第10章　IT農機による生産管理技術の革新

1. はじめに

欧米先進国では，ICTを活用して圃場内収量変動（ばらつき）を科学的に計測・解析し，それに応じて圃場内の肥料や農薬の散布量を制御して，収量変動低減を主目的とする「精密農業」（precision agriculture）の研究開発が従来から行われ，1990年代から実用化・普及が始まっている．精密農業の主要技術要素は，圃場マッピング技術，意思決定支援システム，可変作業技術である．圃場マッピング技術は，土壌や作物の状態を計測する各種センサー，場所を特定するいわゆるGPS（Global Positioning System），収集した多様なデータを空間データとして管理・解析・表示するGIS（Geographical Information System）が基盤技術となる．意思決定支援システムでは，生産リスク管理や農業者の経験・知恵の共有のための最適化技法・情報管理技術が基盤となる．可変作業技術は，収量や土壌に関する圃場マップに基づいて，肥料や農薬の散布量を自動的に調整する技術であり，機械制御技術およびロボット技術が基盤となる．なお，GPSは米国が運用している衛星航法システムの名称であり，一般にはGPS等を含む衛星航法システムを総称してGNSS（汎地球航法衛星システム，Global Navigation Satellite System）とよばれている．

欧米に比較し農家の経営面積や圃場面積が小さく集約的農業が主流であるわが国では，古くから圃場内土壌均平化（例えば，代かき等）や生育状況に応じたきめ細かい追肥等が行われている．換言すれば，ICT活用でなく農家の熟練技能による「精密農業」が伝統的に行われてきた．このため，欧米流の「精密農業」の研究開発の成果実用化普及はかなり限定的であった．

しかし，わが国においても土地利用型大規模農業経営では，規模拡大に伴って耕作する圃場（区画）数が数百に達し，農家の熟練技能のみでは，圃場毎の土壌均平化や周密な栽培管理を行うことが困難になってきている．また，欧米農業と異なり，大規模化を可能にする作期拡大，販売戦略や需要対応，各種営農リスク対応等により多品種・多栽培様式（慣行，特栽，有機等）を導入する農業経営も多い．こうした農業経営では，数百に及ぶ各圃場単位で作付・栽培・収穫のPDCAマネジメント・サイクルを行うことが求められており，圃場の個体管理が可能な生産管理手法・システムの実用化が喫緊の課題になっている．

そこで，本章では，日本的な精密農業という視点から，IT農機を活用して主に圃場別の収量，土壌，生育のマッピング技術に着目し，農匠ナビ1000プロジェクトでの現地実証試験の成果を紹介する．圃場マッピング技術は，意思決定支援システムや可変作業技術による実際の生産管理の基礎情報を計測・可視化するものである．その意味では，わが国の水稲栽培の実態に即した水田圃場マッピング技術の確立は，喫緊の課題といえる．

こうしたわが国農業の現状に基づいて，本書では，精密農業を広義に捉え，圃場内か圃場間を問わず空間的な収量変動（ばらつき）管理システム，あるいは空間的収量変動リスク管理手法の一種として，精密農業を位置付けている（南石 2011）．なお，経営も含めた営農全体を対象にする場合には精密農業，圃場における栽培技術体系を対象とする場合には精密農法（precision farming）と区別する場合もある（澁澤 2006）が，本書では後者も含めて精密農業とよんでいる．また，「日本型精密農業を目指した技術開発」の状況については，農林水産省農林水産技術会議ホームページ（http://www.s.affrc.go.jp/docs/report/report24/no24_p1.htm）を参照されたい．

まず第2節から第4節では，ITコンバインと生産履歴システムを活用・改良して，全国の農業生産法人4社の約1000圃場において実施した現地実証試験の結果について述べる．具体的には，第2節「ITコンバインによる水稲収量計測手法」では，圃場別収量計測が可能なITコンバインをベースに，圃場内収量分布データ計測や農作業映像記録が可能な機能を試作し現地実証を行った結果について述べる．第3節「ITコンバイン連動による圃場別情報の地図化・分析手法」では，生産履歴システムとITコンバインをデータ連携させ，コンバイン作業軌跡緯度経度情報から作業圃場特定・圃場別情報（収量や作業時間等）可視化（地図・帳票等）までを自動的に行う機能を試作し現地実証を行った結果について述べる．第4節「ITコンバインによる圃場内水稲収量マップ作成の実証分析」では，実際の営農環境において農業生産法人従事者（コンバインオペレータ）がITコンバインの日常的な操作を全て行う現地実証結果に基づいて，圃場内収量マップ作成に必要なデータ計測上の営農現場での課題と実用性について述べる．

次に第5節から7節では，現在，実用化を目指した研究開発が進んでいる土壌センサーや水稲生体センサーに着目し，その現地実証試験結果（数圃場）について述べる．第5節「土壌センサーによる土壌マップ作成手法」では，トラクター牽引型の土壌センサーの機能，圃場土壌マップ作成手法と活用事例（圃場内収量分布との関係）について述べる．第6節「無人ヘリ観測システムによる水稲生育情報取集手法」では，水稲防除作業に広く活用されている無人ヘリに搭載した作物生育観測システムによる植生指数（NDVI）の計測手法と活用事例（収量整粒歩合，玄米タンパク質含有率との関係）について述べる．第7節「マルチコプター低高度デジタル空撮画像による水稲葉色判定手法」では，いわゆるドローンに葉色計測用カメラを搭載し，水稲生産現場に広く普及している「葉色板」を用いた圃場全体の葉色判定の超省力化を目指す試作システムについて述べる．

（南石晃明）

2. IT コンバインによる水稲収量計測手法

本節では，主に2014年度の現地実証試験の結果に基づいて，情報支援コンバイン（以下，IT コンバイン）による水稲収量計測手法について述べる．本研究で試作・供試したIT コンバインは，籾収量センサー・水分センサー・ロスセンサーの他，作業位置を計測できる GNSS（汎地球航法衛星システム，Global Navigation Satellite System）等を搭載しており，圃場別収量と共に圃場内の詳細な収量分布データが計測可能である．これらの生産物に関わるアウトプット情報マップと，農作業情報（資材投入を含む）や環境情報などのインプット情報マップとを重ねる合わせることで，低コスト生産技術，高品質生産技術，収量最大化生産技術のマニュアル化に繋げることを目標としている．

1）試作・供試 IT コンバインの概要

本研究で供試 IT コンバインは，73.8kW（100ps），6条刈で，こぎ胴からのロス，揺動ロス，収穫流量などの情報をモニターに表示し，さらにこれらの情報を Web サーバーに通信する機能を有する IT コンバイン AG6100R をベースに試作した．なお，IT コンバインには，後述する SMARTASSIST-Remote 端末に標準搭載された GPS に加えて，特に高精度で位置情報が計測できる D-GNSS

（Differential Global Navigation Satellite System）も搭載している．

ITコンバインのデータは，Web上でグラフやマップで表示するシステム（SMARTASSIST-Remote：スマートアシストリモート）に連動し，コンバインに搭載した通信端末を経由してヤンマーのデータサーバーに蓄積される．収集するデータは，機械の稼動情報，稼動位置，車速，走行距離，収量，水分，ロス，燃料消費量などである．

また，効率的な作業，技術伝承のための指針の作成・記録のため，九州大学と共同してコンバインでの収穫作業時の熟練オペレータの動きや視線を4つのカメラからの動画として記録可能にした．カメラの取り付け位置はコンバインの後方，刈取り前部およびそれ以外は，現地実証農業生産法人によって見たい場所のニーズが異なるため，キャビン内は前後左右またはデバイダ（刈取り部）に設置した．これらの動画は，1画面4分割にてドライブレコーダーにて記録可能にした．

なお，本節が主に基づいている2014年度の現地実証試験は，農業生産法人4社（茨城県，石川県，滋賀県，熊本県）と共同して，全国の約1000圃場で実施した．

2）ITコンバインの特徴

営農現場におけるITコンバイン活用効果を向上させるためには，収穫量等の情報を高精度に得ることが必須となる．高精度な情報とは，収量などデータ自身の精度（つまり正確性）が高く，かつそれらが位置情報に精度良く（時間的に細分化できるリアルタイム性が有るか）紐付けられているかである．また同時にその高精度なデータを使って，どのように作業性や収量向上に役立つ機能として提供することができるかが作業機として求められるアウトプットである．以下に，供試したITコンバインの特徴を記す．

（1）収穫量測定システムの改善による収穫量の高精度化とリアルタイム性の実現

従来の収穫量測定システムではグレンタンク前方下部に配置したロードセルにて籾の重量を計測していたため，以下の①に示す課題が残されていた（図10-2-1）．これに対し，本研究で供試した「投てき（衝撃）検知方式」による新開発の収穫量測定システムは②に示す特長を有しており，従来の課題を解決することができる．

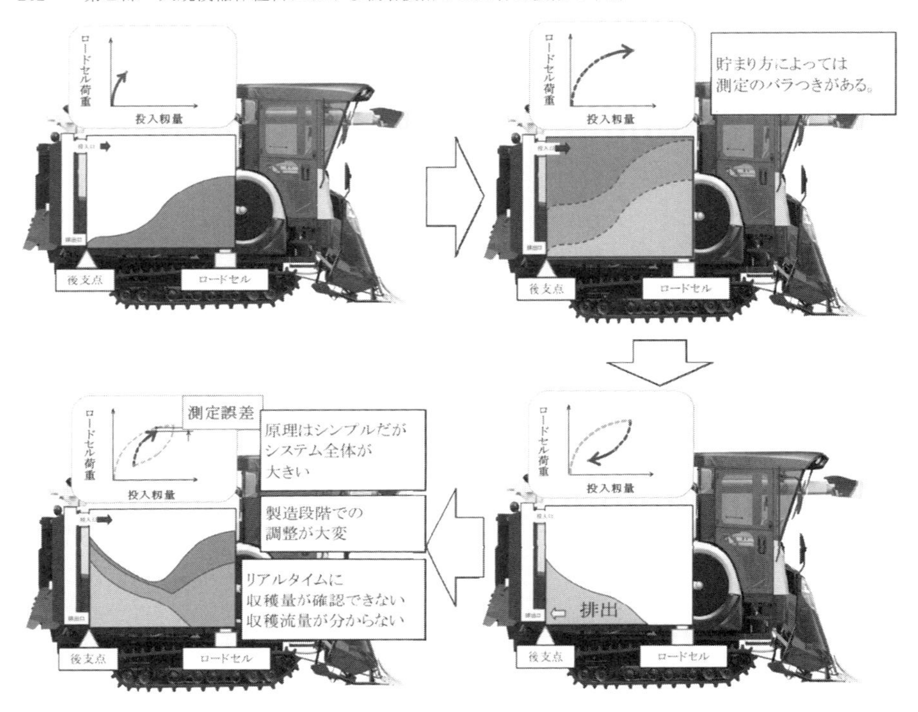

図 10-2-1　従来の収穫量測定システム

①従来型収量測定システム（全重量測定方式）の課題

- タンク片側のロードセルで測定しているので籾の貯まり方によって重量が変わってしまう．そのためタンク満量まで溜まっていないと精度が低くなってしまう．
- ロードセルによる全重量測定方式であるため本機の振動を検知してしまい，重量増加の時系列変化を精度良く計測できず，リアルタイムの収穫量を確認することができない．
- グレンタンクが満量になる前に穀粒の排出を行うと，タンク内の籾の貯まりが変化（分担荷重が変化）する．その状態で再度収穫作業を実施すると貯まり方が異なるため重量が変わってしまう．
- システム全体（ロードセル）が大きいため，コストも高く重量も大きくなる．

②新開発の「投てき（衝撃）検知方式」収量測定システムの特長

・今回使用した新開発の収穫量測定システムでは，収穫量を測定するためのセンサーは小型のロードセル（大きさはマッチ箱程度）で，グレンタンク内の投入口正面に設置可能である（図 10-2-2）.

・本収穫量測定システムでは，従来のシステムとは異なり一回投てき籾ごとの衝撃力を測定し，投てきの都度収穫量を算出するシステムとなっている．そのためリアルタイムに収穫量が測定できるようになり，グレンタンクへの貯まりの偏りによる収量バラつきの問題点も解消された.

・また収穫量の測定精度の向上のため，投てき周期・タイミングを検出し，投てき周期に対応した収穫量の補正をかけている．作業負荷によりエンジン回転数は変動（投てき周期の変動）し，投てきされる籾の速度も変化するが，前述のセンサーが検出する衝撃力が変わったとしても，補正をかけているため高精度を保つことができる（図 10-2-3，図 10-2-4）.

・小型軽量なセンサーシステムを実現したので，コストパフォーマンスも高い.

（2）IT コンバインからの情報による収穫ロス低減

コンバインの機能の中には「脱穀機能」と「選別機能」がある．本機にはロスセンサーは二つあり，脱穀機能によるロスは主に扱胴ロスセンサーにて検出

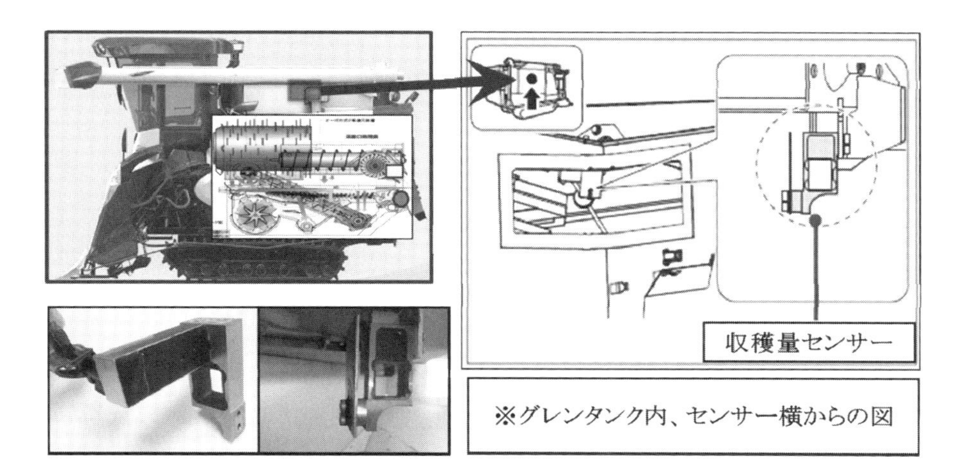

図 10-2-2　収穫量センサー位置

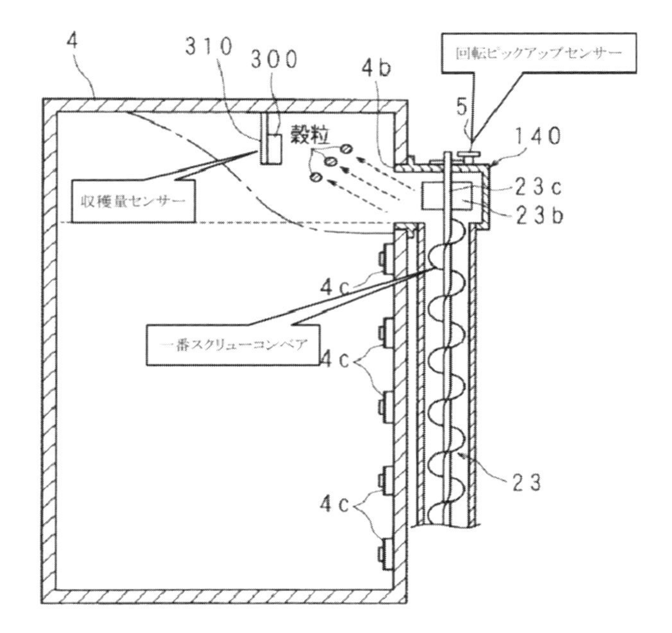

図 10-2-3　グレンタンク縦断面図

し，選別機能によるロスは主に揺動ロスセンサーにて検出する（図 10-2-5）.

①脱穀機能

扱胴によって籾は扱がれ，受け網を通って下の揺動部へと落ちていく，受け網を通らなかった藁屑や籾は，そのまま送塵口処理胴を通って送塵口より排出される．排出された籾はロスとして検出される．扱室内における調整は，送塵弁（籾や藁屑が扱ぎ室内でどれだけの時間滞留するかを決める弁）で行う．送塵弁が開き過ぎていると，籾の落下位置が機体後方寄りになり，籾がそのまま排出されロスになってしまう．また送塵弁を閉じ過ぎていると籾を損傷させてしまう原因となる．

②選別機能

扱胴にて扱がれた籾，藁屑がクリーンセレクション上へと落ちてきて，揺動運動にて選別される．そのままクリーンセレクション終端まで送られ機体後方へと排出された籾はロスとして検出される．クリーンセレクションの隙間が閉じ過ぎていると，籾が下方に落ちずにロスが増加する．クリーンセレクション

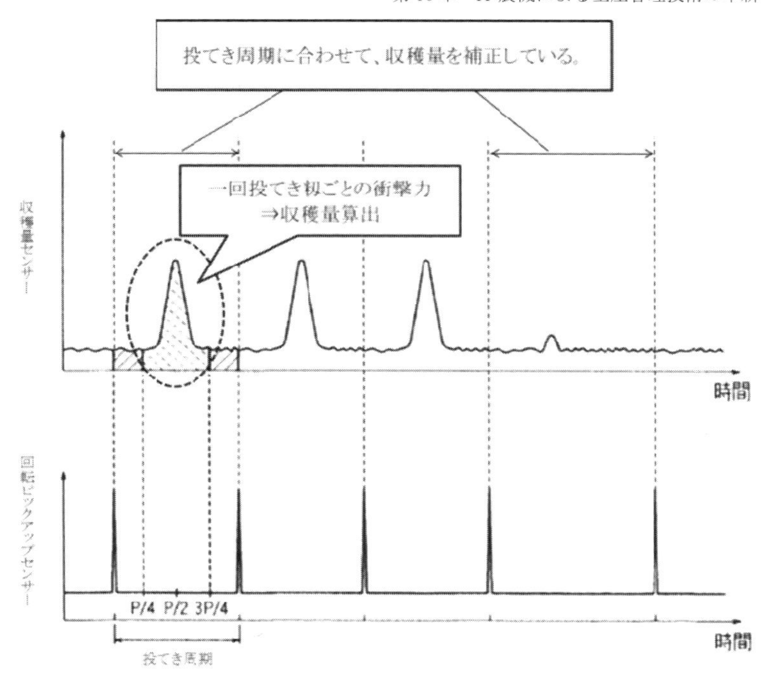

図 10-2-4　収穫量センサーと回転ピックアップセンサーの関係

の隙間が開き過ぎているとグレンタンクに藁屑の混入割合を増加させてしまう．

③ロスセンサー情報活用による収穫ロス低減メリット

これまで国内の収穫作業機でロス情報をアウトプットする機能を有するコンバインは無く，ロスを圃場に落ちた籾の量で目視確認しても，脱穀機能によるロス（扱胴ロス）か，選別機能によるロス（揺動ロス）のどちらに起因するか判断することができなかった．そのためロスが出ていたとしてもコンバインの調整を最適化することは困難であったが，ロスセンサー機能が搭載されたことで，脱穀機能によるロス（扱胴ロス）が多い場合は，送塵弁を適正位置まで閉じ，選別機能によるロス（揺動ロス）が多い場合は，クリーンセレクションの隙間を適正位置まで開くことで，各ロス状況に応じたコンバインの調整が可能になりロスを減らすことができようになった．

ロスセンサー機能が搭載される前では，ロスを気にするあまり，速度を上げられないといった潜在的な不満足が存在し，ロス発生を抑えるために作業速度

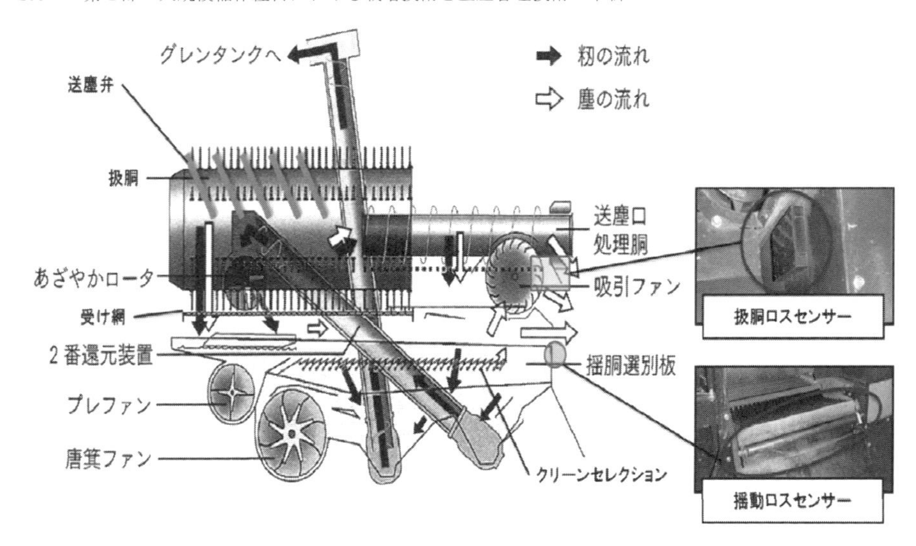

図 10-2-5　脱穀選別部の側面からの図

を落とすことによる作業効率の低下が課題となっていた．図 10-2-6 は，社内試験結果によるロスセンサーの効率効果である．標準調整状態で，揺動ロスがロス基準値を超過している．この時，車速だけでロスを基準値内に抑えるには 2.0m/s⇒1.6m/s（収穫作業効率 20%ダウン）にする必要があったが，ロスセンサーにより揺動ロスが多く検出されていることが分かるため選別ダイヤルを図 10-2-6 中の④⇒⑥位置にしてクリーンセレクション隙間を調整することにより，車速（収穫作業効率）を落とすことなくロスを基準値内に収めることができる結果となった．

図 10-2-7 は，特に高精度の作業位置計測が可能な D-GNSS を試験的に搭載し，ロスモニターの表示をマップ化したものである．ロスセンサーにより収穫作業中はリアルタイムでロス状況の把握が可能となり，作物・圃場条件に応じた適切な調整ができるようになったため，誤ったコンバイン調整のためにロスを出し続けてしまうということを防止する可能性が見出せた．

3) SMARTASSIST-Remote（スマートアシストリモート）によるデータ収集と可視化

(1) システムの概要

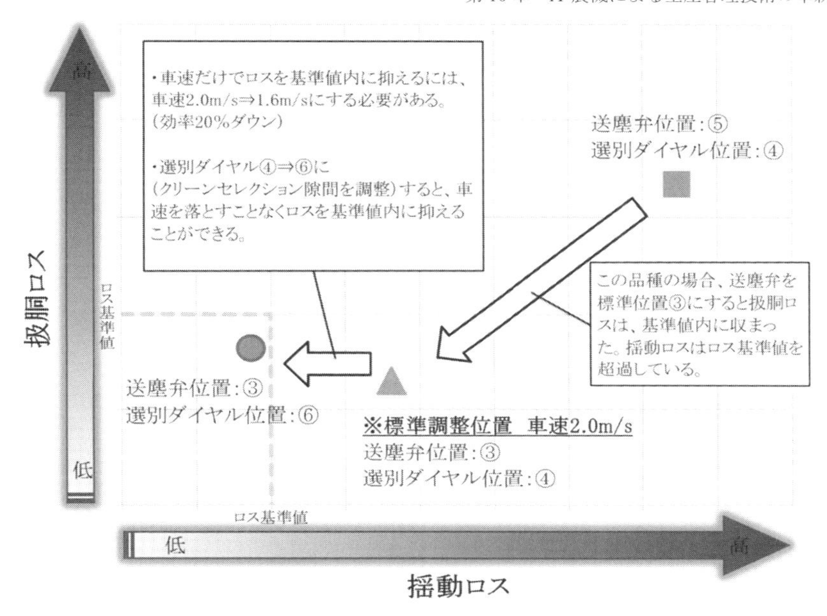

図 10-2-6　ロスセンサーによる効率効果社内試験結果（品種_どんとこい）

図 10-2-7　ロスセンサー情報をマップ化した事例

スマートアシストリモートは，農業機械に GNSS アンテナと通信端末を搭載し，機械の位置情報や稼働情報を，携帯通信網を利用してヤンマーのデータサーバーに送信し管理している．取得した情報はお客さまご自身にご利用いただ

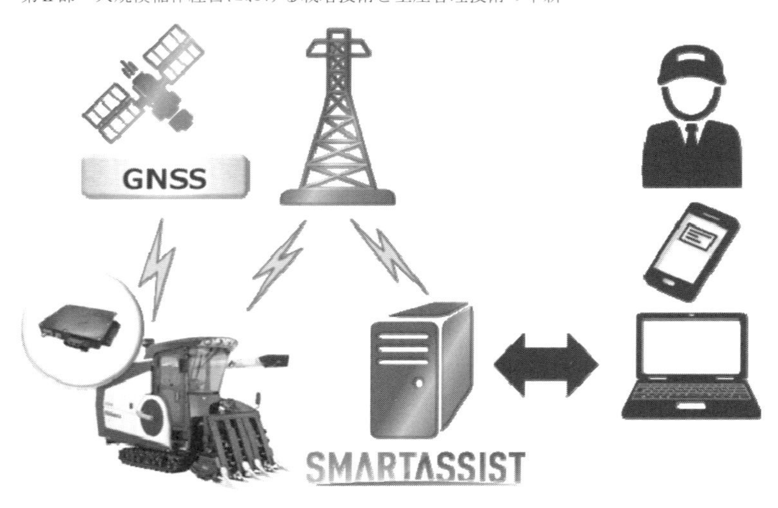

図 10-2-8　スマートアシストリモートの概要

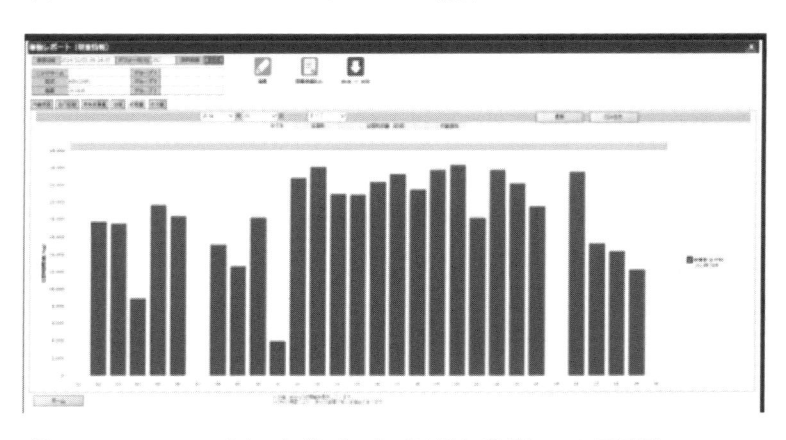

図 10-2-9　IT コンバイン収集データ（日別収穫量）Web 画面例

ける情報に変換し，インターネットを介してお客さま用の Web ページで閲覧，活用することができる．またマシントラブルに関する情報やメンテナンスに関する情報はサービス拠点で活用できるようになっており，常に適切なサービスやサポートをすることを目的としたシステムである（図 10-2-8）．

（2）データの可視化

収集したデータは図 10-2-9 に示すように，web 上でグラフとして表示する．

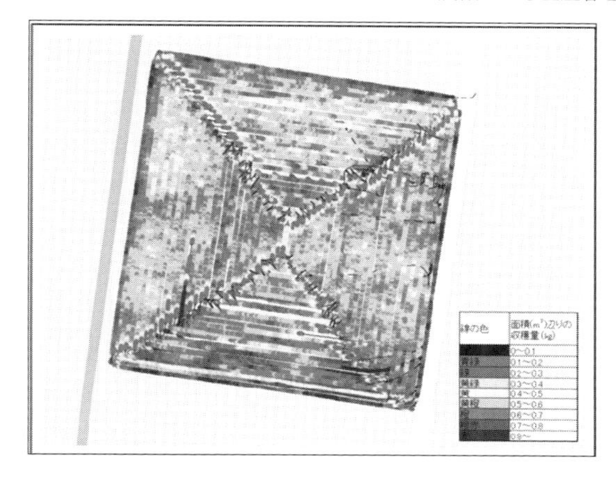

図 10-2-10　IT コンバイン計測データに基づく圃場内収量マップ例
注：この図で例示した収量マップは，コンバインの収穫作業軌跡に沿って作業時間順の収量を上書き描画したものである．このため，コンバインが同じ地点を複数回収穫走行した場合には，最後に収穫走行した時の「収量」が最後に表示されるため，図では圃場内の対角線上の「収量」が低く表示されている．

これによって圃場毎の収量の差異や前年の収量との比較を視覚的に確認することが出来る．さらに圃場内の収量や水分値のばらつきについてもマップ化を行った．今回使用したコンバインの収量センシングは，従来の全重量測定方式から投てき（衝撃）検知方式に変更したことにより，収穫時の収量データを時系列で正確に取得できるようになった．その結果，図 10-2-10 のように圃場内の収量のばらつきの可視化を実現することが出来た．なお，この図で例示した収量マップは，コンバインの収穫作業軌跡に沿って作業時間順の収量を上書き描画したものである．このため，コンバイン収穫作業と共に収量が時間的にどのように変化するかをアニメーション的に確認できる．ただし，コンバインが同じ地点を複数回収穫走行した場合には，収穫走行した時の「収量」が最後に表示されるため，図では圃場内の対角線上の「収量」が低く表示されている．

4）4 画面のドライブレコーダーによる実作業の可視化

4 画面の動画データのサンプル画像を図 10-2-11 に示す．オペレータの視線，作業内容，稲の大まかな状態を動画として記録することができた．これにより，熟練オペレータの技術伝承に利用できる可能性が示唆された．

5）利用者評価と今後の課題

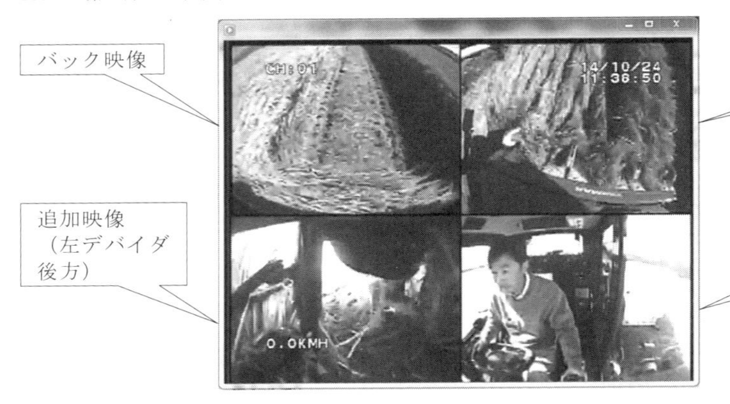

図 10-2-11　農機ドライブレコーダで録画した農作業 4 動画の画面例

今回の研究で IT コンバインを使用して頂いた農匠ナビ 1000 コンソーシアムメンバー（農業経営者）から以下のような意見を頂いている．

①今までは漠然と収量の多いまたは少ない圃場を認識していたが，（多少，操作に煩雑さはあるものの）数値として確認でき，圃場ごとに比較できるようになったため，次年度の肥料等の準備や作業の仕方などに具体的な対策を検討できるようになった．

②一日の収穫量が多いため，その日ごとに乾燥機の状況から収穫量，作業量を決めているが，これまでは品種ごとの経験値，目視による稲の成熟状況等により判断していた．収穫量を計測できるコンバインがあると，圃場ごとの収穫状況が把握でき作業中の判断も容易になった．次年度計画のみならず，日々の収穫作業も楽になった．

この様に，ハードとしての IT コンバインの機能に対して一定の評価を得ることが出来たが，可視化したロスデータを用いて具体的にどのようにロス低減に反映していくかは農機使用上のノウハウが必要であり，技術課題は残されている．今後は更に使いやすく便利な機能を開発し，データの可視化から作業負担を軽減する自動制御機能へ進化させたい．

またデータ収集，営農支援システムとしてのスマートアシストリモートは，今後さらに各種稼働データが蓄積され，個々の経営体に対する B to C の情報サービスはもちろんのこと，開発，生産，販売，品質保証など，さまざまな分野での活用が可能である．それらの網羅的な情報を活用することによって，より良い商品，サービスの開発に結びつけることができる．

なお，今回の現地実証試験でITコンバインに設置したカメラ画質の制約のため，稲株の細部までは精緻に視覚できなかったが，市販のアクションカメラやウェアラブルカメラでは，稲株の細部まで明瞭な映像が得られることが九州大学の現地実証試験で明らかになっている．これらの研究成果も活用し，熟練オペレータのコンバイン操作や収穫作業の映像記録・活用方法の改良も今後の検討課題である．

近年，日本の農業構造は急速に変化しており，農機メーカーとしてどのように農業経営の役に立つことが出来るかを追求しなければならない．機械の安定稼働はもちろんのこと，農業経営支援に至るまで，より一層，農業の生産現場に役に立つIT農機（ハード）＋ソフト・サービスを確立していく所存である．

（伊勢村浩司・新熊章浩・久本圭司・金谷一輝）

3. ITコンバイン連動による圃場別情報の地図化・分析手法

農業経営者にとって一番の関心事は農作物の収穫量と品質を上げて売上を高め，さらに生産するためのコストを下げて利益を向上することである．そのために気象条件を考慮しながら肥培管理，資材投下の工夫，土作りなど様々な要素技術を高めようと努力する．経営全体の農作物の生産性を上げコストを下げるには，もともと高い生産性が見込まれる圃場をさらに一層高めるよりも生産が低いいくつかの圃場の底上げを行う方が効率的である．そのためにも圃場別の収穫量や圃場別各種情報の見える化は重要な課題になっている．そこで，本節では，ITコンバインと農業クラウドサービスとの連動による圃場別情報の地図化・分析手法について述べる．

1）圃場別情報の必要性

情報を駆使して作物生産にかかわるデータを取得・解析し，きめ細かな農場生産管理を行うことを精密農業と言う．1枚の圃場内のバラつきを測定し均一になるよう制御することは勿論のこと，圃場内だけでなく複数の圃場のバラつきを無くすことは，より多くの圃場を管理している大規模水田経営にはとても重要なことである．

農林水産省農林水産技術会議「日本型精密農業を目指した技術開発」ホームページ（http://www.s.affrc.go.jp/docs/report/report24/no24_p1.htm）では，「精密農業とは，農地・農作物の状態を良く観察し，きめ細かく制御し，その結果に基づき次年度の計画を立てる一連の農業管理手法であり，農作物の収量及び品質の向上を目指します」と説明されている．また，精密農業の精密農業の作業サイクルを支援するツールについて，以下の様に記載されている．

精密農業の作業サイクルを支援するツール：

①観察ツール：農作物の生育状況を把握できるシステム
②制御ツール：肥料などの投入量を場所ごとに自動調整できる可変作業機
③収穫ツール：米の収量や籾の水分を自動測定できる収量コンバイン
④解析ツール：収量等をマップにより視覚化し，営農計画に活用できる情報解析

精密農業の作業サイクルは，1）観察，2）制御，3）結果，4）解析・計画の4段階に分けることができ，圃場ごとの収穫結果の把握から始まる．しかし，圃場ごとの収穫量を把握することは困難であり，従来の計測方法では，ライスセンターに籾を運搬する際に1枚の圃場ごとに分けて運び，ライスセンター内で重量と水分%を測定しなければならない．これは多忙な稲刈り時期に行うことは現実的に難しい．如何に手間をかけずに圃場ごとに収穫量を測定する仕組みを構築し，その圃場ごとのデータを地図化・見える化することが，本研究のテーマである．

2）IT農機と生産履歴システムとのデータ連携

本研究は，米の収穫量を計測できるITコンバイン（ヤンマー社製）の圃場別収穫量等のデータと，ソリマチ社が提供している農業クラウドサービスである「フェースファーム生産履歴システム」が連携し，地図化する実証試験である．具体的には，ITコンバインで稲刈りを行うだけで，まったく手入力することなく自動的に圃場別の籾収穫量，籾水分含量%，燃料消費量，作業時間等のデータを生産履歴システムに記録することができるかを，農業生産法人4社（茨城

県，石川県，滋賀県，熊本県）と共同し全国の約 1000 圃場で実証した．

従来，圃場別に収穫量を記録するコンバインはすでに IT コンバインで実現されていた．ただし，圃場を識別するために，IT コンバインが圃場に入った時にオペレータが稲刈り開始のボタンを手動で押し，終了時に終了のボタンを押す操作が必要であり，オペレータにとっては煩わしさがあった．今回試作・実証した新たな仕組みでは，オペレータがまったくボタンを押すことなく，コンバインの作業軌跡の GPS 緯度経度情報から圃場に入った時間と圃場から出た時間をもとに開始と終了を自動測定する仕組みである．

図 10-3-1 のように，ヤンマー社 IT コンバインは，稼働する緯度経度情報，燃料消費量，故障などの機械コンディション状況など様々な情報が記録され，ヤンマー社クラウドサーバーに蓄積される．図 10-3-2 に例示した作業軌跡の GPS 緯度経度情報（1 分間隔の緯度経度情報），籾の収穫量・水分%，燃料消費量等のデータは，夜間に一括してフェースファームのクラウドサーバーに自動でデータ転送される．フェースファームでは，グーグルマップ航空写真に設定した圃場の矩形と照らし合わせて圃場を特定し，圃場に何時に入り何時に出たか，収穫量（籾）と水分%はいくらか，燃料消費量はどれくらいか，というデータを圃場ごとに自動記録する．なお，籾は圃場ごとに水分率が異なるため 10a 当りの収穫量を正しく計算するために水分を 15%に換算して求めた．こうした仕組みにより，1 日の稲刈り作業を終え，翌日に生産履歴システムを見ると圃場別に収穫量が自動的に記録・表示（図 10-3-3）されるのは感動に値する．

ただし，現在，商用化されている IT コンバインに搭載されている GPS 緯度

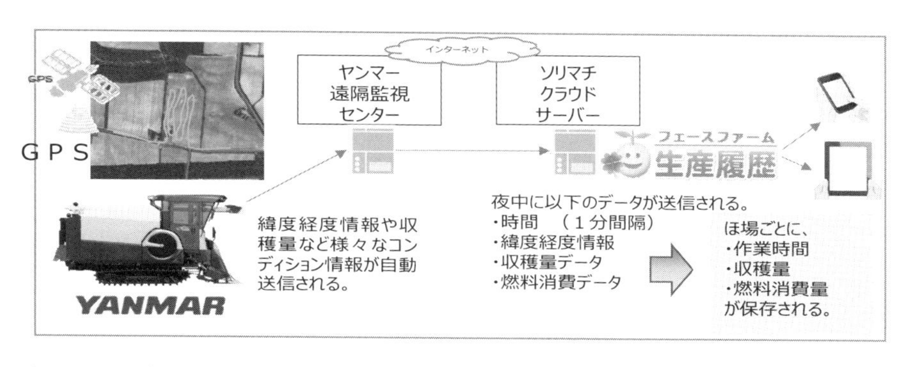

図 10-3-1　農機と生産履歴システムとのデータ連携イメージ

図 10-3-2　IT コンバインの軌跡画面例
ヤンマー社　スマートアシスト管理画面から引用.

表示条件

作業日 2015/09/01 ～ 2015/09/30　機械名称 コンバイン1　表示

	操作	作業日	栽培シート	作業/状況	ほ場・施設	作業面積	燃料消費量	作業時間	作業開始時刻	作業終了時刻
1		2015/09/01	H27水稲 あきたこまち(特別)	稲刈り	G4-02a	1,690m2	1L	0時間06分	13:53	13:59
2		2015/09/01	H27水稲 あきたこまち(特別)	稲刈り	G4-01a	2,791m2	7L	0時間41分	14:00	14:41
3		2015/09/01	H27水稲 あきたこまち(特別)	稲刈り	G5-01a	2,439m2	6L	0時間39分	14:44	15:23
4		2015/09/01	H27水稲 あきたこまち(特別)	稲刈り	G5-01b	1,643m2	3L	0時間24分	15:24	15:48
5		2015/09/01	H27水稲 あきたこまち(特別)	稲刈り	G5-03	2,383m2	5L	0時間33分	15:50	16:23
6		2015/09/01	H27水稲 あきたこまち(特別)	稲刈り	G5-04	1,239m2	3L	0時間22分	16:25	16:47
7		2015/09/01	H27水稲 あきたこまち(特別)	稲刈り	G5-02	2,984m2	8L	0時間45分	16:47	17:32

図 10-3-3　生産履歴システムに取り込まれた農機稼働データ画面例

経度情報には数メートルの誤差がある．このため，圃場と圃場の堺である畔ぎわを走行する際には，隣の圃場もしくは圃場外を走行していると誤認識してしまう場合がある．これを防ぐため，本研究では，将来（何分か先）の作業軌跡状態を考慮して，現在の位置を推論する特殊アルゴリズムを組み込んだシステムを試作実証した．

3）圃場別情報の地図化

本システムではコンバインからのデータを自動的にデータベースに保存し，その記録明細データを圃場別に集計し表 10-3-1 のように集計表として提示でき

表 10-3-1　圃場別の集計表画面例

圃場名	栽培面積	燃料消費量 10a 当たり	作業時間	収穫量	収穫量 10a 当たり
xx01	3.7 a	2.7 L	0 時間 10 分	228.9 kg	620.2 kg
xx02	8.6 a	3.0 L	0 時間 18 分	517.9 kg	605.0 kg
xx03	11.8 a	2.5 L	0 時間 18 分	739.4 kg	627.2 kg
xx04	17.4 a	3.0 L	0 時間 36 分	1,143.4 kg	658.6 kg
xx05	6.3 a	2.8 L	0 時間 21 分	444.9 kg	707.4 kg
xx06	48.4 a	2.7 L	1 時間 16 分	3,301.5 kg	682.3 kg
xx07	13.5 a	2.7 L	0 時間 26 分	995.6 kg	737.5 kg
xx08	11.7 a	2.6 L	0 時間 20 分	796.9 kg	679.4 kg
xx09	12.0 a	2.5 L	0 時間 23 分	779.6 kg	649.6 kg

図 10-3-4　籾収量マップ画面例

る．また，図 10-3-4 のように 10a 当りの籾収穫量を色付きヒートマップにて圃場の状況を容易に見える化できた．

ヒートマップは，特定の品種だけを指定して表示することもでき，圃場収穫量の最大数値と最低数値を自動認識して色の幅を自動設定する．また，昨年度と今年度の収穫量を比較してその差の数値をヒートマップで表示することもできる．

また，図 10-3-5 のように圃場別に作付した品種を色別に表示できるので，今年度の収穫量を考慮しながら来年度の品種作付計画を立てることもできる．さらに，図 10-3-6 のように圃場別の稲刈り作業時間を把握できるので無理無駄の無い作業について作業者間で分析・反省会をすることも可能である．

図 10-3-5　品種別作付マップ画面例

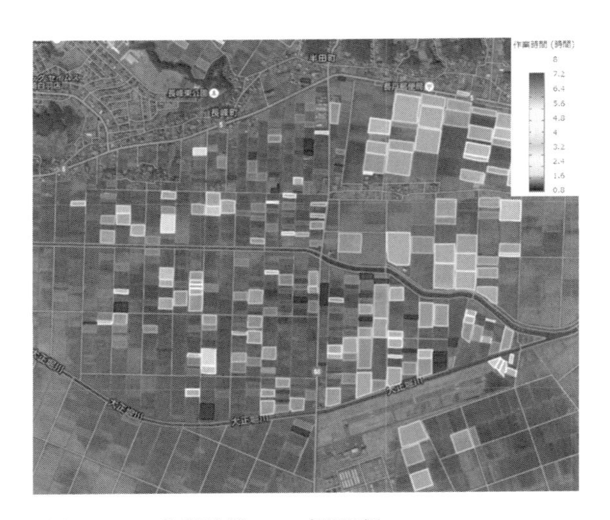

図 10-3-6　作業時間マップ画面例

4）利用者評価と今後の課題

これらの見える化資料について実証試験農場の経営者から以下の意見を得た．

①今までは圃場別の収穫量を正確に把握できていなかったが，当システムで

見える化できた．何より自分で手入力することなく全自動で記録されることがすごい．

②なぜ収量が低かったのか，当年度の肥培管理と照らし合わせて分析でき，来年度の肥培管理の計画に役立った．

このように，現地実証試験に供試したシステムは，コンバインのオペレータがまったく手入力することなく全自動で圃場ごとに作業時間や収穫量を記録でき，圃場ごとの見える化が容易に行えるため，作業履歴記帳の大幅な負担軽減を実現する．このため，作業や肥培管理に無理や無駄がないか反省し，翌年度に効率的な栽培計画を立てる際に非常に有効であるとの評価を得た．ただし，商用の IT コンバインに搭載されている GPS データを用いた場合には，位置測定誤差により隣接圃場との誤認識を起こすことがまれにある．この問題の解決には，既に市販されている高精度 GPS の低価格化と普及に期待したい．

濱田（2014）では，農業機械から収集されるデータを標準化し，オープンなクラウドプラットフォームに蓄積し様々なアプリケーションで利用して農業生産に活用する研究例が提示されている．品質の良い農産物を多収で効率的に生産するには，より多くのデータ・情報を活用することの重要性は明らかになっているが，その実用化のために，農業者に今まで以上にデータ収集の労力的負担や情報機器設置のコスト増を強いるのは本末転倒である．従来よりも格段に簡易かつ安価に，農業機械や各種センサーからデータ自動収集が可能になるような実用技術のさらなる改良と営農現場への普及が期待される．

（平石　武）

4. IT コンバインによる圃場内水稲収量マップ作成の実証分析

わが国の水田を対象にした「精密農業」（澁澤 2006）の研究の一環として，日高ら（2009）は IT コンバインの生産現場での実証を行い，「収穫の実作業に影響なく円滑に操作できた」とした上で「測定精度が高いことを確認した」としている．

しかし，IT コンバインで取得したデータの分析・活用については，今後の課題として残されていた．また，従来の実証研究では，研究者が主体となって極めて限定された圃場における「実証」を行うのが一般的である．このため，こうした「実証」の結果は，必ずしも実際の農家が実農作業でITコンバインを使用した場合に，そのまま当てはまるものではない．

これに対して，農匠ナビ1000プロジェクトでは，農業生産法人4社の約1000圃場において，農業生産法人従事者（コンバインオペレータ）が収穫全期間に渡って全ての機器操作を行うことで，現実の営農環境におけるITコンバインの有効性と実用性について，現地実証試験を実施した．本節では，農業生産法人従事者（コンバインオペレータ）が行った実際の農作業の一環として計測されたデータに基づいて，圃場内収量マップ作成の現実妥当性および活用可能性について明らかにする．

1）データおよび分析方法

農業生産法人4社（茨城・石川・滋賀・熊本）の2014年水稲作付約1000圃場において，供試ITコンバイン（ヤンマー㈱）を用いて籾収量・水分量・ロス・車速データ及び作業軌跡データを計測した．計測データを用いた圃場内収量マップ作成のため，第1にMS-EXCELマクロ（ヤンマー㈱）を用い，D-GNSSデータと籾収量データ（水分15%換算）の計測時刻に基づいて統合データおよび圃場内収量マップ（html ファイル）を作成した（図 10-4-1）．データ計測機器の操作は農業法人従事者（コンバインオペレータ）が実施しており，複数の圃場の収穫作業が1つの計測データファイル（D-GNSS や収量等）となっている場合や，1 圃場の収穫作業が複数の計測データファイルに分割されている場合があるため，収量マップ数と圃場数は必ずしも一致しない．

第2に，作成できた圃場内収量マップ（371 ファイル）について，①圃場内全面収量マップ（○，全面マップが1圃場以上含まれる場合を含む），②圃場内一部圃場内収量マップ（△），③収量データが皆無かほとんど無いマップ（×）という基準を用いて分類を行った．

第3に，圃場内収量分布の予備的分析として，圃場数が多い2法人に着目し，圃場内収量分散が大きい圃場群A，　Xと小さい圃場群B，Y（「圃場群」：数圃場から構成）を目視により選定し，等分散性検定を用いて収量分布の「バラツキ」のA-B間・X-Y間の差異を検定した．

2）結果および考察

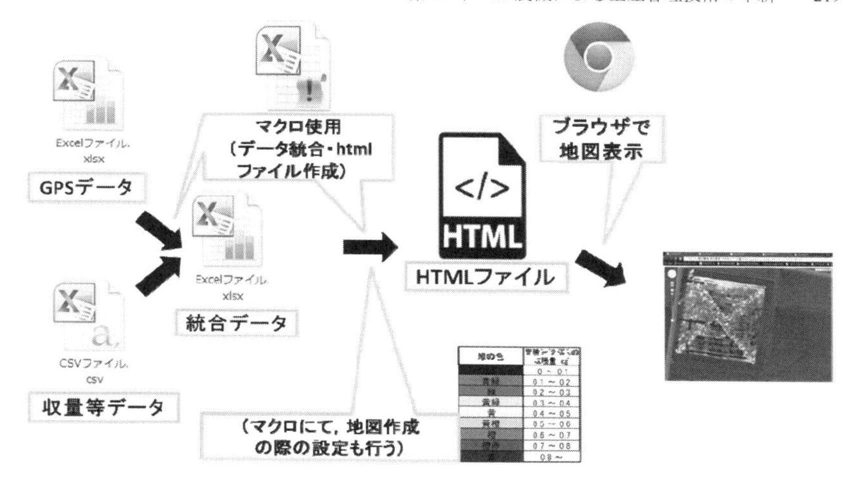

図 10-4-1　圃場内収量マップ作成のデータフロー
出所：筆者作成.
注 1）収量は時間当たり穀粒流量（kg/h）で計測される.（面積当たり（kg/10a）に換算可）.
注 2）収量は時間当たり穀粒流量（kg/h は籾ベースの重量である（日高ら（2009）も同様）
注 3）収量等データには水分値・ロスデータも含まれており，地図作成の際の設定により，凡例設定や作成するマップの選択ができる.
注 4）GPS データには，車速（対地速度）データも含まれる.
注 5）ブラウザでのマップ表示には Google マップの API を用いている.
注 6）データ統合・html ファイル作成のマクロは，ヤンマー（株）から提供を受けた.

表 10-4-1 に，作成した圃場内収量マップの分類・集計結果を示している．各法人における①圃場内全面収量マップ（○），②圃場内一部圃場内収量マップ（△），③収量データが皆無かほとんど無いマップ（×）の割合は異なり，「△及び○」の割合は法人によって 74.56%～90.00%の範囲にあり 15 ポイントの差があることが確認できる．具体的には 4 法人平均割合は 83.56%に達しており，8 割以上のデータについて圃場内収量マップが作成可能であったことを示している.

圃場内全面収量マップ（○）の割合は，法人によって 33.80%～77.14%の範囲にあり，43 ポイント以上の大きな差があることが確認できる．このため，4 社の平均割合は，54.18%に留まっている.

こうした結果は，IT コンバインを用いることで実際の農作業時に計測したデ

表 10-4-1　圃場内収量マップの作成状況

法人 No.（圃場数）	×総数（ファイル）	△総数（ファイル）	○総数（ファイル）	（参考）500kb 以下ファイル総数
法人①（221 圃場）	15	11	22	80
法人②（363 圃場）	7	9	54	224
法人③（54 圃場）	18	29	24	103
法人④（320 圃場）	21	60	101	174
計（958 圃場）	61	109	201	581

注 1）○は圃場全面に収量データが取得できている圃場が 1 つ以上含まれる
　　みなど）しかデータが取れていないファイル．×は収量データが含ま
注 2）ファイル数と圃場数は必ずしも一致しない．また，複数圃場を含む場
　　圃場の作業を複数回に分けている場合がある）．
注 3）500kb 以下のデータファイルは地図化対象から除外した（テストデー
注 4）法人④は，コンバイン 3 台のデータ合計（他法人はコンバイン 1 台）．
出所：収集データ及び収量マップより筆者作成．

ータを用いて，圃場内収量分布のマップ化が可能であることを示している．ただし，コンバインオペレータによる計測機器操作や収穫圃場選択操作の不備等により，16.44%のデータでは圃場内収量マップの作成ができない場合があることも明らかになった．この割合を低下させるためには，収穫圃場移動および休憩時の計測開始・終了操作の徹底を含めた機器操作方法の周知徹底がデータ活用上の課題であることを示唆している．

しかし，多忙な収穫作業時に，データ計測のための操作を確実に行うことは，農業法人従事者（コンバインオペレータ）に過度の負担を強いる懸念もあり，また，確実な操作を担保できる保証もない．このため，FVS クラウドシステムで実現しているように，IC タグ活用による作業圃場識別の簡易化や高精度 GNSS 位置情報活用による，圃場自動識別技術の実用化・普及が期待される．

表 10-4-2 には，法人①及び②の圃場から選定した圃場群 A・B 及び X・Y における，圃場内収量分布の基本統計量及び等分散性検定の結果を示している．これらの結果は，両法人において選定した圃場群の収量分散に有意差が見られる．圃場間で収量分布の「バラツキ」が異なる可能性があることが示している．

また，図 10-4-2 に例示した圃場内収量マップ（法人①の例）では，圃場群 A

地図化・分類したファイルの総数	データ収集したファイルの総数（参考ファイル含む）	（収量マップ作成成功率）	
		△及び○の比率	○のみの比率
48	128	68.75%	45.83%
70	294	90.00%	77.14%
71	174	74.65%	33.80%
182	356	88.46%	55.49%
371	952	平均 83.56%	平均 54.18%

ファイル．△は収量データが取れてはいるが圃場内の一部（中のみ，中抜け，端の
れない，あるいは走行距離が極端に短いファイル．
合は，これを「圃場群」とする（圃場群での作業をまとめて記録している場合・1

タや計測失敗データ等を除くため）．

表 10-4-2　圃場群 A・B，X・Y における，圃場内収量分布の「バラツキ」の検定結果

	法人①		法人②	
	圃場群 A (n=15020)	圃場群 B (n=33898)	圃場群 X (n=22109)	圃場群 Y (n=25048)
収量平均 (kg/10a)	550	620	530	660
標準偏差	0.43	0.34	0.40	0.32
変動係数	0.78	0.55	0.75	0.48
F 検定結果 (p 値)	0.00***		0.00***	

注 1）***：有意水準 1%で有意差あり（分散は等しいとは言えない）．
注 2）収量平均は，籾ベースの重量である．

と圃場群 B を比較すると圃場群 B で収量が高い傾向が読みとれる．ただし，品種は，圃場群 A はあけぼの，圃場群 B はコシヒカリであり，コンバインオペレータは圃場群 A では初心者，圃場群 B では熟練者である．品種によって収量が異なることは広く知られているが，コンバインオペレータの技能によって収穫ロス率が影響を受けることも知られている．このため，圃場内マップで可視化

法人①	圃場群A	圃場群B
圃場群の収量分布 （htmlファイル閲覧画像）		
作業日	2014年10月25日	2014年9月16日
作付品種	あけぼの	コシヒカリ
オペレータ	初心者	熟練者

（凡例）

線の色	面積(m^2)辺りの収穫量(kg)
[illegible]	0 ～ 0.1
青緑	0.1 ～ 0.2
緑	0.2 ～ 0.3
黄緑	0.3 ～ 0.4
黄	0.4 ～ 0.5
黄橙	0.5 ～ 0.6
橙	0.6 ～ 0.7
橙赤	0.7 ～ 0.8
赤	0.8 ～

図 10-4-2　圃場内収量マップの例示（法人①の例）
出所：収量マップ及び地図作成マクロより，筆者作成．

された「バラツキ」が，真の圃場内収量分布の「バラツキ」だけでなく，収穫作業のコンバイン操作によっても影響を受けている可能性も否定できない．この点は，圃場内収量マップの活用上留意すべき点として指摘できる．

3）まとめ

本節では，水稲生産管理の高度化に資するため，IT コンバインで計測した農業生産法人 4 社の約 1000 圃場の圃場内籾収量分布データを用いて，収量マップ作成の実証分析を実施した．収量データ及び作業軌跡位置データを計測時間に基づいて統合し，圃場内収量マップ作成を行った．その結果，圃場内収量マップを作成できたデータは，現地実証農場 4 社平均で全データの 84%に達していることが明らかになり，実際の営農環境による IT コンバイン活用の可能性が確認された．

ただし，圃場内全面収量マップが作成できた割合は，4 法人平均で 54%に留まり，法人によって 33.80%～77.14%の範囲にあり，法人間の違いが大きいことも明らかになった．また，コンバインオペレータの操作技能が収穫ロス率に影響を及ぼす可能性もあるため，圃場内収量マップが，必ずしも真の圃場内収量分布と完全には一致しない可能性も示唆された．

今後の研究課題としては，FVS クラウドシステムで実現しているように，IC タグ活用による作業圃場識別の簡易化や高精度 GNSS 位置情報活用による圃場自動識別技術の実用化・普及により，コンバインオペレータの操作負担の軽減と計測データの精度向上を目指す技術開発があげられる．また，作業履歴・作業者情報・品種・栽培様式・気象情報・病虫害情報・土壌情報などの圃場群に関する様々な情報を考慮し，圃場内収量の「バラツキ」要因を解明することも，今後の研究課題である．

（南石晃明・宮住昌志・長命洋佑・伊勢村浩司・金谷一輝・久本圭司）

5. 土壌センサーによる土壌マップ作成手法

本節では，2014年に茨城県内の5ほ場で実施した土壌センサーによる土壌マップ作成手法を述べる．土壌センサーは，土中の状態を計測するトラクター牽引型装置であり，土壌の化学性と物理性の計測を目指している．本節では，圃場内の土壌の粘土分布や乾燥密度分布と，収量分布の関係についての検討を行った．

1）土壌マップと緻密化

ほ場から位置情報が記録された土壌試料を採土し，土壌の化学性や物理性および生物性等の土壌診断で得られた分析値を，数値や色区分により地図上に配置することで土壌マップが得られる．土壌マップの利点は，管理するほ場間やほ場内のばらつきを視覚的かつ瞬時に理解する事が可能であり，ばらつきに応じた可変作業の意思決定には必要不可欠な情報源となっている．また，ほ場から採土した土壌試料に「日時」と「場所」および「分析結果」が記録され，時系列で何時でも確認できる様になると，精密農業や農業生産工程管理（GAP：Good Agricultural Practice）に準じた土壌管理も同時に行う事が可能である．欠点は，ほ場から位置情報が記録された土壌試料を採土する手間と土壌試料数に応じた分析費用および分析結果を得るまでに時間を要する事である．

慣行法では，生産者が管理する複数のほ場間のばらつきを対象とした1筆管理手法のための土壌マップが主流であるが，担い手の減少や作業高効率化を目的とした農地集約・集積や合筆により，ほ場内の生育や収量および品質のばらつきが無視できなくなっている（柴田 1991，長野間 1995，鳥山 2001）．近年では，1筆内の肥沃度を緻密に調べ，得られる土壌マップから施肥マップを作成し，可変作業機（帖佐ら 2003，原ら 2004，飯田 2009）の導入や人手によるほ場内局所管理（マップベース）を行う事で，収量を増やしながら生育や品質の均質化も可能である事が報告され（国立ら 2004，柳ら 2004，若松ら 2007），土壌マップの緻密化は避けられなくなっている．

2）自走式軽量型リアルタイム土壌センサー

土壌マップの緻密化における課題を克服する為に，電気や電磁気，光・放射エネルギー等を利用した土壌センサーの開発が行われてきた（Adamchuk et al. 2004）．その中で，光センサー（紫外・可視・近赤外・赤外）を利用した土壌センサーは，センサー部が土壌と非接触で，取得したデータから多成分同時推定が可能である．欠点は，推定したい成分毎に回帰モデルの解析が必要な事である．本実証試験の土壌センサーは，可視・近赤外分光装置と DGPS（Differential Global Positioning System）等を搭載し，市販機 SAS2500（シブヤ精機製）と比べて 150kg の軽量化（510kg）を行い，25 馬力程度の作業機でも牽引を可能とし，更に，操作パネルを作業機運転室内に搭載する事で，操作性改善と測定人員 1 名も可能な自走式軽量型リアルタイム土壌センサー（SAS3000；シブヤ精機製）を試作（2015 年 3 月完成）した（図 10-5-1）．土壌センシング方法は，投受光用ファイバーが格納されたチゼル部を土中に貫入し，トラクターで牽引しながら均平板で平滑化された土壌表面に光照射を行い，可視（Vis）と近赤外（NIR）域のスペクトルデータおよび DGPS 信号を任意設定距離間隔で収集を行う．また，予め解析された成分毎の回帰モデルを RTSS に組込む事により，推定値の算出と DGPS の位置情報に基づいて推定結果をマップ化する事も可能である．回帰モデルは，畑作地向けでは化学性 12 項目（Kodaira and Shibusawa 2013）を達成した．本実証試験では，化学性と物理性の回帰モデル導出を目標としている．

3）運用方法

SAS3000 の回帰モデル解析と運用の概略を図 10-5-2 に示す．先ず，回帰モデル解析を行う．SAS3000 で Vis-NIR スペクトルデータを収集した地点の土壌試料を複数採土し，各 Vis-NIR スペクトルデータと採土した土壌試料が判別できる様

図 10-5-1　自走式軽量型リアルタイム土壌センサー

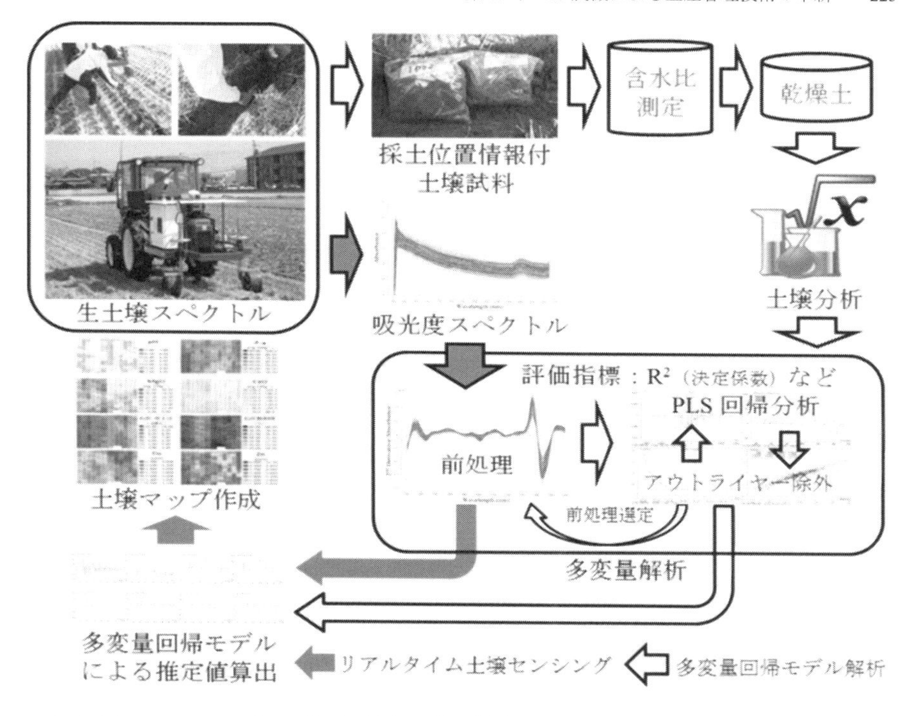

図 10-5-2　RTSS の回帰モデル解析と運用の概略図

にする．土壌試料は，「含水比測定」－「乾燥」－「土壌分析」を経て，推定したい項目の分析値を得る．分析値は，回帰モデル解析の目的変数として使用する．SAS3000 で測定された生土壌スペクトル（Vis-NIR スペクトル）データは，吸光度スペクトルへ変換し，2 次微分前処理にて微小変化の顕在化とノイズ除去後に，多重共線性を回避可能な PLS 解析の適用で項目毎の回帰モデルを得る．また，保有する分析値データ群において，より精度の高い回帰モデル解析は，評価指標である決定係数（R^2）≒1 となる解析定数の選定とアウトライヤーの除外を繰り返す事で得られる．但し，得られた回帰モデル解析で使用された目的変数のデータ群が，推定したい範囲と同じ若しくは広く，かつ均等に分布している事が望まれる（秋友・島村 1998）．次に，回帰モデルが得られている場合は，ほ場で Vis-NIR スペクトルデータを RTSS で測定すると，「吸光度スペクトル」－「前処理」－「回帰モデルによる推定値算出」－「土壌マップ」の工程が自動的に行われ，ほ場内の緻密な土壌マップがその場で得られる．

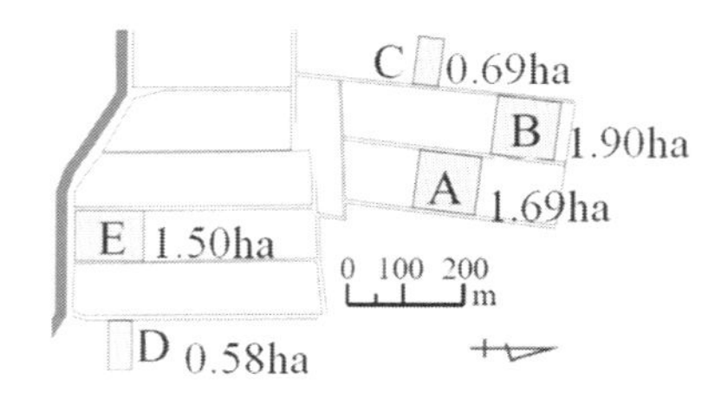

図 10-5-3　供試ほ場配置概略図

4）土壌マップと篤農知

本実証試験は，（有）横田農場（茨城県）が管理する水稲 5 ほ場（図 10-5-3）にて，SAS2500（JST 復興促進センター，（株）エーディーエス所有）を用いて実施した（2014 年 11 月 15 日）．その一部データを用いて，ほ場 B の土壌物理性の土壌マップ化を行った結果を，図 10-5-4（粘土および乾燥密度のほ場内点線は SAS2500 の観測地点）に示す．ほ場 B 北側の乾燥密度が高く，粘土の割合が低い部分は，土壌物理性肥沃度が周辺よりも低い事を示しており，例年，生育も悪い部分である事が生産者によって確認された．また，2014 年 10 月 26 日には，6 条刈収量コンバイン（AG6100R；ヤンマー株式会社製）による収穫作業が同農場で行われ，収量マップ（図 10-5-4，ヤンマー株式会社提供）の北側は，周辺と比べると収量が少ない結果を得た（小平ら 2015）．この様に，土壌マップと収量マップの北側の特徴は類似していたが，マップ分解能としては，収量マップが収穫幅 1.8m であり，土壌マップは観測間隔が 12m である．よって，約 7 倍の分解能差がある事から，正確に比較検証可能なセンシング方法の検討が今後の課題である．

5）まとめ

ほ場内や一筆毎に緻密な土壌マップとして可視化する事により，瞬時にばら

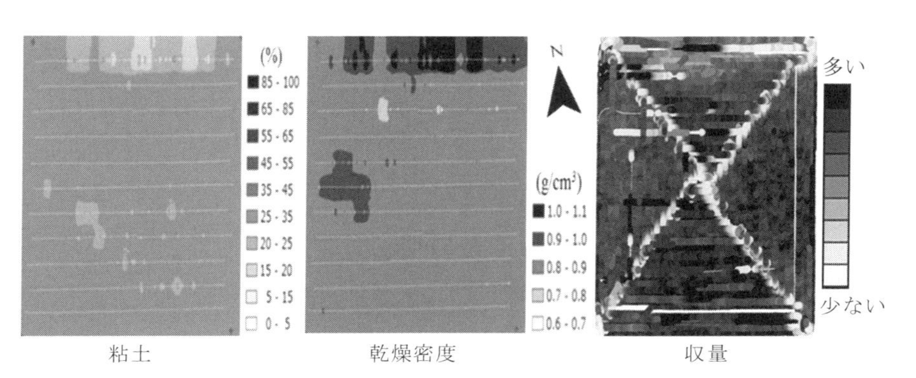

図 10-5-4　土壌センサーによる土壌マップと収量マップ

つき把握が可能となり，ベテランと初心者の情報共有と技術伝承の効率化に寄与する有効な手法の一つである．また，生育や病害虫および収量マップ等も作成する事で，収量や品質に影響を与える要因判断も可能となり，土壌肥沃度に原因がある場合は，緻密な土壌マップに基づいて環境負荷軽減や費用削減を考慮しながら，客土による土壌物理性改良や土壌改良材，基肥および追肥可変作業支援も可能である．異なる目的のセンシング装置で得た情報を基に，マップベースの比較や判断を行う場合には，目的とする判断に応じた測定分解能の検証が，今後の課題である．なお，本研究で新たに試作したSAS3000による実証試験（2015年10月）に基づく土壌化学性と物理性の土壌マップ作成については別途公表を行う．

6）謝辞

本節では，株式会社エーディーエスとJST復興促進センターにはSAS2500のデータ提供を頂いた．ほ場観測作業，土壌分析には，下保敏和氏（新潟大学），東京農工大学博士・修士・学部生および十勝農業協同組合連合会農産化学研究所にご協力頂いた．ここに記して感謝の意を表す．

（澁澤　栄・小平正和）

6. 無人ヘリ観測システムによる水稲生育情報収集手法

今日の農業生産では，生産性向上と環境保全を両立する技術開発が求められている．このような課題に対処するためには，まず作物の生育や環境をきめ細やかにセンシングし，次いでセンシング情報を診断し，最後に診断に基づいた管理や資材投入の実施が求められる．こうした技術が組み立てられると，生産性や品質が向上する．また，資材の適正な使用が行われるため，環境負荷低減につながる．

そこで，本節では，全国的に水稲防除作業に利用されている無人ヘリを活用した水稲生育情報収集手法について述べる．具体的には，作物の生育・営農情報を効率的に収集できるシステムの確立を目指して，生研センターが開発した無人ヘリコプタ作物生育観測システム（以下,「無人ヘリ観測システム」という）を用いる．なお，2013年度の農林水産航空協会の調査では，日本全国で産業用

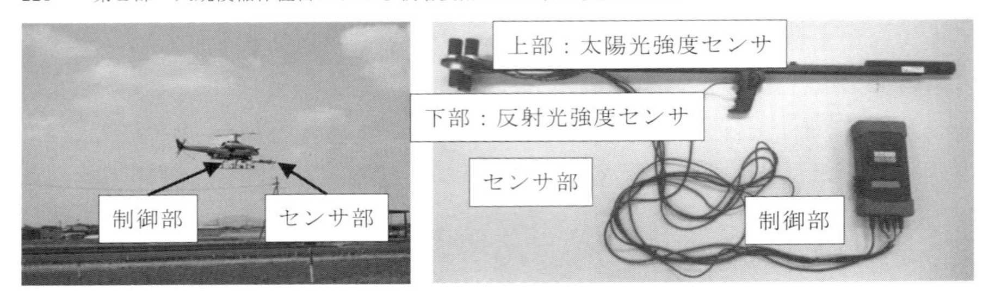

図 10-6-1　無人ヘリ観測システム

無人ヘリコプタは 2,601 台が稼働した．また，全国の産業用無人ヘリコプタによる防除面積は，水稲 931,095ha，麦類 57,152ha，大豆 52,258ha であり，水稲では，全国の作付面積の 58%が産業用無人ヘリコプタで防除が実施された．

1）無人ヘリ観測システムの概要

無人ヘリ観測システムは，無人ヘリコプタ，センサ部および制御部により構成される（図 10-6-1）．センサ部は，赤色域，近赤域の太陽光強度と反射光強度をセンシングする 4 つのセンサ（フォトダイオード）により構成される．また，ヘリコプタの機体先端から前方 580mm にセンサ部を搭載している（市来ら 2014）．さらに，測定精度向上のために，センサの試作水平維持装置を取り付けた．生育情報である植生指数（NDVI）は，赤色域，近赤域の反射光強度を太陽光強度で除した値を下式に入力して算出した．なお，植生指数は，-1 から 1 の間の値を示し，生育が旺盛なほど値が大きくなる．

植生指数（NDVI）＝（NIR－R）/（NIR＋R）
NIR：近赤域の反射光強度を太陽光強度で除した値
R：赤色域の反射光強度を太陽光強度で除した値

2）無人ヘリ観測システムによる観測方法

無人ヘリ観測システムによる観測は，2014 年 7 月 9 日（幼穂形成期 7 日前）に，飛行間隔 7.5m で，高度 3m，速度 5m/s を目標に，往路前進，復路後進で実施した．データは，周期 2Hz で収集した．併せて，地上から携帯式作物生育情報測定装置（改良前の装置；以下「従来機」という）で 7.5m×10.0m メッシュで 80 地点の植生指数を測定した．

圃場均平度の調査については，収穫後に圃場を 4 分割して，それぞれ 8 地点でレーザ測量を実施した．水稲の収量調査については，調査地点を幼穂形成期の生育量により①地点と②地点に分割し，それぞれ 3 地点で実施した．

3）無人ヘリ観測システムの現地実証

（1）無人ヘリ観測システムの作業性

無人ヘリ観測システムによる植生指数は，従来機と同程度のデータ精度が得られ，実用上の情報収集において問題はない．また，約 90 a 圃場における観測時間は，従来機は 60 分要したが，無人ヘリ観測システムは 6 分と，著しく短時間で多数の作物の生育情報を収集できることが実証された．

（2）無人ヘリ観測システムによる植生指数および収量・品質評価

①植生指数

幼穂形成期 7 日前の植生指数には，西側の①地点が②地点より小さいという（図 10-6-2），ばらつきの発生が確認された．また，単位面積当たりの穎花数も同様に西側の①地点は②地点より少なかった（表 10-6-1）．その一方で，「コシヒカリ」においては，幼穂形成期の植生指数と単位面積当たり穎花数との間には，正の相関関係が認められる（図 10-6-3）．次に収穫後に圃場均平度を調査したところ，平均高度は，西側の①地点が②地点より低かった（図 10-6-4）．この結果，西側の①地点における水管理状態は，移植後から中干しまでの 30～40 日間は深水状態で推移した．したがって，1 筆圃場内における単位面積当たり

（無人ヘリ観測システム）

①	②								
0.830	0.862	0.853	0.855	0.854	0.862	0.842	0.857	0.845	0.865
0.828	0.865	0.860	0.855	0.855	0.864	0.848	0.857	0.845	0.862
0.823	0.862	0.861	0.854	0.851	0.864	0.848	0.858	0.843	0.858
0.821	0.865	0.862	0.855	0.849	0.857	0.849	0.856	0.842	0.856
0.822	0.866	0.861	0.857	0.853	0.860	0.851	0.853	0.844	0.857
0.826	0.864	0.861	0.856	0.853	0.860	0.851	0.853	0.847	0.855
0.826	0.864	0.859	0.854	0.855	0.856	0.851	0.851	0.840	0.856
0.825	0.861	0.859	0.855	0.856	0.852	0.850	0.842	0.843	0.856

（従来機による地上測定）

①	②								
0.702	0.745	0.742	0.737	0.743	0.749	0.737	0.742	0.728	0.746
0.707	0.743	0.744	0.737	0.739	0.741	0.743	0.726	0.727	0.743
0.722	0.750	0.743	0.730	0.735	0.748	0.734	0.734	0.721	0.750
0.717	0.750	0.739	0.737	0.731	0.724	0.723	0.733	0.717	0.741
0.706	0.740	0.737	0.731	0.739	0.728	0.734	0.732	0.722	0.733
0.717	0.742	0.741	0.735	0.730	0.727	0.735	0.727	0.723	0.734
0.703	0.746	0.737	0.727	0.736	0.724	0.735	0.731	0.735	0.725
0.707	0.746	0.749	0.729	0.731	0.729	0.731	0.725	0.724	0.735

図 10-6-2　幼穂形成期 7 日前（7 月 9 日）の植生指数の測定値
植生指数は，色の濃い順に大きいことを示す．

表 10-6-1　収量およびその構成要素

地点	精玄米重	穂数	穎花数		登熟歩合	千粒重
	(g/m²)	(本/ m²)	(粒/本)	(粒/ m²)	(%)	(g)
①地点	554 a	361 a	77 a	29,369 a	88.2 a	22.9 a
②地点	559 a	385 a	78 a	31,277 b	83.5 a	22.7 a

1）精玄米重は，粒厚 1.85mm 以上の玄米重を示す.
2）登熟歩合は，比重 1.06 の塩水中で沈下した籾の割合を示す.
3）異符号間は，5%水準で有意なことを示す（t 検定).

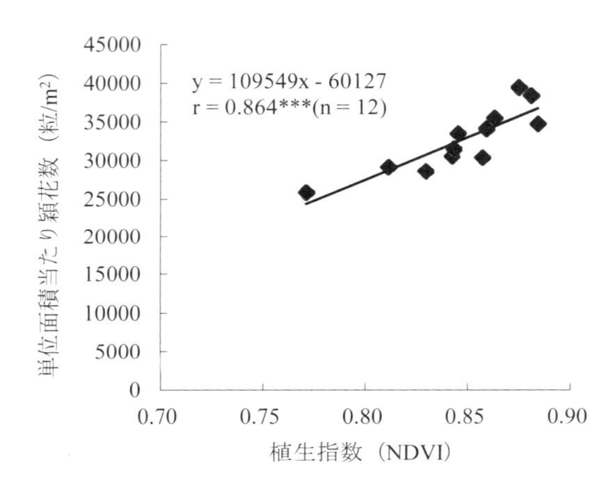

図 10-6-3　従来機による幼穂形成期の植生指数（NDVI)と単位面積当たりの穎花数（2005～2006 年）
1）試験は，滋賀県農業技術振興センター内の圃場で「コシヒカリ」を用いて実施した.
2）穂肥は，出穂 18 日前と 11 日前にそれぞれ窒素成分で 2g/m² を施用した.
3）***：0.1%水準で有意であることを示す.

穎花数のばらつきは，深水状態によって幼穂形成期頃に西側の②地点の植生指数が小さくなったことに起因するものと推察される.

②収量，整粒歩合および玄米タンパク質含有率

収量，整粒歩合および玄米タンパク質含有率においては，西側の①地点と②地点との間には差がなく，これら形質における 1 筆圃場内のばらつきは，認められなかった（表 10-6-1，図 10-6-5）. 前述したように，1 筆圃場内で単位面積当たり穎花数には，差が認められたにもかかわらず，収量，整粒歩合および玄米タンパク質含有率には差が認められなかった．このことに対しては，収量お

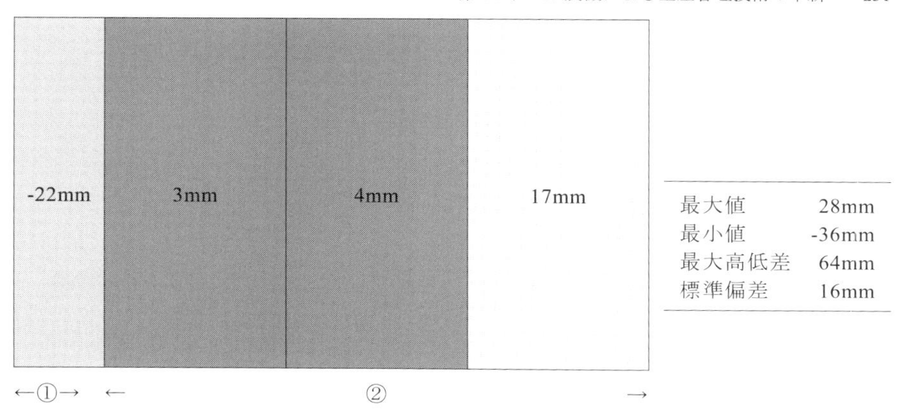

図 10-6-4　水稲収穫後の圃場均平度
1）図中の平均高度は，平均値を 0mm に設定した時の数値を示す．

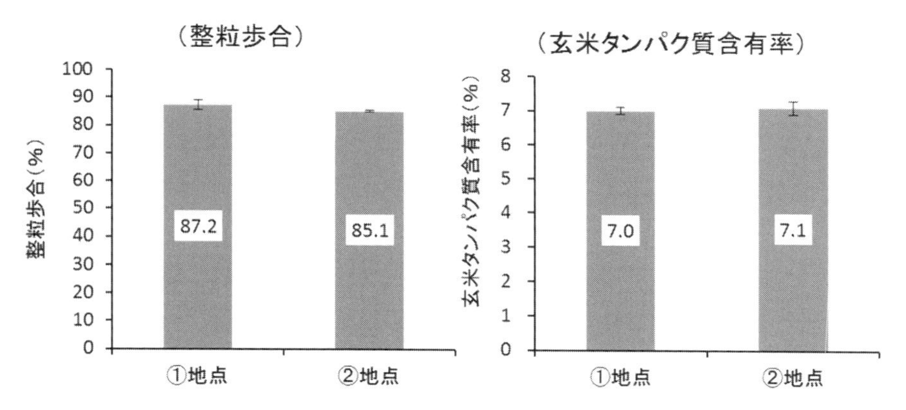

図 10-6-5　整粒歩合および玄米タンパク質含有率
1）エラーバーは，標準誤差を示す（n=3）.
2）整粒歩合，玄米タンパク質含有率ともに①地点と②地点の差は有意でなかった．

よびその構成要素，品質と圃場均平度との関係から今後検討を要する．

以上，無人ヘリ観測システムは，短時間に多数の生育情報を収集することが実証できた．また，幼穂形成期 7 日前に植生指数を測定することによって，圃場内での生育のばらつきを確認することが可能であった．なお，幼穂形成期頃の植生指数と単位面積当たり穎花数のばらつきの要因としては，圃場均平度の影響によるものと推察している．

3）今後の課題

今後は各試験圃場において，収量および収量構成要素，品質に対する圃場均平度の影響を検証するとともに，多数の圃場試験を通じて，無人ヘリ観測システムによる生育・営農情報の活用方策を明らかにし，生産性向上と環境保全を両立できる栽培技術の普及につなげたい．

（中井　譲・新谷浩樹）

7．マルチコプター低高度デジタル空撮画像による水稲葉色判定手法

水稲生育管理期間においては，稲体の生長や肥培・薬剤管理を適切に実施するための水管理や生育調査にかなりの作業労働時間を要している．そこで，筆者らは，作物生産を取り巻く数値化可能なデータ（農作業・作物生育・生産環境データ）を統一的に取り扱うことのできるデータベースやアクセス API を構築し，作業計画・管理支援システム（PMS）（吉田ら 2009）での統合管理を目指している．

本節では，これらの情報収集作業を省力効率化することを目的として，生育調査の一つである葉色計測の省力化技術を検討する．なお，収集されたデータの PMS 上への統合と可視化を進めている．これにより，圃場見回り作業に要する時間や労力を削減する効果が期待できる．

1）水稲葉色の省力計測手法

従来，水稲生産現場では「葉色板」と呼ばれる市販の色見本（カラーチャート）と照合することで葉色値を判定し，その後の肥培管理に反映する生育管理が行われている．この人が葉色板を持って圃場を見回る時間と労力を削減するために，マルチコプター（UAV: Unmanned Aerial Vehicle）に搭載されたデジタルカメラで水稲群落と葉色板を同一画面内に映し込み，両者を比較することで葉色値を連続的に取得することを考えた．

撮影には市販のマルチコプター3 機種を供試し（図 10-7-1），市販葉色板の色見本部分を貼り付けた試作葉色板ホルダーを各機体が搭載するカメラレンズの前方に取り付けた状態で，水稲群落上空 1m～50m を見下ろし角度（俯角）を変えながら飛行撮影した（図 10-7-2）．撮影時のカメラパラメータはすべて既定

AR. Drone2 GPS
約 5 万円

葉色板をカメラ
前方に設置

Phantom2 V+
約 13 万円
UAV の標準
機能で撮影

INSPIRE1
約 38 万円

図 10-7-1　市販マルチコプター（供試機 3 機種）への葉色板取り付け状況

高高度（30m 以上）直下見下ろし

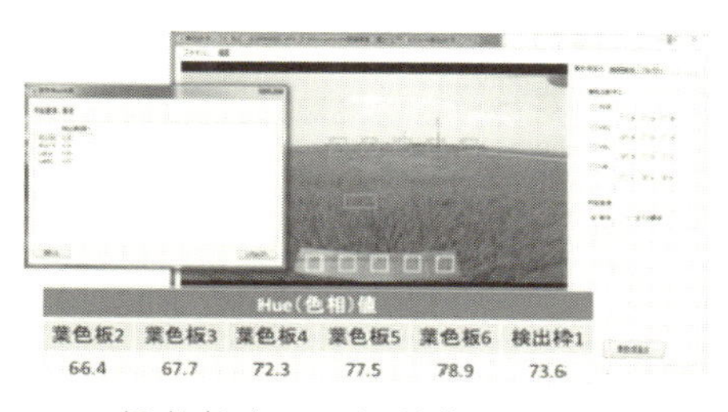

低高度（1〜2m）前方見下ろし

図 10-7-2　葉色計測ソフト RLC と葉色判定画面例

のオートを基本とし，画像は RGB 値で取得した（静止画の場合は JPG 形式，動画の場合は MP4 形式）．

撮影取得された静止画または動画は葉色値判定手順探索用に試作した「葉色計測ソフト RLC」（Windows 用）に読み込んで，葉色判定処理に使用する指標（RGB，HSL，HSV，Lab などの色空間）や前処理条件などの判定手順を検討評価した（図 10-7-2）．

2）撮影された画像解析による葉色判定結果

試作 RLC では色評価用として RGB，HSV（L），Lab の色空間を供試したが，自然光下の強度が大きく変動する画像に対しては色相（Hue 値）利用が比較的安定した判定動作を示した．そこで，判定手順は最終的に以下の通りとした．

①原画像（静止画または動画）に対して，水稲群落中の陰や土壌の部分，太陽光反射による水面や葉面のハレーション部分などを除去する目的で，RGB 階調分布基準で分布両端部分を一定程度（割合はユーザ指定）除いた RGB 補正画像を作成する．
②補正 RGB 画像に対して色相（Hue）変換を行い，色相画像を作成する．
③色相画像中の葉色検出対象範囲と葉色板色見本（葉色値 2～6 の 5 色）の色相値を比較して，単純線形補間により葉色値を得る．

生育段階（撮影日）の異なる複数の圃場の空撮画像に対して上記手順により葉色判定を試みた結果，マルチコプター搭載カメラ前方に取り付けられた葉色

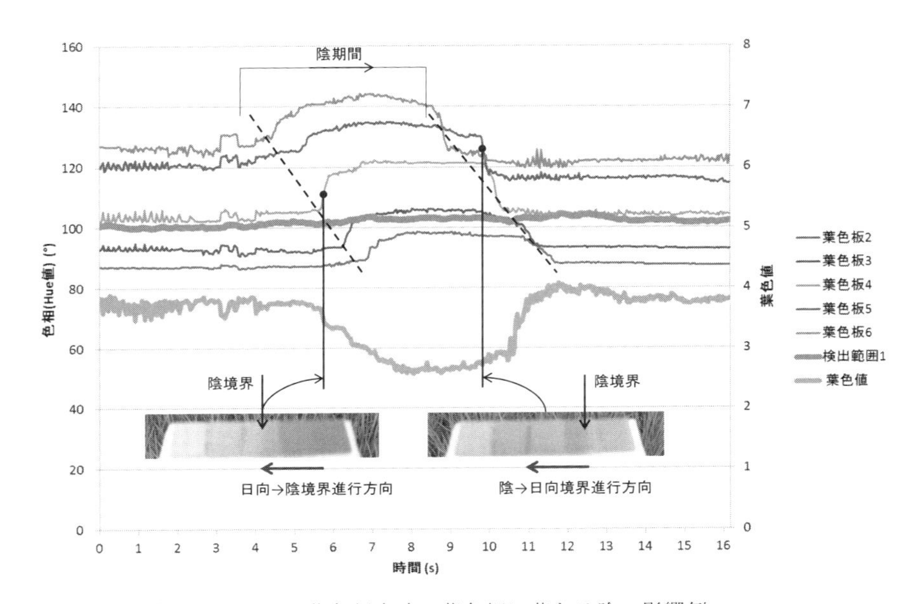

図 10-7-3　色相利用による葉色判定時の葉色板に落ちる陰の影響例

板の光環境（端的には日向か日陰か）によって，判定される葉色値が大きく変動する場合があった．これは晴天時の撮影において，葉色板が機体の陰に入るか入らないかによって検出される葉色板の色相値が大きく変動したためである．この場合でも，葉色検出範囲にある水稲群落は安定した色相値が検出されていた（図10-7-3）．

なお，曇天時の撮影ではこの影響が小さくなることを別途確認している．また，判定された葉色値は葉色板が日向にある画像（晴天時撮影の場合）か曇天撮影時の画像について，人が葉色板を使用して読み取った葉色値（葉1枚または群落見通し）とほぼ一致することを予備的に確認している．

3）今後の研究課題

本研究では，できるだけ簡便な方法で生産者自身が手軽に実践できる葉色判定手法を目指していることから，現時点では以下の基本方針で葉色値を判定することとして，引き続き人手による観測値との比較も含めた検証を継続することとしている．

①マルチコプター撮影は1〜2m程度の高度からカメラ前方見下ろしで行う．
②画像判定では，晴天時撮影の場合，葉色板が日向となっている画像を使用する．

（吉田智一）

8. おわりに

本章では，日本的な精密農業という視点から，IT農機による生産管理技術の革新について，農匠ナビ1000プロジェクトでの現地実証試験の成果を紹介した．まず第2節から第4節では，商用化されているITコンバインと生産履歴システムを連動させ，全国の農業生産法人4社の約1000圃場の水稲収穫から圃場別収量マップ作成までを自動化する現地実証試験の結果について述べた．現地実証から，圃場別収量マップの自動作成は技術的には概ね実用化段階に到達したと考えられる．また，圃場別・圃場内の収量マップ活用についても様々なアイデアとノウハウが蓄積された．今後は，これらの研究成果を各地域の農業を支える多くの農家の方々と共有していくために，実際の営農現場におけるITコンバインの運用・活用体制の確立が重要な課題となる．

第5節～第7節では，現在，実用化を目指した研究開発が進んでいる土壌センサー（土壌の物理化学特性）や水稲生体センサー（生育指数や葉色）に着目し，その現地実証試験結果（数圃場）について述べた．これらのセンサーの技術的課題は概ね解明されつつあり，今後は，営農現場での具体的な活用方法や計測精度の評価など，実用化・商品化に向けた検討を加速させる必要がある．

（南石晃明）

［引用文献］

Adamchuk, V.I., Hummel, J.W., Morgan, M.T., Upadhyaya, S.K (2004) On-the-go sensors for precision agriculture, Computers and Electronics in Agriculture, 44: 71-91.

秋友一郎・島村真吾（1998）近赤外分光法による土壌化学成分含有量の推定，山口県畜産試験場報告，14：111-117.

帖佐　直・柴田洋一・大嶺政郎・小林　恭・鳥山和伸・佐々木良治（2003）粒状物散布機のマップベース可変制御システム，農業機械学会誌，65（3）：128-135.

濱田保之（2014）農業機械上の情報通信の標準化と農業生産管理への貢献，スマート農業，農林統計出版，pp.257-266.

原　令幸・竹中秀行・関口建二（2004）施肥マップに基づく可変施肥機の開発，農業機械学会誌，66（1）：98-103.

日髙靖之・栗原英治・杉山隆夫・西村　洋・林　和信・澁谷幸憲・古田東司・村松健吾（2009）収量モニタリング機能付きコンバインの開発（第4報）－実用機の概要と実証試験結果，農業機械学会誌，71（4）：60-68.

飯田訓久（2009）小麦施肥播種機の可変量制御，農業機械学会誌，71（4）：90-96.

小平正和・横田修一・平田雅敏・澁澤栄（2015）リアルタイム土壌センサを用いた土性および乾燥密度推定とマッピング，農業環境工学関連5学会2015年合同大会講演要旨集CD-ROM，A5-04.

国立卓生・工藤卓雄・桶　敏・澁澤　栄（2004）高品質米の省力安定生産のための局所施肥管理システム，農業機械学会誌，66（5）：154～163.

M. Kodaira, S. Shibusawa (2013) Using a mobile real-time soil visible-near infrared sensor for high resolution soil property mapping, Geoderma, 199: 64-79.

長野間宏（1995）大区画化に伴う栽培管理上の問題点，農業土木学会誌，63（9）：921-924.

南石晃明（2011）農業におけるリスクと情報のマネジメント，農林統計出版，pp.448.

農林水産省農林水産技術会議　「日本型精密農業を目指した技術開発」，ホームページ http://www.s.affrc.go.jp/docs/report/report24/no24_p1.htm

柴田洋一（1999）大区画圃場における水稲の局所管理，農業機械学会誌，61（4）：14-19.

澁澤　栄［編著］（2006）「精密農業」，朝倉書店，pp.197.

建石邦夫（2008）大豆の収量モニタリング技術，農業機械学会誌，70（1）：8-12.

鳥山和伸（2001）大区画水田における地力窒素ムラと水稲生育，土肥誌，72：453-458.
若松一幸・石田頼子・小笠原伸也・片平光彦・鎌田易尾（2007）大区画基盤整備水田における可変施肥の効果，秋田県農林水産技術センター農業試験場研究時報，46：26-27.
柳讃錫・飯田訓久・村主勝彦・梅田幹雄・稲村達也・井上博茂・真常仁志・森塚直樹，（2004）収量変動削減のための可変施肥が食味値に及ぼす影響の分析，農業機械学会誌，66（5）：49-62.
市来秀之・吉野知佳・林　和信・重松健太・紺屋秀之・中井　譲（2014）無人ヘリ携帯共用作物生育観測装置による空中測定，農業食料工学会第73回大会講演要旨：83.
吉田智一・高橋英博・寺元郁博（2009）圃場地図ベース作業計画管理ソフトの開発，農業情報研究，18（4）：187-198.
吉田智一・南石晃明（2014）生産現場における環境計測データの統合利用と課題，農業情報学会2014年度年次大会講演要旨集：78-79.

第Ⅲ部
農業経営における
ICT 活用と TPP 対応戦略

第11章　農業経営におけるICT活用の費用対効果
－全国アンケート調査分析－

1. はじめに

近年，農業におけるICT（Information and Communication Technology）活用が進んでいる．特に，農業をビジネスとして事業展開する農業法人経営は，他業種の企業経営と同様に，経営発展のためには情報通信技術ICT活用や社内人材育成が重要になると考えられる．そうした背景から，南石（2014）では，全国農業法人経営アンケート調査に基づいて，どのようなICT活用の取組みが行われているのか，ICTを人材育成にどのように活用しているか，ICT活用の効果をどのように認識しているかについて明らかにしている．また，農林水産省（2015）では，農業経営におけるIT活用事例を調査し，活用効果が得られた背景・要因を整理している．

しかし，農業法人経営におけるICT活用の費用対効果について，全国的な視点から分析した成果はみられない．そこで，本章では，筆者らが実施した全国農業法人経営アンケート調査に基づいて，農業法人におけるICT活用の費用対効果に対する経営者意識を明らかにする．特に，ICT活用の目的別にその費用対効果に対する農業法人の評価を明らかにすると共に，目的別評価の関連性を明らかにする．

これにより，農匠ナビ1000プロジェクトで成果が得られつつあるICT活用による経営管理・生産管理革新の全国的な波及効果を見通す基礎的知見を得ることができる．なお，以下では，農業界で広く使用されており，アンケート調査票でも使用している「IT（Information Technology）」を用いる．

2. アンケート調査・分析の方法と対象経営の概要

1）アンケート調査・分析の方法

本章では，九州大学農業経営学研究室が実施した全国の農業法人経営者に対するアンケート調査を用いる[注1)]．このアンケート調査では，日本農業法人協会等のHPで公開されている会社名や文献等に記載されている会社名から各会社のHPを独自にWEB検索し,住所等を特定できた1716法人に調査票を送付し,429の有効回答を得た(回収期間:2013年8月31日〜10月24日,回答率:25%).質問内容は，設立年次や作目など法人の概要，業務におけるIT活用の目的別費用対効果，法人の強みと弱み，経営者の年齢や学歴など大問18項目（A4サイズ，7頁）である.

本章の分析においては，まず，IT活用が必要となる経営規模の単純集計を行う．次に，IT活用の費用対効果に対する評価について，活用目的ごとに単純集計を行い，全体的な傾向を把握する．その後，主成分分析を用いてIT活用目的別の費用対効果の関連性を明らかにする．さらに，抽出された主成分を目的変数とした回帰分析をおこない,法人の強みと弱みや経営者属性とIT活用の費用対効果の関係を明らかにする．また，必要に応じて作目別の結果も合わせて明らかにする．なお，本調査では，情報通信技術（IT）とは，情報の収集・管理・分析・共有のための機器やソフト全般（スマホ，PC，センサー，制御装置などを含む）を意味していることを説明している.

2）対象経営の概要

回答法人の中で最も多い法人形態は，有限会社であり6割弱の58.5%を占めている（図11-1)．次いで株式会社が22.9%，農事組合法人が18.6%である．有限会社と株式会社を合わせた81.4%が会社法人である．なお，回答法人の75.2%が農業生産法人であり，91.0%が認定農業者である.

回答法人の役員数は3人（30.8%）が最も多く，その後は2人（23.9%)，4人（16.1%)，5人（10.1%）の回答が多くなっており，2〜5人で全体（n=415）の81.0%を占めている．正規従業員数に関しては，1〜5人（44.3%）の法人が最も多く，これに次ぐ6〜10人（26.1%）の法人を合わせると，全体（n=395）の

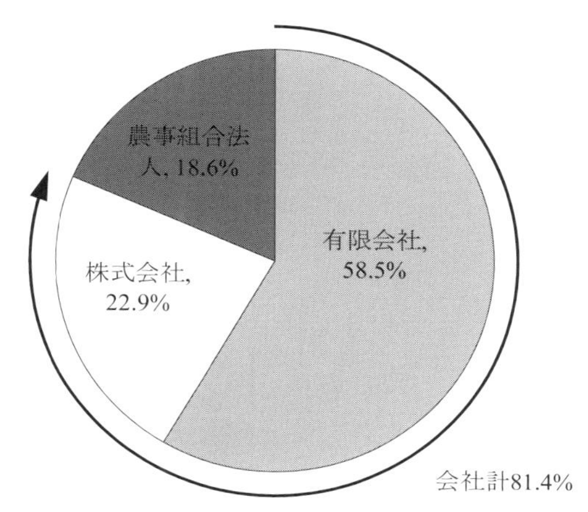

図11-1　組織形態の内訳
注：n=419.

70.4%を占めている（図 11-2）．非正規従業員数は，10 人未満の法人が全体の 52.0%を占めるが，非正規従業員を雇用していない法人は 4.5%に留まっている．その一方で 50 人を超える法人は 6.9%，100 人を超える法人が 2.4%あり，最大は 400 人とした法人もあった．一社あたりの役員数と正規従業員数の平均はそれぞれ 3.7 人と 11.8 人と推計され，合計すると約 15.5 人となる．

直近決算の売上高について見ると，1 億～3 億円の法人が最も多く（35.7%），その後，5000 万円～1 億円未満（21.0%），3000 万円～5000 万円未満（11.1%），3000 万未満（9.4%），3 億円～5 億円未満（7.7%），5 億円～10 億円未満（7.0%）の順に多くなっている（図 11-3）．売上高 1 億円を超える法人は，全体の 58.5%

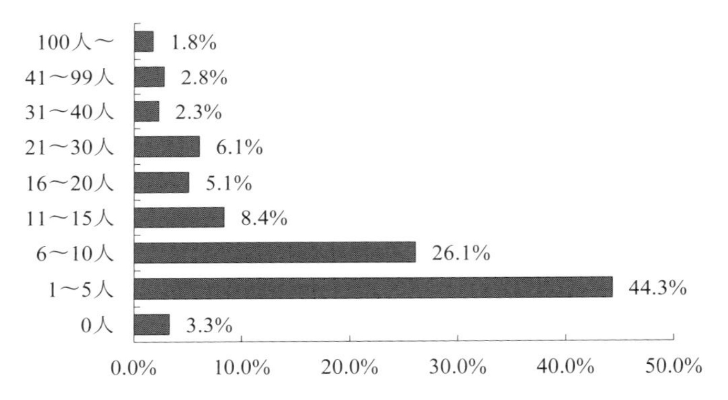

図 11-2　正規従業員数分布
注：n=395.

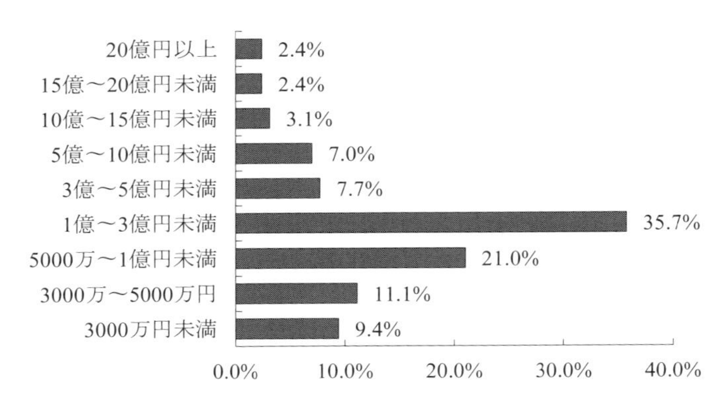

図 11-3　直近決算の売上高分布
注：n=414.

であり，20 億円以上と回答した法人も全体（n=414）の 2.4%あった．1 社あたりの平均売上高は約 3.1 億円，役員・正規従業員合計人数一人あたり売上高は約 2000 万円と推計される．

回答法人を作目別に見ると，生産作目は水稲（126 社）が最も多く，露地野菜（102 社），畜産（95 社），施設野菜（85 社）の順に少なくなる．ただし，複合経営（複数回答）の法人や作目に無回答の法人もあるため，生産作目別回答数の合計は有効回答数に一致しない．

法人本社の所在地を地域別にみると，最も多いのは九州で 24%を占めており，次いで東北（18%），関東・東山（14%）となった．このことは，やや九州地域からの回答割合が多い傾向がみられるが，全国的な回答が得られており，本章の分析結果から全国的傾向を把握できることを示している．

3. IT 活用が必要になる経営規模

1）IT 活用が必要になる経営規模

図 11-4 は，「どの程度の売上高から IT 活用が必要になると思うか」について質問した結果を示している．最も多い回答は 1000 万円程度（25.9%）であり，

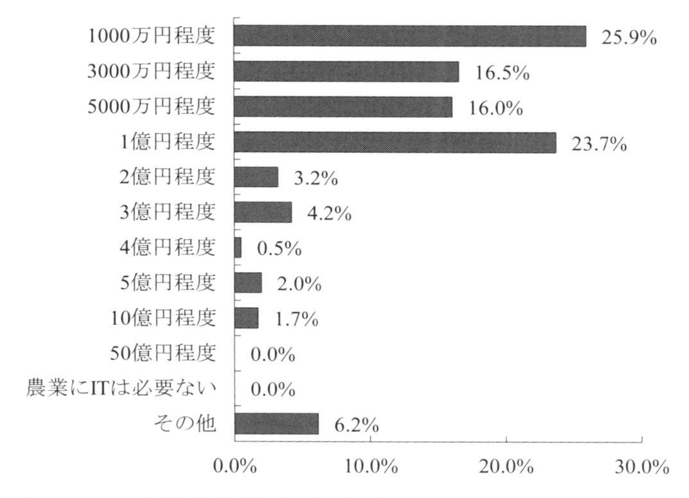

図 11-4　IT 活用が必要になる売上高
注：n=405.

次いで1億円程度（23.7%）であった．全体（n=405）の58.4%が5000万円程度までの売上高でもIT活用が必要と回答しており，全体の82.1%が1億円程度までの売上高でIT活用が必要と考えていることが明らかになった．これらのことから，売上高1億円程度までの中小企業においてもIT活用の必要性は高いと考えられる．なお，「その他」（2.9%）を選択した回等の具体的記載例としては，「金額に関係なく」,「スタート時から」IT活用が必要という旨の回答があった．このことから，「1000万円程度」とした回答に，売上高に関わらずIT活用が必要と考える法人の回答が含まれる可能性が示唆される．

図11-5は,「どの程度の従業員数からIT活用が必要になると思うか」に関して質問した結果を示している．最も多い回答は5人（34.2%）であり，これに10人（33.0%），20人（17.4%）が次いでいる．このことから従業員数10人程度までの法人の67.2%，20人程度までに法人の84.6%が，農業経営にIT活用が必要であると考えていることが明らかになった．なお,「その他」と回答した中には，「人数に関わらず」，「1人から」IT活用が必要との旨の回答が2.2%あった．

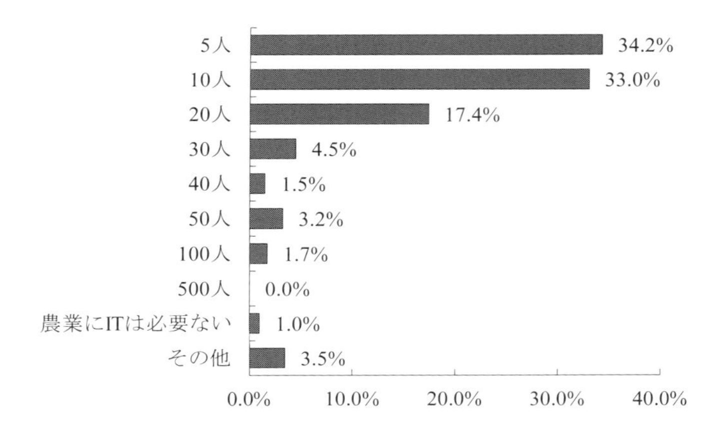

図11-5　IT活用が必要になる従業員数
注：n=403.

4. IT活用の費用対効果

1) IT活用の費用対効果

図11-6は，目的別にみたIT活用費用対効果に対する法人の評価結果を示している．ただし，アンケート調査票では目的別にIT活用の有無についても回答を得ているが，無回答および，活用していないと回答した法人は，図に示した割合の算出に含めていない．また，活用目的として，アンケート調査票では11の項目（「その他」含む）を示している．

「費用に見合った効果があった」と回答した法人割合が最も多いのは人材育成・能力向上（45.9%）であり，これに，経費削減（43.8%），リスク管理（43.6%），財務体質強化（42.0%），取引先の信頼向上（41.1%），経営戦略・計画の立案（40.6%），経営の見える化（40.2%）が続いている．また，「費用を上回る効果があった」が最も多いのは，経営の見える化（29.7%）であり，これに，経営戦略・計画の立案（28.0%），取引先の信頼向上（27.6%）が続いている．さら

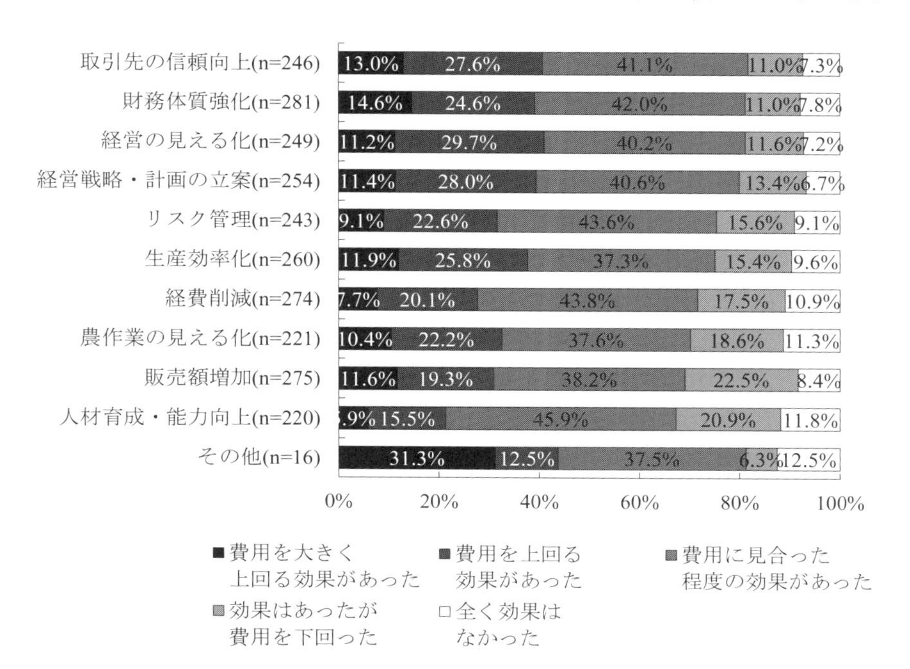

図11-6　IT活用の目的別費用対効果

に,「費用を大きく上回る効果があった」が最も多いのは,財務体質強化(14.6%)であり,これに取引先の信頼向上(13.0%)が次いでいる(図11-6).

また,「費用を大きく上回る効果があった」,「費用を上回る効果があった」,「費用に見合った効果があった」といった回答をあわせたものを「費用対効果が1以上」とし,「効果はあったが費用を下まわった」,「全く効果はなかった」といった回答をあわせたものを「費用対効果が1未満」とすると以下の傾向がみられる.「費用対効果が1以上」の回答が最も多かったのは,取引先の信頼向上(81.7%)である(図11-6).これに,次いで財務体質強化(81.2%),経営の見える化(81.1%),経営戦略・計画の立案(79.8%),リスク管理(75.3%),生産効率化(75.0%),経費削減(71.6%),農作業の見える化(70.2%),販売額増加(69.1%),人材育成・能力向上(67.3%)の順に高くなっている.

全ての項目で,「費用対効果が1以上」と回答した農業法人が,約7～8割に達していることから,ほとんどの法人は,IT活用の費用対効果が1以上あると認識していることが明らかになった.ただし,人材育成・能力向上,販売額増加,農作業の見える化,経費削減では,「費用対効果が1未満」と評価する法人が約3割あり,これらの分野でのIT活用の効果が他の項目に比較し,発現し難いことを示唆している.

図11-7は,水稲を作付している法人に限定して,IT活用の費用対効果を示したものであるが,農業法人全体の傾向と概ね類似の傾向がみられる.「費用に見合った効果があった」とする割合は,リスク管理(52.8%),経費削減(49.4%),経営の見える化(46.1%)の順に多い.また,「費用を上回る効果があった」とする割合は,経営戦略・計画の立案(29.1%),生産効率化(28.9%),財務体質強化(26.5%)の順に多い.「費用を大きく上回る効果があった」とする割合は,財務体質強化(18.1%),経営の見える化(15.8%),経営戦略・計画の策定(15.2%)の順に多い.

IT活用の費用対効果が1以上あったとする法人は,経営の見える化(88.2%)が最も多く,これに財務体質強化(86.8),経営戦略・計画の立案(86.1%)が次いでいる.IT活用の費用対効果が1以上あったとする回答が最も低い項目は販売額増加(67.8%)であるが,7割弱の法人が費用と同等以上の効果を認めている点は注目に値する.また,水稲を作付している法人の方が,IT活用の費用対効果を1以上とする割合が,農業法人全体よりもやや高い傾向がみられる点

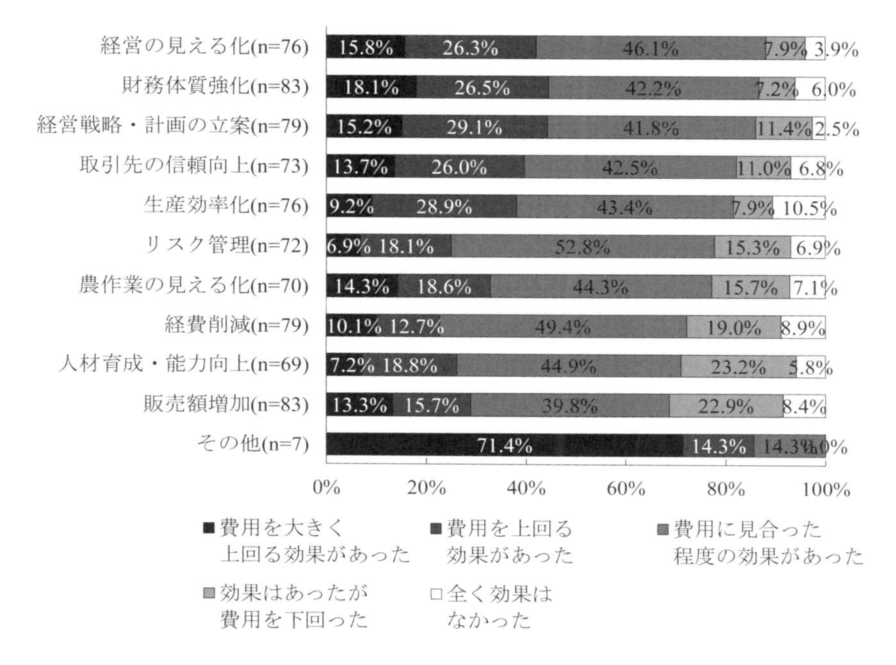

図11-7　水稲を生産している法人のIT活用の費用対効果

も注目に値する．

表11-1は，作目別IT活用費用対効果を示している．図11-6に示した全体の回答では，80%以上の法人が費用に見合った効果かそれ以上の効果（費用対効果が1以上）があるとする活用目的数は3項目あり，30%以上の法人が費用を上回る効果（費用対効果が1超）があるとする活用目的数は8項目ある．図11-7に示した水稲を生産する法人の回答では，これらの活用目的数はそれぞれ5項目，6項目である．同様に，露地野菜では1項目と5項目，施設野菜では2項目と7項目，畜産では6項目と9項目である．

表11-1から，8割以上の法人が1以上の費用対効果があるとする活用目的数は，畜産（6項目）で最も多く，次いで水稲（5項目），施設野菜（2項目）の順に多い．また，3割以上の法人が1超（1を超える）の費用対効果があるする活用目的数は，畜産（9項目）で最も多く，次いで施設野菜（7項目），水稲（6項目）の順に多い．このように，畜産経営はITの費用対効果が全体的に高く評

表 11-1　作目別 IT 活用費用対効果

生産作目	80%以上の法人が，費用対効果が 1 以上とする活用目的数	30%以上の法人が，費用対効果が 1 超とする活用目的数	特徴
全体	3	8	
水稲	5	6	財務体質，経営戦略・計画に対して効果が高い
露地野菜	1	5	他の作目に比較し，ICT の費用対効果が全体的に低い
施設野菜	2	7	生産効率化，販売額増加の効果が高い
畜産	6	9	ICT の費用対効果が全体的に高い

価されており，これに水稲経営や施設野菜経営の評価が次いでいることが明らかになった．水稲経営は財務体質，経営戦略・計画の立案に対して効果が高く，施設野菜では生産効率化，販売額増加の効果が高い傾向がある．これらの作目と比較すると，露地野菜は IT 活用項目全般で費用対効果を全体的に低く評価している傾向がある．

図 11-8 は，図 11-6 や図 11-7 と同じ活用項目について，「今後の IT 活用の費用対効果に対する期待」について質問した結果である．「費用を上回る効果が期待できる」とする法人割合が最も多かった項目は経営の見える化（33.8%）であり，これに，生産効率化（33.3%），財務体質強化（32.9%），経営戦略・計画の立案（32.4%），取引先の信頼向上（31.4%），農作業の見える化（30.2%）が続いている．

「費用に見合った効果が期待できる」とする法人の割合が最も多かった項目は，販売額増加（61.6%）であり，これにリスク管理（61.3%），経費削減（60.5%）等が続いている．最も回答割合が小さい農作業の見える化（53.4%）でも 5 割以上の法人が，「費用に見合った効果が期待できる」と回答している点は注目に値する．「費用に見合った効果が期待できない」とする法人割合が最も多かった項目は，人材育成・能力向上（18.7%）であり，これに農作業の見える化（16.4%）が続いている．その他の項目では，費用対効果が 1 未満と考える法人は，1 割程度を占めるに過ぎない．

以上の結果から，ほとんどの利用目的で今後の IT 活用による費用対効果が 1

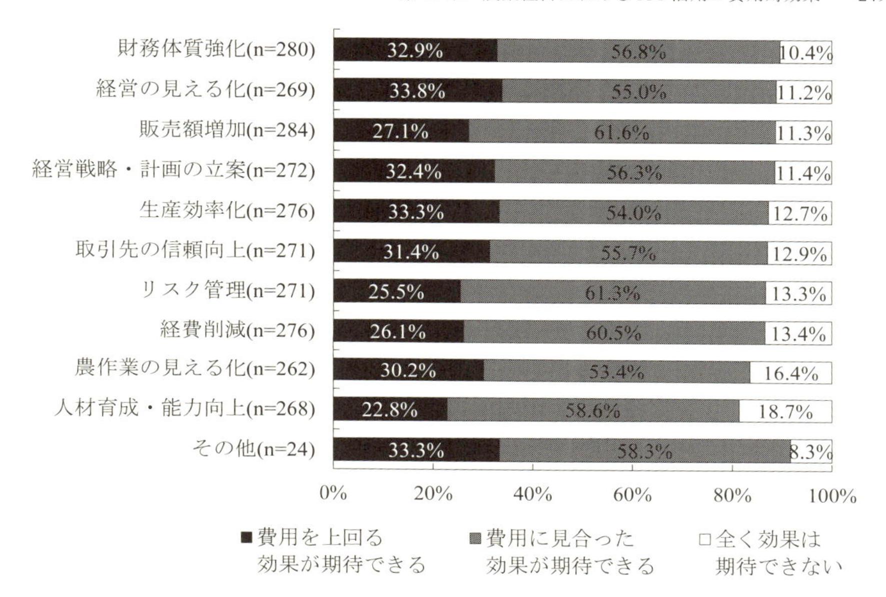

図 11-8　今後の IT 活用の費用対効果への期待

以上になると期待する法人は，8～9 割に達していることが明らかになった．IT 活用の現状の費用対効果が 1 以上と回答した法人は 7～8 割であり，さらに 1 割増の法人が今後の IT 活用に期待を寄せていることが明らかになった．

5. 総合的にみた IT 活用の費用対効果とその要因

次に，IT 活用の費用対効果について総合的な傾向を明らかにするため，主成分回帰分析をおこなった（表 11-2）．固有値が 1 以上となったのは第 1 主成分のみであり，寄与率は 0.69 であり，第 1 主成分の係数はいずれも負であり値もほぼ同じである．このことから，IT 活用の費用対効果に対する評価では，利用目的間での差は小さいといえる．第 1 主成分は，項目別費用対効果に対する評価の約 7 割の情報を集約した全体的な評価指標と解釈できる．ただし，アンケート調査票での「費用対効果」の評価が高くなるほど，主成分得点は低くなる点には留意が必要である．

次に，IT 活用の費用対効果の評価を規定する要因を検討するため，主成分回

表 11-2　IT 活用の費用対効果に対する主成分分析結果

	第 1 主成分	第 2 主成分	第 3 主成分
販売額増加	-0.28	0.55	-0.54
経費削減	-0.32	-0.30	-0.39
生産効率化	-0.34	-0.21	0.11
農作業の見える化	-0.29	0.39	0.62
取引先の信頼向上	-0.31	0.27	-0.07
リスク管理	-0.33	0.04	0.09
財務体質強化	-0.32	-0.16	-0.28
人材育成・能力向上	-0.31	0.27	0.14
経営戦略・計画の立案	-0.32	-0.40	0.19
経営の見える化	-0.34	-0.31	0.09
固有値	6.87	0.65	0.54
寄与率	0.69	0.07	0.05
累積寄与率	0.69	0.75	0.81

注：n=130.

帰分析を試行した．表 11-2 の結果に基づいて計算した第 1 主成分スコアを目的変数とし，説明変数としては法人の強みと弱み，経営者の学歴・職歴などの 31 変数を用いて，変数増減法による回帰分析をおこなった．その結果，経営者の学歴や，経営の強みと弱みによって，費用対効果に対する評価の 3 割弱が説明できることが明らかになった（表 11-3）．重回帰式の自由修正済み R^2 は 0.289 であり高いとはいえないが，以下の傾向を読み取ることができる．

有意水準 0.1%で統計的に有意な回帰係数に注目すると,「経営の強み・弱み」として，「IT 活用力・情報マネジメント」や「生産管理・経営管理」に大きな強みがあるとする法人ほど，IT 活用の費用対効果を高く評価する傾向があることが明らかになった．このことは，情報マネジメントや経営・生産管理能力に優れた法人は，大きな IT 活用効果を得られる能力を有していると解釈できる．

有意水準 1%で統計的に有意な回帰係数に注目すると，「経営の強み・弱み」として，「リスク管理」に強みがあるとする法人ほど，IT 活用の費用対効果を低く評価する傾向があることが明らかになった．これは，元々のリスク管理能力が高い法人は，リスク管理能力面における IT 活用の必要性が低く，IT 活用効果に対する評価が低くなった結果と解釈できる．また，生産系の職業経験があると，費用対効果を低く評価する傾向が見られた．

有意水準 5%で統計的に有意な回帰係数に注目すると，経営者が非農業分野

表11-3　IT活用の費用対効果に対する主成分回帰分析の結果

		説明変数	推定値	t値
学歴ダミー	X_1	農業以外の専修学校修了	-1.2810	-1.972*
	X_2	農業関係の職業高校卒業	-0.9056	-1.889*
職業経験ダミー	X_3	生産系の職業経験	0.7083	1.647**
強み・弱み	X_4	ICT活用力・情報マネジメント	-1.0466	-3.904***
	X_5	新商品開発・新技術開発	-0.3603	-1.680*
	X_6	生産管理・経営管理	-1.2979	-4.028***
	X_7	社長のリーダーシップ・実行力	0.4715	1.738*
	X_8	リスク管理	0.7277	2.007**
	β_0	(切片)	4.7921	5.102***

注）n=130，自由度修正済み $R^2 = 0.289$，有意水準：*** 0.1%，** 1%，* 5%，「経営の強み・弱み」は，5段階評価値（劣っている1〜優れている5）を用いている．

専修学校や農業関係職業高等学校を卒業している場合には，IT活用効果に対する評価が高くなる傾向がみられる．また，「経営の強み・弱み」として，「新商品開発，新技術開発」に強みがあるとする法人はIT活用の費用対効果を高く評価する傾向があるが，「社長のリーダーシップ・実行力」に強みがあるとする法人は，IT活用の費用対効果を低く評価する傾向がみられる．これらの結果から，新商品・技術開発型の法人はIT活用効果を高く評価し，ワンマン社長型法人はIT活用効果を低く評価している，との解釈もできる．ただし，推計した重回帰式の説明力が高いとはいえないため，これらの傾向については，今後，さらなる検討を要する．

6. おわりに

本章では，農業法人経営を対象として実施した全国アンケート調査に基づいて，IT活用の費用対効果に対する経営者の評価・意識を明らかにした．回答法人を全体的に見れば，全ての活用目的について，7〜8割の法人が費用対効果を1以上と評価している．特に，1以上の費用対効果があるとする法人が8割を超えているIT活用目的は，取引先の信頼向上，財務体質強化，経営の見える化である．さらに，全てのIT活用目的において，今後のIT活用の費用対効果が1以上あると考える法人は8〜9割に達していることも明らかになった．

IT活用目的と費用対効果の関係を詳細に分析すると，IT活用目的によって費用対効果の評価は異なる傾向を持つが，主成分分析により殆どの活用目的が類似の傾向を持つことも明らかになった．また，費用対効果の評価を規定する要因を分析すると，「ICT 活用力・情報マネジメント」や「生産管理・経営管理」に大きな強みがあるとする法人ほど，IT 活用の費用対効果を高く評価する傾向があることが明らかになった．

生産作目別に見ると，IT 活用の費用対効果を最も高く評価しているのは畜産経営であり，これに，水稲経営，施設野菜経営が次いでいることが明らかになった．畜産経営や施設野菜経営では，従来から IT 活用が進んでおり，IT 活用の高い費用対効果が作業仮説としてあった．これに対して，水稲経営や露地野菜経営では，IT 活用が始まっている段階であり，低い費用対効果になるのではないかとの作業仮説があった．しかし，実際には，水稲経営は施設野菜経営と少なくとも同等か, やや高く IT 活用の費用対効果を評価している傾向がみられた．しばしば，土地利用型農業における IT 活用の費用対効果が低いのではないかとの議論がなされるが，そうした部外者の議論・評価とは異なり，水稲経営者は IT の費用対効果を高く評価していることが明らかになった．

以上のことから，特に「ICT 活用力・情報マネジメント」や「生産管理・経営管理」に強みがあると自己評価している農業法人においては，本書（特に，第 9 章や第 10 章）で述べたような営農化可視化システム FVS や IT 農機の導入に伴う費用対効果が十分に見込めると考えられる．また，こうした点を弱みと考えている農業法人に対しては，FVS や IT 農機を実際に導入し・活用するための手順や方法を営農現場でサポートする体制・サービスを構築することで ICT 活用の費用対効果を向上させていくことが必要になると考えられる．農匠ナビ 1000 プロジェクトの研究成果の実用化・普及あるいは「社会実装化」を加速するために，農業経営者主導で研究開発実証を継続し，営農現場で使用しながら改善・実践を行う新たな研究開発実践モデルの構築が期待される．

注 1）本アンケート調査は，九州大学農業経営研究室プロジェクトとして実施したものである．調査プロジェクトに参加した研究室学生諸君に感謝の意を表する．筆者が指導教員を務め，この調査結果を用いて分析を試みた卒業研究および修士論文のうち，本章に関わるものとしては以下がある．佐藤健吾「農業法人経営における ICT の費用対効果に関する研究」（平成 25 年度九州大学農学部農業経営学研究室卒業論文).

[付記]

本章の研究成果の一部は，総合科学技術・イノベーション会議の SIP（戦略的イノベーション創造プログラム）「次世代農林水産業創造技術」（管理法人：農研機構　生物系特定産業技術研究支援センター）によって実施されたものである.

[引用文献]

官邸『日本再興戦略」（H25 年 6 月 14 日閣議決定），http://www.kantei.go.jp/jp/singi/keizaisaisei/pdf/saikou_jpn.pdf，2015 年 8 月 1 日閲覧.

南石晃明（2014）「農業法人経営における ICT 活用と技能習得支援」，南石晃明・飯國芳明・土田志郎編著,『農業革新と人材育成システム』，農林統計協会，pp.349-364.

南石晃明（2011）『農業におけるリスクと情報のマネジメント」，農林統計出版，pp.448.

農林水産省(2015)『平成26年度農林水産分野におけるIT利活用推進調査』http://www.maff.go.jp/j/kanbo/joho/it/pdf/26_research.pdf，2015 年 8 月 9 日閲覧.

（南石晃明・長命洋佑・緒方裕大）

第 12 章　農業経営に対する TPP の影響と対応策
－全国アンケート調査分析－

1. はじめに

2012 年 12 月 26 日より始まった第 2 次安倍内閣では，日本経済の再生に向けて展開する「大胆な金融政策」「機動的な財政政策」「民間投資を喚起する成長戦略」の「三本の矢」（いわゆるアベノミクス）を一体として推進し，長期にわたるデフレと景気低迷からの脱却を図ることが最優先課題として掲げられた．そのアベノミクス三本目の矢である「成長戦略」において，最も重要な課題となるのが TPP（環太平洋経済連携協定）であり，農業関係者のみならず国民・海外からも大きな注目が集まっている．そして，2015 年 10 月 5 日，米国（アトランタ）で開催されていた TPP の閣僚会議において交渉が大筋合意に至ったことは記憶に新しい．その一方で，前章で述べたように農業法人数は近年増加しており，将来の担い手としての期待が高まっている．

本章では，農業法人における TPP 参加への意向，自法人経営への影響，TPP への対応策等について検討することとする．以下に示す農業法人を対象とした全国アンケート調査の結果を用いて，農業経営に対する TPP の影響と対応策について検討していく．その前に第 2 節では，本章の背景の理解を助ける意味において，TPP における米生産をめぐる議論について簡単に触れることとする．その後，第 3 節では，本章で用いたアンケートの概要について示し，第 4 節では，農業法人における TPP 参加への影響について検討していくこととする．第 5 節では，TPP に対する意識の規定要因，第 6 節では農業法人における TPP への対応策の規定要因を明らかにする．そして最後に本章のまとめを行うこととする．

2. TPP における農業分野をめぐる議論

本節では，本書の主軸である米生産に焦点を当て，TPP に関する議論の動向について見てみることとしよう．なお，ここでは政策の是非論を問うことを目的とするのではなく，現状の議論において，どのような視点を中心に議論がなされているのかを整理することを目的とする.

1）推進派・賛成派の意見

以下では，推進派の主な意見について見てみることとしよう．本間（2014）は，日本農業における構造的な問題は，生産コストを削減するような生産性・効率性を重視したものになってこなかった農政に責任の一端があること，また高い関税および非関税措置による保護は消費者に多大な負担を担わせるだけでなく，意欲ある生産者の意識低下，構造改革への誘因がないまま農業を衰退させたと指摘し，また，関税をなくす方向で貿易を自由化し農業もそういった環境，条件のもとに外国農業と競争すべきであると述べている．海外との競争に関して八田（2011）は，品質が差別化できるところでは産業内貿易が生じるため，市場の決定に任せるべきであると述べている.

また，減反政策を廃止すれば，米価が下落して非効率な零細農家が離農し，農地の集約化による規模拡大が大規模経営へと結びつき，輸出も視野に入れた競争力のある稲作が出現すると指摘されている(伊藤・本間 2009, 山下 2015)．さらに，山下（2015）は，15ha以上の大規模農家のコストは零細農家の半分以下であるためコストは低下し，米生産者においては，作付面積を50～100ha規模に拡大することで生産費を大きく削減できると指摘しているほか，品種改良により収穫量の多い米を開発すれば十分対応できると述べている.

矢口（2011）は「GDPの押上げ効果があり，しかも6割にものぼる第2種兼

表12-1　TPPに関するこれまでの議論の整理

	推進派・賛成派	慎重派・否定派
政策に係るキーワード	自由貿易 構造改革	保護政策 食料安全保障 多面的機能の喪失
保護政策	直接所得補償（直接支払）	関税・戸別所得補償（価格支持）
支援策および技術革新	輸出 減反廃止 規模拡大 生産コスト低減	輸出 農業経営後継者・新規就農者支援 兼業農家の継続

資料：筆者作成

注：「推進派・賛成派」に関しては，本間（2014），山下（2015）の参考文献を，「慎重派・否定派」に関しては，鈴木・木下（2011），田代（2010）の参考文献を基に作成した.

業農家が存在する現状で，企業の海外移転・産業の空洞化のほうが，税収も含め地域社会へのダメージが大きいとする．意欲ある農家・規模拡大農家への直接所得補償，彼らによるブランド農産物等の輸出の拡大，米以外の作物の生産や他業種への転換の促進等が提案される」と「推進派・賛成派」の主張について述べている．

2）慎重派・否定派の意見

慎重派・否定派の意見としては，TPPへの参加において農業，特に稲作農業は壊滅的打撃を受けるとしている．

鈴木・木下（2010，2011）は，国内農業の崩壊は決して農家だけの問題ではなく，先進国の中ですでに最低レベルの自給率をさらに低下させることは，国家の安全保障の観点からも危険であり，さらに，農業政策は単なる農家のための政策ではなく，国民一人一人の命も守る政策であるという認識を持つことが必要であると指摘している．

また，農業構造改革による自立経営農家の創出を掲げた農業基本法（1961年制定）以降，様々な政策が掲げられてきたが，特に水田農業における構造改革は，政策的努力にもかかわらず進まなかったことを踏まえ，TPP参加が本当に日本の農業構造改革に資するのか，多くの研究者が指摘している（例えば野田（2011）・磯田（2013））．さらに，小規模農家が農地を手放し離農するという行動パターンを必ずしも採らないこと，また，耕地が分散しているというわが国の水田立地条件より，土地集積の努力にもかかわらず大規模農業を行うことは実現として困難な状況であることなど，これまでの歴史が物語る現状についても指摘されている（會田 2011）．

さらに田代（2010）は，日本農業に最も大切なことは土地利用型農業の担い手を育成確保することであり，それを構造政策と称すなら，以下の2点が不可欠であるとしている．一つは「『規模の経済』が働く土地利用型農業には規模拡大」が必要であるとしたうえで，「それには家族経営のそれと集落営農による協業化の2つの道があること」を指摘している．もう一つは「農業経営後継者，新規就農者に対する思い切った助成策と，地域社会ぐるみで彼らを育てる姿勢」の必要性について指摘している．また，宇沢（2010）は，農業には「社会的共通資本」としての側面を重視する必要性を指摘している．「社会的共通資本」とは，「一つの国ないし特定の地域に住むすべての人々が，ゆたかな経済生活を営み，すぐれた文化を展開し，人間的に魅力ある社会を持続的，安定的に維持することを可能にするような自然環境や社会的装置」を意味するとしている．こうした視点は，地域農業の持続的な維持のみならず，景観や洪水防止機能といった農業の多面的機能の維持にも結びつくものであるといえる．

3）政府における農林水産物への影響試算

2015年12月24日，政府は経済財政諮問会議において，TPPの発効に伴う経済効果の試算を公表した．今回の試算では，取引ルールの共通化など非関税障壁の削減に伴う輸出入のコスト低減や，投資促進による国内産業の生産性向上など関税以外の効果を織り込んだことにより，経済効果は前回（2013年3月公表，3.2兆円）の4倍以上に当たる14兆円程度に膨らむと試算している．

表12-2は，TPPによる農林水産物の生産額への影響についての試算結果を示したものである．内閣官房（2015）では，分析結果に関して，「関税削減等の影響で価格低下による生産額の減少が生じるものの，体質強化対策による生産コ

表12-2　TPPによる農林水産物の生産額への影響について（政府統一試算における農林水産物への影響試算）

品目	生産減少額（H27.12）注1)	生産量減少率（H27.12）	（参考）これまでの影響試算 生産減少額（H25.3）	生産量減少率（H25.3）	生産減少額（H22.11）
農林水産物全体	約1,300億円～約2,100億円		約3兆円		約4.5兆円
米	0	0%	約1兆100億円	32%	約1兆9,700億円
小麦	約62億円	0%	約770億円	99%	約800億円
牛肉	約311億円～約625億円	0%	約3,600億円	68%	約4,500億円
豚肉	約169億円～約322億円	0%	約4,600億円	70%	約4,600億円
鶏肉	約19億円～約36億円	0%	約990億円	20%	約1,900億円
鶏卵	約26億円～約53億円	0%	約1,100億円	17%	約1,500億円
牛乳乳製品	約198億円～291億円	0%	約2,900億円	45%	約4,500億円
農業の多面的機能の喪失額	—注2)		1兆6千億円程度		3兆7千億円程度

資料：内閣官房（2015a），内閣官房（2013a,b）および農林水産省（2010a,b）を基に筆者作成
注1）TPP協定の経済効果分析に関しては，以下を参照のこと
内閣官房（2015b）http://www.cas.go.jp/jp/tpp/kouka/pdf/151224/151224_tpp_keizaikoukabunnseki02.pdf
注2）内閣官房（2015a）においては，「試算の結果，国内生産量が維持されると見込まれることから，水田や畑の作付面積の減少や農業の多面的機能の喪失は見込み難い．」と述べている．

ストの低減・品質向上や経営安定対策などの国内対策により，引き続き生産や農家所得が確保され，国内生産量が維持されるものと見込む」と結論付けている．そして，政府による農業対策により，生産額の減少は現在よりもおよそ1,300億円から2,100億円にとどまるとしており，食料自給率に関しては，2014年度のカロリーベース39%，生産額ベース64%を維持し，影響はないとしている．

関税撤廃される品目については，牛肉は，前回の約3,600億円から約311億～約625億円，豚肉は約4,600億円から約169億円～約322億円，鶏肉は約990億円から約19億円～36億円，鶏卵は約1,100億円から約26億円～約53億円へと生産額への影響が変化すると試算している．

なお，米に関しては，前回の生産減少額は約1兆100億円程度であり，その試算の考え方として「国内生産量の約3割が輸入に置き換わる．それ以外の国内生産は残るが，価格は下落」（内閣官房 2013b）としていたが，今回は全く影響を受けない試算結果となっている．今回の試算の考え方は「現行の国家貿易制度や枠外税率を維持することから，国家貿易以外の輸入の増大は見込み難いことに加え，国別枠の輸入量に相当する国産米を政府が備蓄米として買い入れることから，国産主食用米のこれまでの生産量や農家所得に影響は見込み難い」（内閣官房 2015a）としている．

また，これまで議論の対象の一つとなっていた農地の問題や多面的機能に関しても，「国内生産量が維持されると見込まれることから，水田や畑の作付面積の減少や農業の多面的機能の喪失は見込み難い」（内閣官房 2015a）としている．

3. アンケート調査の方法と回答法人属性

本章では，九州大学農業経営学研究室が実施した全国の農業法人経営者に対するアンケート調査を用いる[注1)]．このアンケート調査では，日本農業法人協会等のHPで公開されている会社名や文献等に記載されている会社名から各会社のHPを独自にWEB検索し，住所等を特定できた1716法人に調査票を送付し，429の有効回答を得た（回収期間：2013年8月31日～10月24日，回答率：25%）．質問内容は，設立年次や作目など法人の概要，法人の取組み事業，自法人経営の強みと弱み，など大問18項目（A4サイズ，7頁）である．

本章で用いたアンケート項目は，法人の属性として，法人種別，直近決済の売上高，5 年後，10 年後の売上目標の他に，作付している作目，取組んでいる事業，自法人経営の強み弱みなど，に関する質問を用いた．他方，TPP 参加に対する影響として，後述するように好機から危機までの意識を，また，TPP に有効と考えられる対応策を取上げ検討を行った．

4. TPP の影響と対応策に関する農業法人の意識

図 12-1 は，TPP 参加に対する農業法人の意識についての結果を示したものである．質問項目においては，「大きな危機」から「大きな好機」までの 5 段階を設定し評価を行ってもらった．その結果，回答割合が最も大きいのは「どちらともいえない（37.1%）」である．次いで「大きな危機（26.0%）」，「やや危機（22.1%）」の順に多く，TPP への参加に対して危機感を抱いている法人が多いことが明らかとなった．その一方で，「やや好機（7.1%）」，「大きな好機（5.2%）」と「好機」と考えている法人が 12.3%に上っていることも注目すべき点である．

図 12-2 は，我が国が TPP に参加した場合，回答法人にどのような影響が及ぶと考えているかについて，「経営が破たんする」から「経営が大きく成長する」まで 7 段階で質問した結果を示している．最も回答割合が高かったのは，「どち

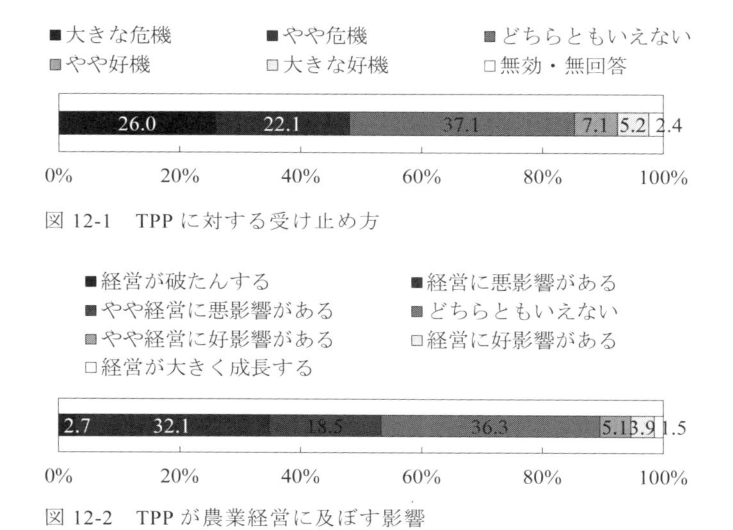

図 12-1　TPP に対する受け止め方

図 12-2　TPP が農業経営に及ぼす影響

らともいえない（36.3%）」である．次いで，「経営に悪影響がある（32.1%）」，「やや悪影響がある（18.5%）」，「やや経営が成長する（5.1%）」，「経営に好影響がある（3.9%）」，「経営が破たんする（2.7%）」，「経営が大きく成長する（1.5%）」の順に多くなっている．「経営が破たん」，「経営に悪影響」，「やや悪影響」の合計は53.3%であり，「やや経営に好影響」，「経営に好影響」，「経営が大きく成長」の合計は10.5%である．つまり，TPPが経営に悪影響を及ぼすとする回答が5割，好影響を及ぼすとする回答が1割であり，図12-1の結果と概ね一致する傾向である．

図12-3は「農業法人の直近決算の売上高」と「TPPに対する意識」の関係を示したものである．3000万～5000万円未満の層において，好機と捉えている割合が17.8%と最も高かった．5000万～1億円未満においては好機と捉える割合は低くなっているが，1億～3億円未満および3億円～5億円未満においては好機と捉える割合が高くなる．また，5億円～20億円未満の回答層においては，売上高が高くなるにつれて，「好機」と捉えている割合が低下している傾向が見

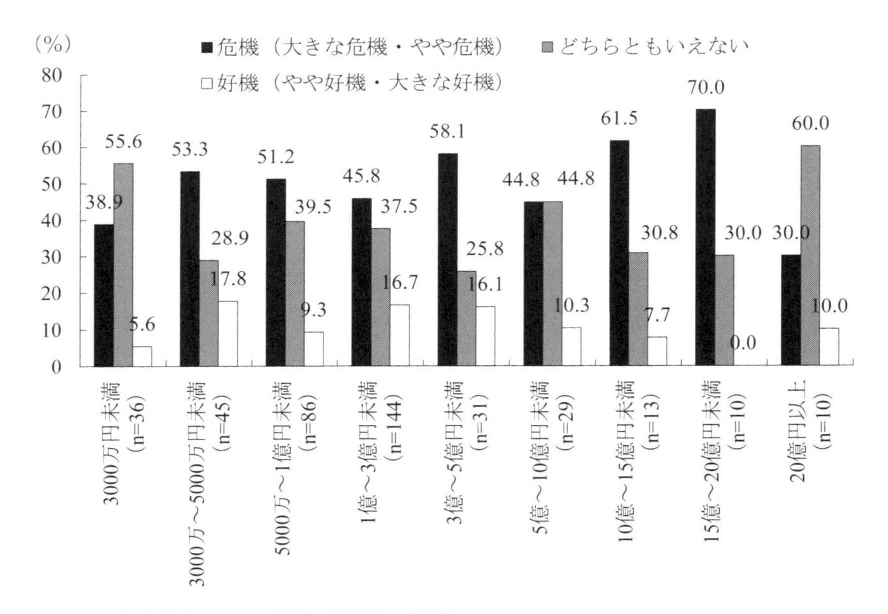

図12-3　売上高とTPPに対する意識の関係
注：図中の数字は，直近決算の「売上高」各層に占める「TPPに対する意識」の割合を示している．

られた．これらの結果より，売上高が 3000 万円未満の法人および 5 億円以上と相対的に売上高が高い法人において，TPP への参加に対する影響が大きいと考えていることが示された．

図 12-4 は，我が国の TPP に向けて，回答法人はどのような対応策が自身の経営に有効であるかについて，複数回答での結果を示したものである．その結果，最も有効であると考えられていたのは，商品差別化（47.3%）であった．次いで，コスト低減（41.1%），生産管理の改善・高度化（35.3%），規模拡大（28.6%），事業多角化（23.9%），新技術導入（23.9%）の順に回答が多かった．そのなかでも，海外農産物との差別化を図ることやコスト低減を図っていくこと，さらには生産管理の改善・高度化を図っていくことは，全体で 3 割以上の法人が有効と考えていたことからも重要な対応策であるといえる．

その一方で，人件費・賃金抑制（8.4%），企業間連携・経営統合（14.3%），国内新規マーケット参入（15.8%），海外進出（17.9%），資材機械等の調達価格の削減（18.6%）は，回答割合が 2 割に達しておらず，相対的に TPP 参加への有効な対応策とは考えられていないことが示された．これらは社内での取組みには限界があるためと考えられる．なお，有効な対応策は無い（11.7%）とし

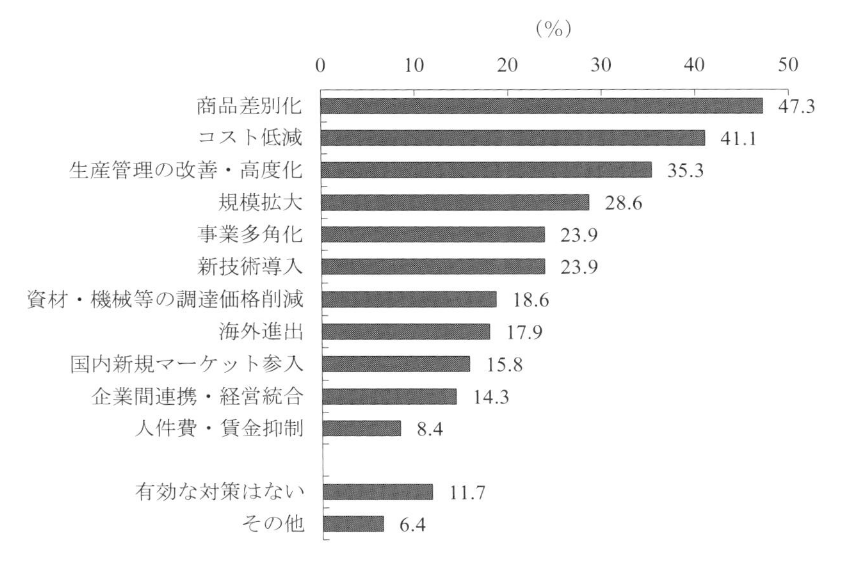

図 12-4　TPP に有効と考えられる対応策

た回答が1割程度あったことも注目に値する．

5. TPPに対する意識の規定要因

1）作目別にみたTPPに対する意識

図12-5は，作目別にみたTPP参加に対する意識の集計結果を示したものである．なお，ここでの作目は，直近決算における売上高が計上されたものをすべて集計している．そのため，農業法人の有効回答数は420であるが，複数回答となっているため延べ選択数は626となっている．以下，作目ごとの傾向をみていくこととしよう．

TPPへの参加を危機と捉えているのは，養豚で最も高く75.8%に上っている．次いで，豆類・雑穀（70.1%），麦類（68.8%），水稲（64.3%），肉用牛（59.3%），養鶏（52.0%），酪農（50.0%）順で高く，これらの作目を生産している法人では，危機意識が高い傾向であることが示された．

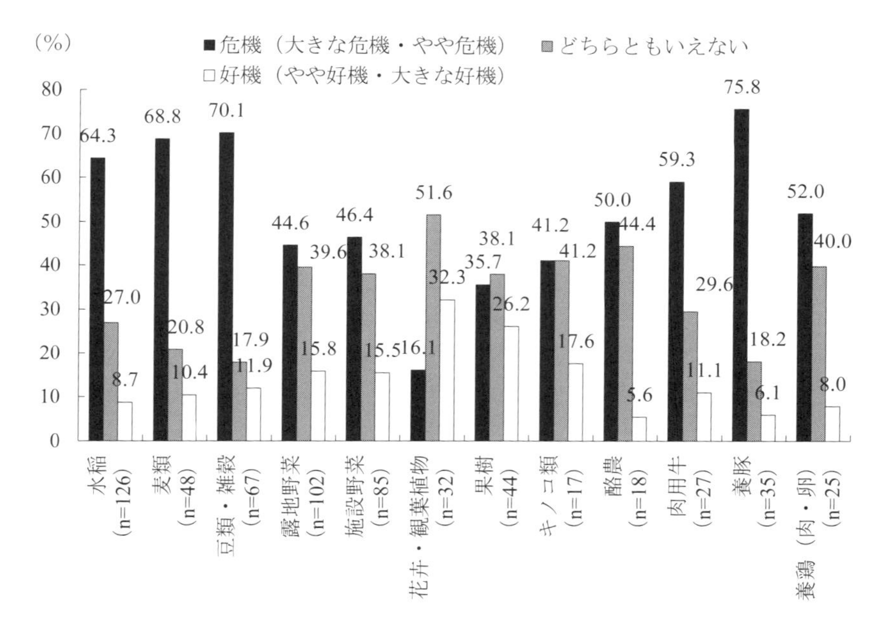

図12-5　作目別にみたTPPに対する意識
注：危機＝大きな危機＋やや危機，好機＝大きな好機＋やや好機

一方, TPP を好機と捉えている割合が高かったのは, 花卉・観葉植物 (32.3%), 果樹 (26.2%), キノコ類 (17.6%) であり, 花卉・観葉植物においては好機が危機の割合を上回る結果となっていた. これらの結果より, 現在の関税率が高く, 商品差別化や生産コスト低減が困難な作目においては危機感が強く, 逆に現在の関税率が低く, 商品差別化や生産コスト競争力が期待できる作目においては相対的に好機であると捉えている傾向が見られた.

2) 売上目標と TPP に対する意識

図 12-6 は「5 年後の売上目標」と「TPP に対する意識」との関係の結果を示している. 5 年後の売上目標で縮小を考えている法人を除いた結果, 現状から 5 年後の売上目標が高くなるにつれて, TPP 参加に対して, 好機と捉えている法人割合が高くなっている傾向が示された. 特に, 5 倍以上の売上目標を掲げている法人においては, 危機意識より好機と捉える割合の方が高いことが示された. なお, 誌幅の関係上, 結果の図は示すことはできないが, 10 年後の売上目標に関しても同様の傾向が見られた. 将来において, 高い売上目標を設定している法人は, 経営成長や経営発展に対する志向が高いことが示唆され, そのため TPP 参加を大きなチャンスとして捉えていることがこの結果に結びついたと考えられる.

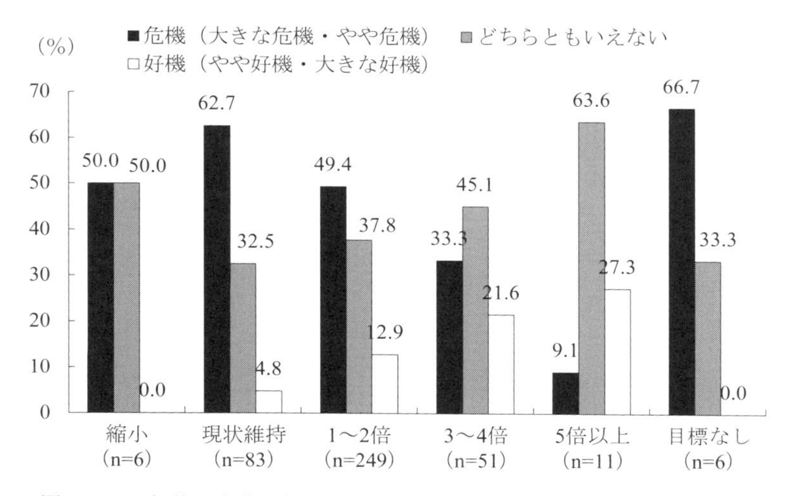

図 12-6　5 年後の売上目標と TPP に対する意識
注：危機＝大きな危機・やや危機, 好機＝やや好機・大きな好機

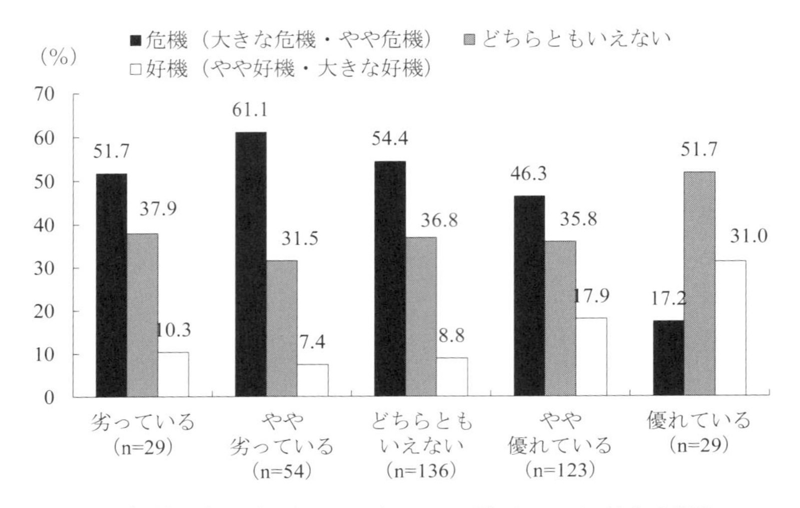

図 12-7　経営の強み（販売・マーケティング）と TPP に対する意識
注：危機＝大きな危機・やや危機，好機＝やや好機・大きな好機

3）経営の強み・弱みと TPP に対する意識

図 12-7 は，回答法人が，競合他社と比較して自社の販売・マーケティングをどのように自己評価しているかの回答，TPP をどのように捉えているかの回答の関係を示したものである．自社の販売・マーケティングの評価が，やや劣っている，どちらともいえない，やや優れている，優れていると強みとしての評価が高くなるにつれて，TPP を好機と捉える割合が，7.4%，8.8%，17.9%，31.0% と増加する傾向がみられる．一方，TPP を危機と捉えた割合は，61.1%，54.4%，46.3%，17.2% と減少する傾向がみられ，販売・マーケティングの評価が優れていると自己評価する法人では，好機が危機を上回っていることが明らかとなった．

図 12-8 は，回答法人が，競合他社と比較して自社の弱み・強みとして，経営理念・ビジョンをどのように自己評価しているかの回答と TPP をどのように捉えているかの回答の関係を示したものである．自社の経営理念・ビジョンの評価が，やや劣っている，どちらともいえない，やや優れている，優れていると強みとしての評価が高くなるにつれて，TPP を好機と捉える割合が，7.4%，9.2%，18.9%，28.6% と増加する傾向がみられる．一方，TPP を危機と捉える割合は，59.3%，53.5%，46.7%，22.9% と減少する傾向がみられ，経営理念・ビジョン

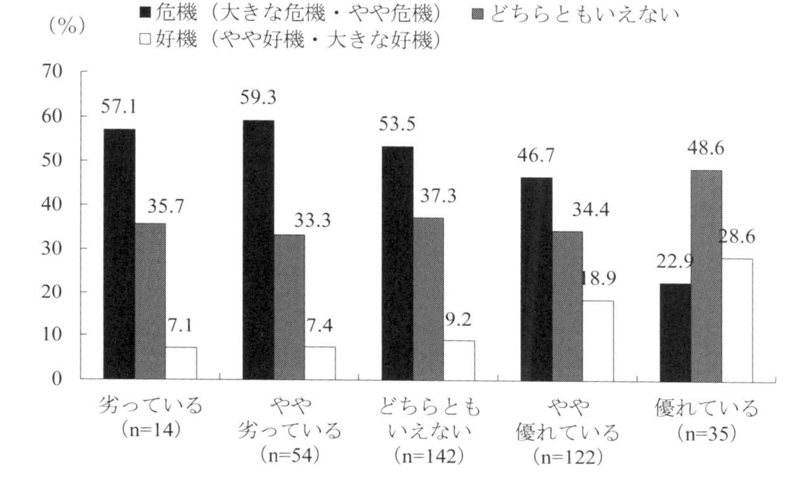

図12-8　経営の強み（経営理念・ビジョン）とTPPに対する意識
注：危機＝大きな危機・やや危機，好機＝やや好機・大きな好機

が優れているとの自己評価の法人では，好機が危機を上回っている．

この他の経営の強みの自己評価においても，表12-3に示すように，新商品開発・新技術開発，販売・マーケティング，リスク管理，ICT活用力・情報マネジメント，経営戦略・ビジネスモデル，経営理念・ビジョン，社長のリーダーシップ・実行力について，自己評価が高まるにつれて，TPPを好機と捉える割合が増加し，危機と捉える割合が減少する傾向がみられる．これらの結果から，競合他社に対する自社経営の強みへの自己評価が高い法人は，それが弱い法人と比べて，TPPのような市場環境変化を危機でなく好機と捉える傾向があることが明らかとなった．

図12-9は，回答法人における経営の強み（他社よりも「やや優れている」「優れている」）のみを抜粋し，TPPの捉え方との関係を示したものである．競合他社と比較して，経営戦略・ビジネスモデル，新商品開発・新技術開発，ICT活用力・情報マネジメント，リスク管理，人材育成，経営理念・ビジョン，販売・マーケティングに強みを持っている法人においては，TPP参加を好機と捉えている割合が2割を超えており相対的に高いことが示された．その一方で，取引先・地域の信頼・ブランド，生産・加工技術，財務体質に強みを持っている法

表 12-3　経営の強みと TPP に対する意識（単位：回答数，%）

		危機	どちらともいえない	好機
1. 生産・加工技術				
劣っている	(12)	41.7	41.7	16.7
やや劣っている	(40)	45.0	50.0	5.0
どちらともいえない	(111)	56.8	28.8	14.4
やや優れている	(145)	49.7	36.6	13.8
優れている	(62)	38.7	45.2	16.1
2. 販売・マーケティング				
劣っている	(29)	51.7	37.9	10.3
やや劣っている	(54)	61.1	31.5	7.4
どちらともいえない	(136)	54.4	36.8	8.8
やや優れている	(123)	46.3	35.8	17.9
優れている	(29)	17.2	51.7	31.0
3. 生産管理・経営管理				
劣っている	(10)	40.0	50.0	10.0
やや劣っている	(59)	45.8	45.8	8.5
どちらともいえない	(150)	56.0	31.3	12.7
やや優れている	(137)	46.0	39.4	14.6
優れている	(18)	44.4	27.8	27.8
4. 財務体質				
劣っている	(35)	42.9	42.9	14.3
やや劣っている	(71)	40.8	42.3	16.9
どちらともいえない	(139)	58.3	28.8	12.9
やや優れている	(100)	48.0	41.0	11.0
優れている	(29)	41.4	41.4	17.2
5. 取引先・地域の信頼・ブランド				
劣っている	(9)	44.4	22.2	33.3
やや劣っている	(18)	44.4	55.6	0.0
どちらともいえない	(94)	54.3	33.0	12.8
やや優れている	(176)	53.4	34.7	11.9
優れている	(70)	32.9	45.7	21.4
6. 新商品開発・新技術開発				
劣っている	(47)	53.2	36.2	10.6
やや劣っている	(82)	59.8	32.9	7.3
どちらともいえない	(142)	50.0	38.0	12.0
やや優れている	(72)	36.1	40.3	23.6
優れている	(19)	31.6	36.8	31.6

人においては，強みと意識しているにもかかわらずTPPの参加を好機と捉えている割合は相対的に低かったことより，今後はこれらの点の強化を図っていくことの重要性が示された．

以上の結果に基づいて，TPPを好機と捉える割合が相対的に高い回答法人の

		危機	どちらともいえない	好機
7. リスク管理				
劣っている	(24)	33.3	58.3	8.3
やや劣っている	(87)	41.4	46.0	12.6
どちらともいえない	(197)	57.9	29.9	12.2
やや優れている	(50)	40.0	40.0	20.0
優れている	(9)	22.2	44.4	33.3
8. ICT 活用力・情報マネジメント				
劣っている	(59)	50.8	35.6	13.6
やや劣っている	(93)	52.7	34.4	12.9
どちらともいえない	(147)	50.3	38.1	11.6
やや優れている	(49)	42.9	38.8	18.4
優れている	(12)	41.7	16.7	41.7
9. 人材育成				
劣っている	(28)	39.3	50.0	10.7
やや劣っている	(112)	56.3	34.8	8.9
どちらともいえない	(159)	48.4	38.4	13.2
やや優れている	(65)	44.6	33.8	21.5
優れている	(10)	40.0	40.0	20.0
10. 経営戦略・ビジネスモデル				
劣っている	(29)	65.5	24.1	10.3
やや劣っている	(71)	53.5	40.8	5.6
どちらともいえない	(155)	54.2	36.1	9.7
やや優れている	(87)	39.1	36.8	24.1
優れている	(23)	26.1	39.1	34.8
11. 経営理念・ビジョン				
劣っている	(14)	57.1	35.7	7.1
やや劣っている	(54)	59.3	33.3	7.4
どちらともいえない	(142)	53.5	37.3	9.2
やや優れている	(122)	46.7	34.4	18.9
優れている	(35)	22.9	48.6	28.6
12. 社長のリーダーシップ・実行力				
劣っている	(15)	33.3	53.3	13.3
やや劣っている	(44)	68.2	25.0	6.8
どちらともいえない	(151)	57.6	32.5	9.9
やや優れている	(119)	43.7	40.3	16.0
優れている	(44)	29.5	45.5	25.0

特徴を表 12-4 に要約している．誌幅の制約で本章では言及しなかったが，観光農園・直接販売を行っている法人や創業期・成長期の法人は，TPP を好機と捉える割合が相対的に高い傾向がみられた．しかし，その割合自体は必ずしも高いとはいえない．これらの属性と TPP に対する農業法人の捉え方の関係につい

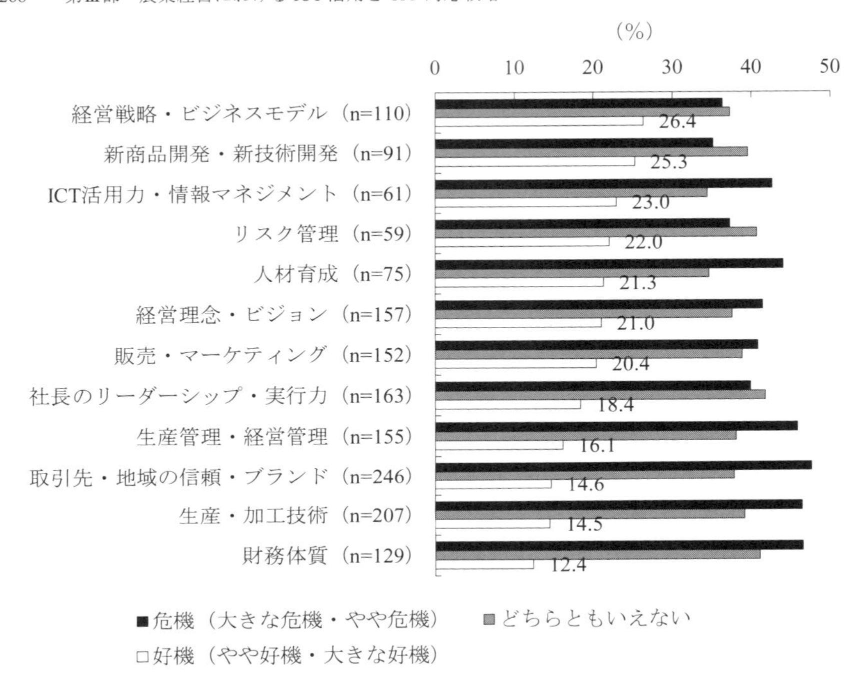

図 12-9　経営の強み（やや優れている・優れている）と TPP に対する意識

ては，今後，さらに詳しい検討を要する．

6. TPP に対する経営対応策とその規定要因

図 12-10 は，回答法人において取組んでいる事業と TPP への対応策との関係を示したものである．なお，ここでの取組み事業は，各法人において取組んでいるすべての事業を集計している．そのため，複数回答となっており項目ごとに有効回答数は異なる．

取組み事業全体を見てみると，コスト低減および商品差別化において高い割合を示している．以下，特徴が見られた項目に絞りみていくこととしよう．直接販売（直売所・小売店の運営・ネット販売など），飲食（レストラン・カフェなど）および農畜産物の加工（食品製造など）の事業に取組んでいる法人においては，商品差別化が TPP の有効な対応策であると考えていた．また，観光農

表12-4　TPPを好機と捉える割合が相対的に高い農業法人の特徴

		TPPに対する意識との関係
法人の属性	売上高	「売上高」が「3000～5000万」,「1億～3億」,「3億～5億」の層に,好機と見ている割合が高い.
	5,10年後の売上目標	「売上目標」が高いほど,好機と見ている割合が高い.
	5,10年後の売上経常利益率目標	「売上経常利益率目標」が高い経営は,相対的に好機と見ている割合が高い.
	取組んでいる事業	「観光農園」と「直接販売」に取組んでいる法人では,好機と見ている割合が高い.
	生産作目	「花卉・観葉植物」,「果樹」を生産している法人では,好機と見ている割合が高い.
	法人段階	「創業期」と「成長期」の法人において,好機と見ている割合が高い.
経営の「強み」・「弱み」	「経営戦略・ビジネスモデル」	他社より優れていると考える法人ほど,好機と見ている割合が2割を超えている.
	「新商品開発,新技術開発」	
	「ICT活用力・情報マネジメント」	
	「リスク管理」	
	「人材育成」	
	「経営理念・ビジョン」	
	「販売・マーケティング」	

園（体験型農場・農業研修・農村交流施設など）の事業に取組んでいる法人では,規模拡大(12.5%),事業多角化(15.6%),生産管理の改善・高度化(13.5%)を有効な対応策であると考えていた．さらに，市場出荷による農産物生産，市場出荷による畜産物生産，契約生産による農産物生産および契約生産による畜産物生産といった農畜産物の生産に携わっている法人においては，生産管理の改善・高度化，商品差別化の他にコスト低減および資材・機械等の調達価格削減をTPPの有効な対応策と考えている割合が相対的に高いことが示された．

図12-11は，回答法人における生産作目とTPPへの対応策との関係を示したものである．なお，ここでの生産作目は先の図12-10と同様，各法人において生産しているすべての作目を集計しているため，各法人が生産している作目ごとのTPPへの対応策の延べ回答数を示している．

全体的な傾向を見てみると，商品差別化およびコスト低減をTPPへの対応策

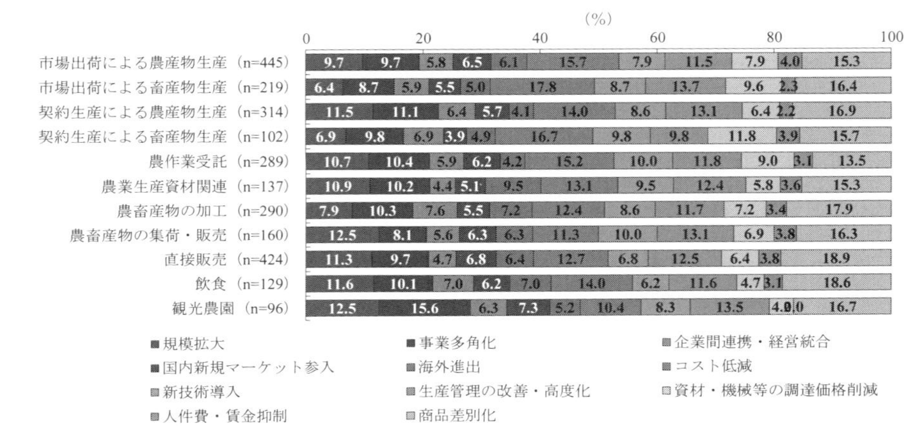

図 12-10　取組んでいる事業と TPP への対応策
注：図中の n は，各法人が取組んでいる事業における TPP への対応策（多肢選択）の延べ回答数を示しており，図中の数字は，取組んでいる事業に占める TPP への対応策の割合を示している．

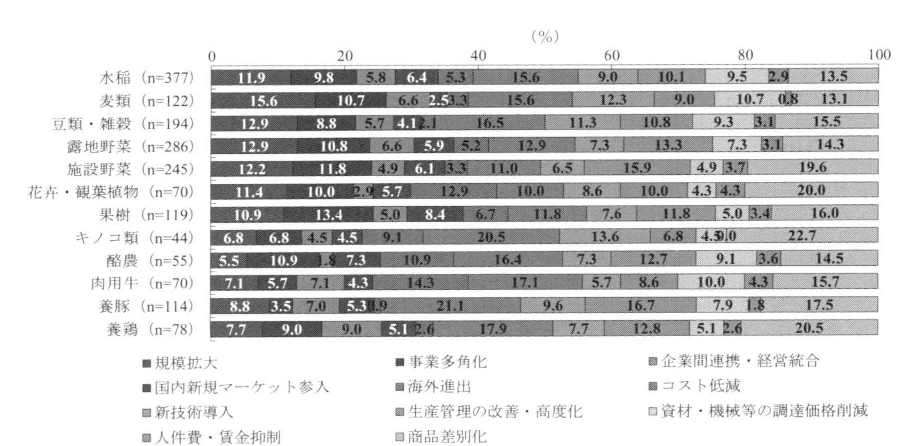

図 12-11　生産作目と TPP への対応策
注：図中の n は，各法人が生産している作目における TPP への対応策（多肢選択）の延べ回答数を示しており，図中の数字は，各作目に占める TPP への対応策の割合を示している．

として考えている法人が相対的に高かった．その一方で，人件費・賃金抑制および企業間連携・経営統合に関しては相対的に低い割合であった．以下，各作目において商品差別化およびコスト低減以外で特徴が見られた対応策について見ていくこととしよう．まず，水稲，麦類や豆類・雑穀などの土地利用型作目を生産している法人においては，規模拡大をTPPへの有効対応策として考えている割合が高かった．また施設型作目に目を向けてみると，施設野菜においては生産管理の改善・高度化および事業多角化を，花卉・観葉植物においては海外進出を，果樹に関しては事業多角化を，そしてキノコ類に関してはコスト低減を，それぞれTPPの有効な対応策として考えている割合が高いのが特徴であった．さらに，畜産に関して見てみると，酪農では事業多角化および海外進出を，肉用牛では海外進出を，養豚では生産管理の改善・高度化を，そして養鶏では企業間連携・経営統合をそれぞれTPPへの有効な対応策として考えている割合が高かった．

図12-12は，経営の強み（販売・マーケティング）と回答法人にとって有効と考えるTPP対応策の関係を示している．競合他社に比較し，自社の「販売・マーケティング」が優れていると自己評価する法人では，有効なTPP対応策と

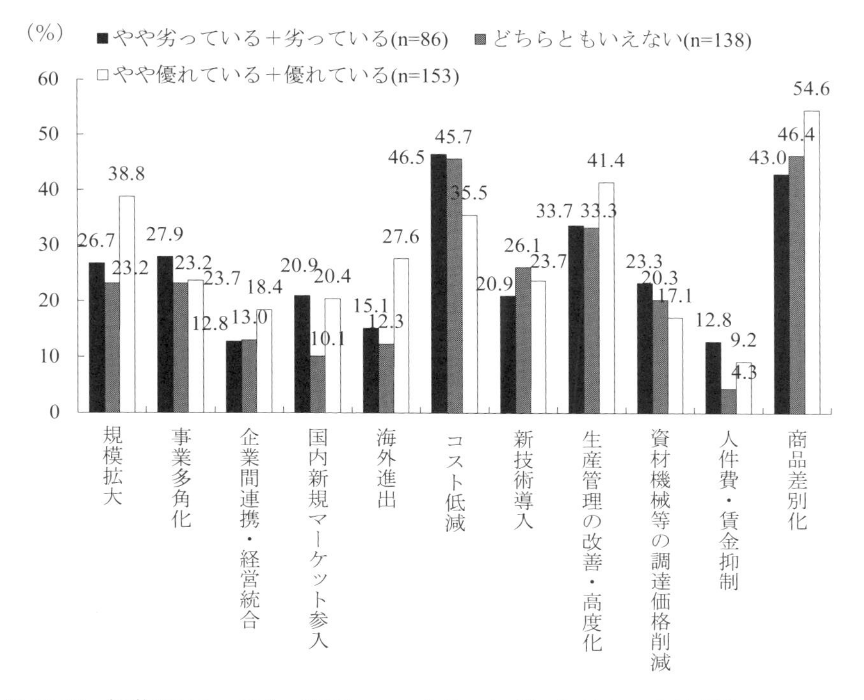

図12-12　経営の弱み・強み（販売・マーケティング）とTPPへの対応策

して商品差別化，生産管理の改善・高度化，規模拡大，コスト低減，海外進出をあげる回答が多くなっている．自社の「販売・マーケティング」が，劣っている（やや劣っている＋劣っている）と考える法人では，商品差別化を有効なTPP対応策と考える法人の割合は43.0%であるが，どちらともいえないと考える法人では46.4%に増加し，優れている（＝やや優れている＋すぐれている）と考える法人では54.6%に達する（対応策は多肢選択）．

自社の「販売・マーケティング」が優れていると考える法人では，規模拡大を有効なTPP対応策と考える法人の割合は38.8%であるが，劣っている・どちらともいえないとする法人では，26.7～23.2%に留まっている．生産管理の改善・高度化においては，自社の「販売・マーケティング」が優れていると考える法人では，生産管理の改善・高度化を有効なTPP対応策と考える法人の割合は41.4%であるが，劣っている・どちらともいえないとする法人では，33.7～33.3%となっている．海外進出について有効なTPP対応策と考える法人の割合は27.6%であるが，劣っている・どちらともいえないとする法人では，半分程度の15.1～12.3%にとどまっている．

一方，コスト低減については，自社の「販売・マーケティング」が劣っている・どちらともいえないと考える法人では，有効なTPP対応策と考える割合が46.5～45.7%であるが，優れていると考える法人では35.5%へ低下する．また，資材機械等の調達価格削減についても劣っていると考える法人では，有効なTPP対応策と考える割合が23.3%，どちらともいえない場合には20.3%，優れていると考える法人で17.1%へ低下する．

図12-13は，経営の強み（ICT活用力・情報マネジメント）と回答法人にとって有効と考えるTPP対応策の関係を示している．競合他社に比較し，自社の「ICT活用力・情報マネジメント」が優れていると自己評価する法人では，有効なTPP対応策としてコスト低減，商品差別化，規模拡大，生産管理の改善・高度化，事業多角化，新技術導入，資材機械等の調達価格削減をあげる回答が多くなっている．

自社の「ICT活用力・情報マネジメント」が，劣っている・どちらともいえないと考える法人では，コスト低減を有効なTPP対応策と考える法人の割合は41.2～40.9%であるが，優れていると考える法人では50.0%に達する（対応策は多肢選択）．また，自社の「ICT活用力・情報マネジメント」が劣っていると

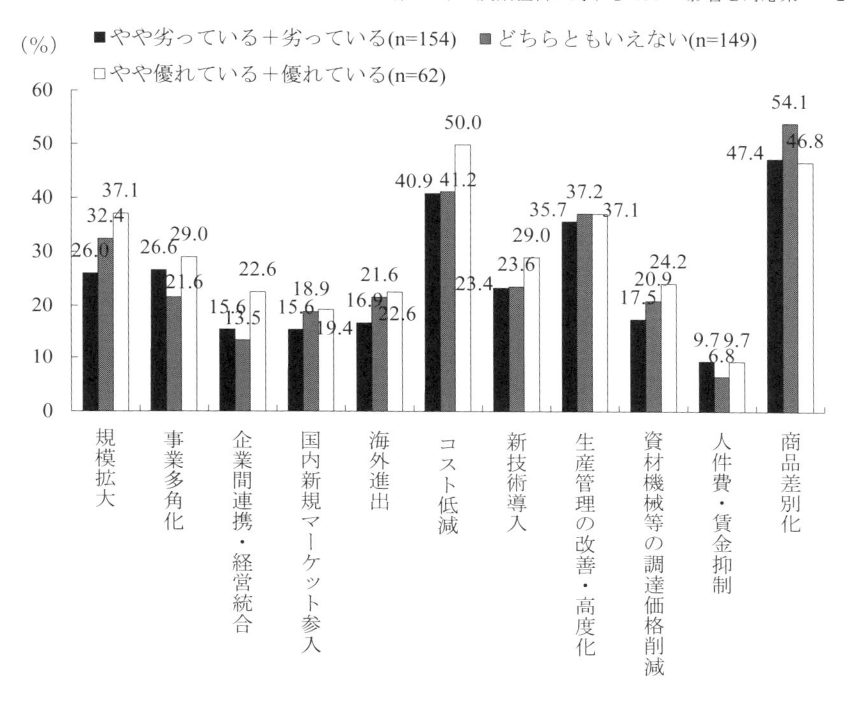

図12-13　経営の弱み・強み（ICT活用力・情報マネジメント）とTPPへの対応策

考える法人では，規模拡大を有効なTPP対応策と考える法人の割合は26.0%であるが，どちらともいえないとする法人では32.4%に増加し，優れているとする法人ではさらに37.1%に増加する．生産管理の改善・高度化を有効なTPP対応策と考える法人に関しては，劣っていると自己評価している法人の割合は35.7%であるが，どちらともいえないとする法人では37.2%，優れているとする法人では37.1%へと増加する．新技術導入を有効なTPP対応策と考える法人の割合は，劣っていると考える法人で23.4%，どちらともいえないとする法人で23.6%へ微増し，優れているとする法人では29.0%へと増加する．資材機械等の調達価格削減については，自社の「ICT活用力・情報マネジメント」が劣っていると考える法人では，有効なTPP対応策と考える法人の割合は17.5%であるが，どちらともいえないとする法人では20.9%に増加し，優れているとする法人では24.2%に増加する．さらに海外進出においても，劣っていると考える法人で 16.9%であるが，どちらともいえないとする法人で 21.6%へ増加し，優れているとする法人では 22.6%へと増加する．

以上の結果から，競合他社に比較し，自社の「販売・マーケティング」を強みとする法人は，商品差別化，規模拡大，海外進出を有効な TPP 対応策としており，高付加価値化や経済規模拡大による競争力向上，さらに新規市場としての海外展開を視野に入れた経営戦略を策定していると推測される．一方，「ICT 活用力・情報マネジメント」に強みを持つ法人は，ICT 活用による情報経営によって，経営管理・生産管理改善を進めて生産コスト削減（資材費削減含む）し，また，それをさらに高度化できる経営規模の実現を目指す戦略を策定していると推測される．

この他の経営の強みと TPP 対応策の関係を見ると，生産管理・経営管理，財務体質，取引先・地域の信頼・ブランド，新商品開発・新技術開発，リスク管理，経営戦略・ビジネスモデルの間にある程度の傾向がみられた（表 12-5）．また，現在の売上高，将来の売上高目標，現在取組んでいる事業，生産作目，経営リスクへの方針（リスク選好）等との関連性も一部見られた．しかしながら，これらの関連性は必ずしも明瞭とはいえず，今後の検討課題としたい．

7. おわりに

本章では，農業法人経営を対象として実施した全国アンケート調査に基づいて，農業法人における TPP 参加への意向，自法人への影響，TPP への対応策などについて検討してきた．

TPP 参加に対する農業法人の意識については，「やや好機（7.1%）」，「大きな好機（5.2%）」と「好機」と考えている法人が 12.3%となっており，通常 TPP の議論で言われているような悲観的な意向を示している法人ばかりではないことが明らかとなった．

そうした法人の特徴を整理してみると，5 年後の売上目標の設定が高い法人では，TPP 参加に対して好機と捉えている法人割合が高くなっており，特に，5 倍以上の売上目標を掲げている法人においては，危機より好機と捉える割合の方が高い結果が示されたことは注目に値する．また，経営の強みに関して，販売・マーケティングや理念・ビジョンに強みを持っている法人においては，好

表12-5　有効なTPP対応策と農業法人の特徴

		法人の属性とTPPへの対応策の関係
法人の属性	売上高	「売上高」が高い法人ほど，「海外進出」，「コスト低減」，「生産管理の改善・高度化」，「資材・機械等の調達価格削減」，「商品差別化」を有効対応策と考えている．
	5，10年後の売上目標	「売上目標」が高い法人ほど，「規模拡大」，「事業多角化」，「海外進出」，「新技術導入」，「生産管理の改善・高度化」，「商品差別化」を有効対応策と考えている．
	5，10年後の売上経常利益率目標	「売上経常利益率目標」を高く考えている法人ほど，「規模拡大」，「コスト低減」，「生産管理の改善・高度化」，「商品差別化」を有効対応策と考えている．
	取組んでいる事業	「市場出荷による畜産物生産」に取組んでいる法人では，「コスト低減」，「生産管理の改善・高度化」を有効対応策と考えている． 「契約生産による畜産物生産」に取組んでいる法人では，「コスト低減」，「資材・機械等の調達価格削減」を有効対応策と考えている． 「農業生産資材関連」に取組んでいる法人では，「海外進出」を有効対応策と考えている． 「農畜産物の加工」に取組んでいる法人では，「商品差別化」を有効対応策と考えている． 「農畜産物の集荷・販売」に取組んでいる法人では，「規模拡大」，「生産管理の改善・高度化」を有効対応策と考えている． 「直接販売（直売所・小売店の運営・ネット販売など）」に取組んでいる法人では，「商品差別化」を有効対応策と考えている． 「飲食（レストラン・カフェなど）」に取組んでいる法人では，「商品差別化」を有効対応策と考えている． 「観光農園（体験型農場・農業研修・農村交流施設など）」に取組んでいる法人では，「規模拡大」を有効対応策と考えている．
	生産作目	「麦類」を生産している法人では，「規模拡大」，「農業生産資材関連」を有効対応策と考えている． 「果樹」を生産している法人では，「事業多角化」を有効対応策と考えている． 「肉用牛」を生産している法人では，「海外進出」を有効対応策と考えている． 「養豚」を生産している法人では，「コスト低減」，「生産管理の改善・高度化」を有効対応策を考えている． 「養鶏」を生産している法人では，「企業間連携・経営統合」，「商品差別化」を有効対応策と考えている．
	リスク対策	リスクを取ってでも収益を上げようとする法人ほど，「国内新規マーケット参入」は考えず，「海外進出」，「商品差別化」を有効対応策と考えている．
経営の「強み」	「販売・マーケティング」	「規模拡大」，「海外進出」，「生産管理の改善・高度化」，「商品差別化」を有効対応策と考えている．
	「生産管理・経営管理」	「コスト低減」，「生産管理の改善・高度化」，「商品差別化」を有効対応策と考えている．
	「財務体質」	「国内新規マーケット参入」，「コスト低減」，「商品差別化」を有効対応策と考えている．
	「取引先・地域の信頼・ブランド」	「企業間連携・経営統合」，「海外進出」，「新技術導入」を有効対応策と考えている．
	「新商品開発，新技術開発」	「海外進出」，「新技術導入」，「商品差別化」を有効対応策と考えている．
	「リスク管理」	「海外進出」を有効対応策と考えている．
	「ICT活用力・情報マネジメント」	「規模拡大」，「コスト低減」，「資材機械等の調達価格削減」を有効対応策と考えている．
	「人材育成」	「規模拡大」，「コスト低減」，「新技術導入」を有効対応策と考えている．
	「経営戦略・ビジネスモデル」	「規模拡大」，「企業間連携・経営統合」，「生産管理の改善・高度化」，「商品差別化」を有効対応策と考えている．

機が危機を上回っていることが明らかとなった．さらに，取組み事業および生産作目とTPPへの対応策との関係を見てみると，全体的な傾向としては，商品差別化およびコスト低減をTPPへの有効対応策として考えている法人の割合が

相対的に高かった．また水稲を生産している法人に関しては，コスト低減，商品差別化，規模拡大および生産管理の改善・高度化をTPPへの有効対応策として考えている法人の割合が相対的に高かった．

以上，本章では農業法人におけるTPPの影響と対応策に関する分析結果を述べるとともに他の研究者におけるTPPへの議論の整理を行ってきた．様々な議論があろうと思うが，本章の結果で示したように，将来の売上目標を明確に持っている経営や，自身の経営に強みを持っていると自己評価している経営においては，TPPを危機と捉えるより，好機と捉える割合が相対的に高くなっていく傾向が示された．また，TPPへの対応策としては商品の差別化およびコスト低減に加え規模拡大や生産管理の改善・高度化を考えている法人が相対的に高い割合であることが示された．今後は，優れた経営戦略と意欲・能力を有する経営者による経営成長・発展，ひいては地域農業・地域社会の発展に資する国の政策実施および支援方策の提示を期待したい．

注 1）本アンケート調査は，九州大学農業経営研究室プロジェクトとして実施したものである．調査プロジェクトに参加した研究室学生諸君に感謝の意を表する．筆者が指導教員を務め，この調査結果を用いて分析を試みた卒業研究および修士論文のうち，本章に関わるものとしては以下がある．南正人「TPPに対する農業法人の意識に関する研究」（平成26年度九州大学農学部農業経営学研究室卒業論文）．

［引用文献］

會田陽久（2011）TPPと農業，「Primaff Review」，No.41，pp.24-25.
磯田宏（2013）TPP参加は日本農業の構造強化に資するか，「農業と経済」，第79巻9号，pp.59-69.
伊藤隆敏・本間正義（2009）農政改革－成長か衰退か，岐路に立つ農業－，伊藤隆敏・八代尚宏［編］，『日本経済の活性化』，日本経済新聞出版社，pp.13-54.
宇沢弘文（2010）TPPは社会的共通資本を破壊する－農の営みとコモンズへの思索から－，農文協［編］，『TPP反対の大義』，農文協，pp.8-18.
鈴木宣弘・木下順子（2010）真の国益とは何か－TPPをめぐる国民的議論を深めるための13の論点－，農文協［編］，『TPP反対の大義』，農文協，pp.37-52.
鈴木宣弘・木下順子（2011）『よくわかるTPP48のまちがい』，農文協，pp.119.
田代洋一（2010）TPP批判の政治経済学，農文協［編］，『TPP反対の大義』，農文協，pp.19-30.
内閣官房（2013a）関税撤廃した場合の経済効果についての政府統一試算，https://www.kantei.go.jp/jp/singi/keizaisaisei/dai5/siryou1.pdf（2015年12月15日閲覧）

内閣官房（2013b）農林水産物への影響試算の計算方法について，https://www.kantei.go.jp/jp/singi/keizaisaisei/dai5/keisan.pdf（2015 年 12 月 15 日閲覧）
内閣官房（2015a）農林水産物の生産額への影響について，http://www.cas.go.jp/jp/tpp/kouka/pdf/151224/151224_tpp_keizaikoukabunnseki03.pdf（2016 年 1 月 10 日閲覧）
内閣官房（2015b）TPP 協定の経済効果分析，http://www.cas.go.jp/jp/tpp/kouka/pdf/151224/151224_tpp_keizaikoukabunnseki02.pdf（2016 年 1 月 10 日閲覧）
農林水産省（2010a）国境措置撤廃による農林水産物生産等への影響試算について，http://www.maff.go.jp/j/kokusai/renkei/fta_kanren/pdf/nou_rinsui.pdf（2015 年 12 月 15 日閲覧）
農林水産省（2010b）農林水産省試算の補足資料，http://www.cas.go.jp/jp/tpp/pdf/2012/1/siryou3.pdf（2015 年 12 月 15 日閲覧）
野田公夫（2011）「強い農業」とは対抗論理の欠落である－世界農業類型から TPP を批判する－，農文協［編］，『TPP と日本の論点』，農文協，pp.138-143.
八田達夫ほか（2011）TPP を機に打って出る農業へ，『経済セミナー』6・7 号，660 号，pp.10-25.
本間正義（2014）『農業問題－TPP 後，農政はこう変わる－』，ちくま新書，pp.237.
矢口克也（2011）「TPP と日本農業・農政の論点－貿易自由化・食料自給率・農業構造・制度設計－」，『調査と情報』，第 703 号，pp.1-12.
山下一仁（2015）『日本農業は世界に勝てる』，日本経済新聞出版社，pp.341.

（長命洋佑・南石晃明）

索　引

あ行

か行

さ行

た行

な行

は行

ま行

や行

ら行

アルファベット

執筆者一覧

編著者

南石晃明	九州大学大学院農学研究院　教授（第 1 章～第 6 章，第 7 章 4 節，第 9 章 1 節～3 節，5 節～7 節，第 10 章 1 節，4 節，8 節，第 11 章～第 12 章）
長命洋佑	九州大学大学院農学研究院　助教（第 2 章～第 6 章，第 7 章 4 節，第 9 章 2 節，5 節，第 10 章 4 節，第 11 章～第 12 章）
松江勇次	九州大学大学院農学研究院　特任教授（第 7 章 1 節～4 節，6 節，第 8 章 1 節，4 節）

著者（執筆順）

福原悠平	有限会社フクハラファーム　常務取締役（第 3 章）
福原昭一	有限会社フクハラファーム　代表取締役社長（第 3 章）
横田修一	有限会社横田農場　代表取締役社長（第 4 章）
平田雅敏	有限会社横田農場　生産管理部長（第 4 章）
U.P. Aruna Prabath	有限会社横田農場　主任研究員（第 4 章）
佛田利弘	株式会社ぶった農産　代表取締役社長（第 5 章，第 9 章 6 節）
沼田　新	株式会社ぶった農産　研究開発部（第 5 章，第 9 章 6 節）
髙﨑克也	株式会社 AGL　代表取締役社長（第 6 章，第 9 章 3 節）
李　東坡	九州大学大学院農学研究院　特任助教（第 7 章 4 節）
森田　敏	農業・食品産業技術総合研究機構　九州沖縄農業研究センター　上席研究員（第 7 章 5 節）
澤本和徳	石川県農林総合研究センター　主任研究員（第 8 章 2 節）
森　拓也	茨城県農業総合センター　農業研究所　主任研究員（第 8 章 3 節）
佐々木崇	九州大学大学院農学研究院　テクニカルスタッフ（第 9 章 2 節，3 節）
金光直孝	株式会社 AGL　管理部長（第 9 章 3 節）

吉田智一	農業・食品産業技術総合研究機構　中央農業総合研究センター　情報利用研究領域　上席研究員（第9章4節，第10章7節）
伊勢村浩司	ヤンマー株式会社　アグリ事業本部　農業研究センター　部長（第10章2節，4節）
新熊章浩	ヤンマー株式会社　アグリ事業本部　農業研究センター　農業ICTグループリーダー（第10章2節）
久本圭司	ヤンマー株式会社　アグリ事業本部　農業研究センター　先行開発グループ（第10章2節，4節）
金谷一輝	ヤンマー株式会社　アグリ事業本部　農業研究センター　先行開発グループ（第10章2節，4節）
平石　武	ソリマチ株式会社　取締役（第10章3節）
宮住昌志	九州大学大学院生物資源環境科学府　修士課程（第10章4節）
澁澤　栄	東京農工大学大学院農学研究院　教授（第10章5節）
小平正和	東京農工大学大学院農学研究院　産学連携研究員（第10章5節）
中井　譲	滋賀県農業技術振興センター　専門員（第10章6節）
新谷浩樹	滋賀県農業技術振興センター　技師（第10章6節）
緒方裕大	九州大学大学院生物資源環境科学府　修士課程（第11章）

ＴＰＰ時代の稲作経営革新とスマート農業
―営農技術パッケージとICT活用―
南石晃明・長命洋佑・松江勇次［編著］

Rice farm management innovation and smart agriculture in TPP era
- Farming technology package and ICT applications -
Nanseki, Teruaki, Chomei, Yosuke, Matsue, Yuji [Ed.]

2016年2月24日　第1版第1刷発行

2016
ＴＰＰ時代の稲作家経営革新とスマート農業
著者との申し合せにより検印省略

定価（本体3500円＋税）

編著者　南石晃明（なんせき てるあき）
　　　　長命洋佑（ちょうめい ようすけ）
　　　　松江勇次（まつえ ゆうじ）

発行者　株式会社 養賢堂
　　　　代表者 及川 清

印刷者　株式会社 真興社
　　　　責任者 福田真太郎

発行所　株式会社 養賢堂
〒113-0033 東京都文京区本郷5丁目30番15号
TEL 東京(03)3814-0911　振替00120
FAX 東京(03)3812-2615　7-25700
URL http://www.yokendo.co.jp/

ISBN978-4-8425-0542-8　C3061

PRINTED IN JAPAN　製本所 株式会社真興社